“十三五”国家重点图书出版规划项目

中国水稻品种志

万建民　总主编

湖北卷

张再君　杨金松　主　编

中国农业出版社
北　京

内容简介

本节简要介绍了湖北省稻作区划与水稻品种变迁，按照早稻、中稻、晚稻顺序，从品种来源、形态特征及生物学特性、品质特性、抗性、产量及适宜地区和栽培技术要点等不同侧面，集中介绍了1950—2014年湖北省水稻生产不同时期的重要水稻品种237个，并配附品种成熟期植株、单穗及谷粒和米粒照片，反映了不同时期湖北省水稻生产方式的变化及其对水稻品种特征特性的要求。同时，本书还介绍了11位在湖北省乃至全国水稻育种中做出突出贡献的著名专家。

为便于读者查阅，各类品种均按汉语拼音顺序排列。同时为便于读者了解品种选育年代，书后还附有品种检索表，包括类型、审定编号和品种权号。

Abstract

This book briefly introduced rice cultivation regionalization and the updating of rice varieties in Hubei Province. In the order of early-season varieties, mid-season varieties and late-season varieties, 237 representative rice varieties in different periods of rice production in Hubei Province from 1950 to 2014 were selected and described in terms of varieties sources, morphological and biological characteristics, quality properties, resistance to diseases and pests, yield potentiality, planting adaptability and other key technical points of cultivation. All varieties were described with photos of plants, spikes and grains, reflecting the changes of rice production and social requirements for the characteristics of rice varieties in different periods of Hubei Province. Moreover, this book also introduced 11 famous rice breeders who made outstanding contributions to rice breeding in Hubei Province and even in the whole country.

For the convenience of readers' reference, all varieties were arranged according to the order of Chinese phonetic alphabet. At the same time, in order to facilitate readers to access simplified variety information, a variety index was attached at the end of the book, including category, approval number and variety right number etc.

《中国水稻品种志》
编辑委员会

湖北卷编委会

主　编　张再君　杨金松

副主编　邱东峰　张士龙

编著者（以姓氏笔画为序）

田进山　刘　刚　许　晖　李洪胜　杨金松

邱东峰　沈其文　张士龙　张再君　赵开荣

涂军明　黄志谋　黄海清　彭贤力　程建平

谢　磊　蔡海亚

审　校　张再君　杨金松　杨庆文　汤圣祥

前　言

水稻是中国和世界大部分地区栽培的最主要粮食作物，水稻的产量增加、品质改良和抗性提高对解决全球粮食问题、提高人们生活质量、减轻环境污染具有举足轻重的作用。历史证明，中国水稻生产的两次大突破均是品种选育的功劳，第一次是20世纪50年代末至60年代初开始的矮化育种，第二次是70年代中期开始的杂交稻育种。90年代中期，先后育成了超级稻两优培九、沈农265等一批超高产新品种，单产达到11～12t/hm^2。单产潜力超过16t/hm^{2}的超级稻品种目前正在选育过程中。水稻育种虽然取得了很大成绩，但面临的任务也越来越艰巨，对骨干亲本及其育种技术的要求也越来越高，因此，有必要编撰《中国水稻品种志》，以系统地总结65年来我国水稻育种的成绩和育种经验，提高我国新形势下的水稻育种水平，向第三次新的突破前进，进而为促进我国民族种业发展、保障我国和世界粮食安全做出新贡献。

《中国水稻品种志》主要内容分三部分：第一部分阐述了1949—2014年中国水稻品种的遗传改良成就，包括全国水稻生产情况、品种改良历程、育种技术和方法、新品种推广成就和效益分析，以及水稻育种的未来发展方向。第二部分展示中国不同时期育成的新品种（新组合）及其骨干亲本，包括常规籼稻、常规粳稻、杂交籼稻、杂交粳稻和陆稻的品种，并附有品种检索表，供进一步参考。第三部分介绍中国不同时期著名水稻育种专家的成就。全书分十八卷，分别为广东海南卷、广西卷、福建台湾卷、江西卷、安徽卷、湖北卷、四川重庆卷、云南卷、贵州卷、黑龙江卷、辽宁卷、吉林卷、浙江上海卷、江苏卷，以及湖南常规稻卷、湖南杂交稻卷、华北西北卷和旱稻卷。

《中国水稻品种志》根据行政区划和实际生产情况，把中国水稻生产区域分为华南、华中华东、西南、华北、东北及西北六大稻区，统计并重点介绍了自1978年以来我国育成年种植面积大于40万hm^{2}的常规水稻品种如湘矮早9号、原丰早、浙辐802、桂朝2号、珍珠矮11等共23个，杂交稻品种如D优63、冈优22、南优2号、汕优2号、汕优6号等32个，以及2005—2014年育成的超级稻品种如龙粳31、武运粳27、松粳15、中早39、合美占、中嘉早17、两优培九、准两优527、辽优1052和甬优12、徽两优6号等111个。

《中国水稻品种志》追溯了65年来中国育成的8 500余份水稻、陆稻和杂交水稻现代品种的亲源，发现一批极其重要的育种骨干亲本，它们对水稻品种的遗传改良贡献巨大。据不完全统计，常规籼稻最重要的核心育种骨干亲本有矮仔占、南特号、珍汕97、矮脚南特、珍珠矮、低脚乌尖等22个，它们衍生的品种数超过2 700个；常规粳稻最重要的核心育种骨干亲本有旭、笹锦、坊主、爱国、农垦57、农垦58、农虎6号、测21等20个，衍生的品种数超过2 400个。尤其是携带*sd1*矮秆基因的矮仔占质源自早期从南洋引进后就成为广西容县一带优良农家地方品种，利用该骨干亲本先后育成了11代超过405个品种，其中种植面积较大的育成品种有广场矮、珍珠矮、广陆矮4号、二九青、先锋1号、特青、桂朝2号、双桂1号、湘早籼7号、嘉育948等。

《中国水稻品种志》还总结了我国培育杂交稻的历程，至今最重要的杂交稻核心不育系有珍汕97A、Ⅱ-32A、V20A、协青早A、金23A、冈46A、谷丰A、农垦58S、安农S-1、培矮64S、Y58S、株1S等21个，衍生的不育系超过160个，配组的大面积种植品种数超过1 300个；已广泛应用的核心恢复系有17个，它们衍生的恢复系超过510个，配组的杂交品种数超过1 200个。20世纪70～90年代大部分强恢复系引自国外，包括IR24、IR26、IR30、密阳46等，它们均含有我国台湾地方品种低脚乌尖的血缘（*sd1*矮秆基因）。随着明恢63（IR30/圭630）的育成，我国杂交稻恢复系选育走上了自主创新的道路，育成的恢复系其遗传背景呈现多元化。

《中国水稻品种志》由中国农业科学院作物科学研究所主持编著，邀请国内著名水稻专家和育种家分卷主撰，凝聚了全国水稻育种者的心血和汗水。同时，在本志编著过程中，得到全国各水稻研究教学单位领导和相关专家的大力支持和帮助，在此一并表示诚挚的谢意。

《中国水稻品种志》集科学性、系统性、实用性、资料性于一体，是作物品种志方面的专著，内容丰富，图文并茂，可供从事作物育种和遗传资源研究者、高等院校师生参考。由于我国水稻品种的多样性和复杂性，育种者众多，资料难以收全，尽管在编著和统稿过程中注意了数据的补充、核实和编撰体例的一致性，但限于编著者水平，书中疏漏之处难免，敬请广大读者不吝指正。

编 者

2018年4月

目　录

第一章

中国稻作区划与水稻品种遗传改良概述

水稻是中国最主要的粮食作物之一，稻米是中国一半以上人口的主粮。2014年，中国水稻种植面积3 031万hm^2，总产20 651万t，分别占中国粮食作物种植面积和总产量的26.89%和34.02%。毫无疑问，水稻在保障国家粮食安全、振兴乡村经济、提高人民生活质量方面，具有举足轻重的地位。

中国栽培稻属于亚洲栽培稻种（*Oryza sativa* L.），有两个亚种，即籼亚种（*O. sativa* L. subsp. *indica*）和粳亚种（*O. sativa* L. subsp. *japonica*）。中国不仅稻作栽培历史悠久，稻作环境多样，稻种资源丰富，而且育种技术先进，为高产、多抗、优质、广适、高效水稻新品种的选育和推广提供了丰富的物质基础和强大的技术支撑。

中华人民共和国成立以来，通过育种技术的不断改进，从常规育种（系统选择、杂交育种、诱变育种、航天育种）到杂种优势利用，再到生物技术育种（细胞工程育种、分子标记辅助选择育种、遗传转化育种等），至2014年先后育成8 500余份常规水稻、陆稻和杂交水稻现代品种，其中通过各级农作物品种审定委员会审（认）定的水稻品种有8 117份，包括常规水稻品种3 392份，三系杂交稻品种3 675份，两系杂交稻品种794份，不育系256份。在此基础上，实现了水稻优良品种的多次更新换代。水稻品种的遗传改良和优良新品种的推广，栽培技术的优化和病虫害的综合防治等一系列技术革新，使我国的水稻单产从1949年的1 892kg/hm^2提高到2014年的6 813.2kg/hm^2，增长了260.1%；总产从4 865万t提高到20 651万t，增长了324.5%；稻作面积从2 571万hm^2增加到3 031万hm^2，仅增加了17.9%。研究表明，新品种的不断育成和推广是水稻单产和总产不断提高的最重要贡献因子。

第一节　中国栽培稻区的划分

水稻是喜温喜水、适应性强、生育期较短的谷类作物，凡温度适宜、有水源的地方，均可种植水稻。中国稻作分布广泛，最北的稻作区位于黑龙江省的漠河（北纬53° 27′），为世界稻作区的北限；最高海拔的稻作区在云南省宁蒗县山区，海拔高度2 965m。在南方的山区、坡地以及北方缺水少雨的旱地，种植有较耐干旱的陆稻。从总体看，由于纬度、温度、季风、降水量、海拔高度、地形等的影响，中国水稻种植面积存在南方多北方少，东南集中西北分散的状况。

本书以我国行政区划（省、自治区、直辖市）为基础，结合全国水稻生产的光温生态、季节变化、耕作制度、品种演变等，参考《中国水稻种植区划》(1988) 和《中国水稻生产发展问题研究》(2010)，将全国分为华南、华中华东、西南、华北、东北和西北六大稻区。

一、华南稻区

本区位于中国南部，包括广东、广西、福建、海南等大陆4省（自治区）和台湾省。本区水热资源丰富，稻作生长季260 ~ 365d，≥10℃的积温5 800 ~ 9 300℃；稻作生长季日照时数1 000 ~ 1 800h，降水量700 ~ 2 000mm。稻作土壤多为红壤和黄壤。本区的籼稻面积占95%以上，其中杂交籼稻占65%左右，耕作制度以双季稻和中稻为主，也有部分单季晚稻，部分地区实行与甘蔗、花生、薯类、豆类等作物当年或隔年水旱轮作。

2014年本区稻作面积503.6万hm^2（不包括台湾），占全国稻作总面积的16.61%。稻谷单产5 778.7kg/hm^2，低于全国平均产量（6 813.2kg/hm^2）。

二、华中华东稻区

本区为中国水稻的主产区，包括江苏、上海、浙江、安徽、江西、湖南、湖北7省（直辖市），也称长江中下游稻作区。本区属亚热带温暖湿润季风气候，稻作生长季210～260d，≥10℃的积温4 500～6 500℃；稻作生长季日照时数700～1 500h，降水量700～1 600mm。本区平原地区稻作土壤多为冲积土、沉积土和鳝血土，丘陵山地多为红壤、黄壤和棕壤。本区双、单季稻并存，籼稻、粳稻均有。20世纪60～80年代，本区双季稻面积占全国双季稻面积的50%以上，其中，浙江、江西、湖南的双季稻面积占该三省稻作面积的80%～90%。20世纪80年代中期以来，由于种植结构和耕作制度的变革，杂交稻的兴起，以及双季早稻米质不佳等原因，双季早稻面积锐减，使本区的稻作面积从80年代初占全国稻作面积的54%下降到目前的49%左右。尽管如此，本区稻米生产的丰歉，对全国粮食形势仍然具有重要影响。太湖平原、里下河平原、皖中平原、鄱阳湖平原、洞庭湖平原、江汉平原历来都是中国著名的稻米产区。

2014年本区稻作面积1 501.6万hm^2，占全国稻作总面积的49.54%。稻谷单产6 905.6kg/hm^2，高于全国平均产量。

三、西南稻区

本区位于云贵高原和青藏高原，属亚热带高原型湿热季风气候，包括云南、贵州、四川、重庆、青海、西藏6省（自治区、直辖市）。本区具有地势高低悬殊、温度垂直差异明显、昼夜温差大的高原特点，稻作生长季180～260d，≥10℃的积温2 900～8 000℃；稻作生长季日照时数800～1 500h，降水量500～1 400mm。稻作土壤多为红壤、红棕壤、黄壤和黄棕壤等。本区籼稻、粳稻并存，以单季中稻为主，成都平原是我国著名的单季中稻区。云贵高原稻作垂直分布明显，低海拔（<1 400m）稻区多为籼稻，湿热坝区可种植双季籼稻，高海拔（>1 800m）稻区多为粳稻，中海拔（1 400～1 800m）稻区籼稻、粳稻并存。部分山区种植陆稻，部分低海拔又无灌溉水源的坡地筑有田埂，种植雨水稻。

2014年本区稻作面积450.9万hm^2，占全国稻作总面积的14.88%。稻谷单产6 873.4kg/hm^2，高于全国平均产量。

四、华北稻区

本区位于秦岭—淮河以北，长城以南，关中平原以东地区，包括北京、天津、山东、河北、河南、山西、内蒙古7省（自治区、直辖市）。本区属暖温带半湿润季风气候，夏季温度较高，但春、秋季温度较低，稻作生长季较短，无霜期170～200d，年≥10℃的积温4 000～5 000℃；年日照时数2 000～3 000h，年降水量580～1 000mm，但季节间分布不均。稻作土壤多为黄潮土、盐碱土、棕壤和黑黏土。本区以单季早、中粳稻为主，水源主要来自渠井和地下水。

2014年本区稻作面积95.3万hm^2，占全国稻作总面积的3.14%。稻谷单产7 863.9kg/hm^2，高于全国平均产量。

五、东北稻区

本区是我国纬度最高的稻作区，包括黑龙江、吉林和辽宁3省，属中温带—寒温带，年平均气温2～10℃，无霜期90～200d，年≥10℃的积温2 000～3 700℃；年日照时数2 200～3 100h，年降水量350～1 100mm。本区光照充足，但昼夜温差大，稻作生长期短，土壤多为肥沃、深厚的黑泥土、草甸土、棕壤以及盐碱土。稻作以早熟的单季粳稻为主，冷害和稻瘟病是本区稻作的主要问题。最北部的黑龙江省稻区，粳稻品质十分优良，近35年来由于大力发展灌溉设施，稻作面积不断扩大，从1979年的84.2万hm^2发展到2014年的320.5万hm^2，成为中国粳稻的主产省之一。

2014年本区稻作面积451.5万hm^2，占全国稻作总面积的14.90%。稻谷单产7 863.9kg/hm^2，高于全国平均产量。

六、西北稻区

本区包括陕西、甘肃、宁夏和新疆4省（自治区），幅员广阔，光热资源丰富，但干燥少雨，季节和昼夜气温变化大，无霜期150～200d，年≥10℃的积温3 450～3 700℃；年日照时数2 600～3 300h，年降水量150～200mm。稻田土壤较瘠薄，多为灰漠土、草甸土、粉沙土、灌淤土及盐碱土。稻作以单季粳稻为主，分布于河流两岸及有灌溉水源的地区。干燥少雨是本区发展水稻的制约因素。

2014年本区稻作面积28.2万hm^2，占全国稻作总面积的0.93%。稻谷单产8 251.4kg/hm^2，高于全国平均产量。

中华人民共和国成立65年来，六大稻区的水稻种植面积及占全国稻作面积的比例发生了一定变化。华南稻区的稻作面积波动较大，从1949年的811.7万hm^2，增加到1979年的875.3万hm^2，但2014年下降到503.6万hm^2。华中华东稻区是我国的主产稻区，基本维持在全国稻区面积的50%左右，其种植面积的高峰在20世纪的70～80年代，达到全国稻区面积的53%～54%。西南和西北稻区稻作面积基本保持稳定，近35年来分别占全国稻区面积的14.9%和0.9%左右。华北和东北稻区种植面积和占比均有提高，特别是东北稻区，其稻作面积和占比近35年来提高较快，2014年达到了451.5万hm^2，全国占比达到14.9%，与1979年的84.2万hm^2相比，种植面积增加了367.3万hm^2。我国六大稻区2014年的稻作面积和占比见图1-1。

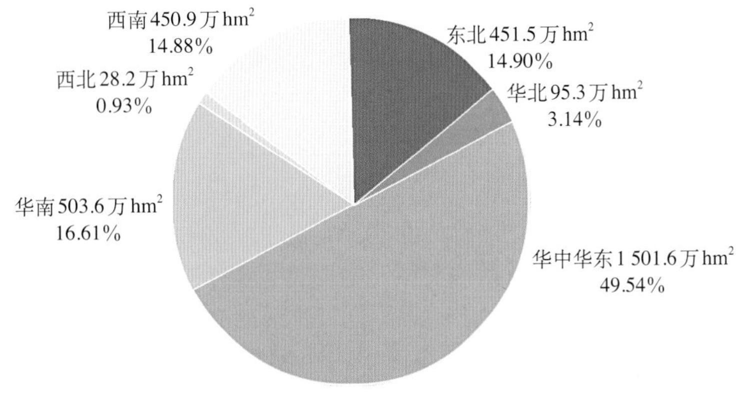

图1-1　中国六大稻区2014年的稻作面积和占比

第二节　中国栽培稻的分类

中国栽培稻的分类比较复杂，丁颖教授将其系统分为四大类：籼亚种和粳亚种，早稻、中稻和晚稻，水稻和陆稻，粘稻和糯稻。随着杂种优势的利用，又增加了一类，为常规稻和杂交稻。本节将根据这五大类分别进行介绍。

一、籼稻和粳稻

中国栽培稻籼亚种（*O. sativa* L. subsp. *indica*）和粳亚种（*O. sativa* L. subsp. *japonica*）的染色体数同为24（2*n*=24），但由于起源演化的差异和人为选择的结果，这两个亚种存在一定的形态和生理特性差异，并有一定程度的生殖隔离。据《辞海》（1989年版）记载，籼稻与粳稻比较：籼稻分蘖力较强；叶幅宽，叶色淡绿，叶面多毛；小穗多数短芒或无芒，易脱粒，颖果狭长扁圆；米质黏性较弱，膨性大；比较耐热和耐强光，主要分布于华南热带和淮河以南亚热带的低地。

按照现代分类学的观点，粳稻又可分为温带粳稻和热带粳稻（爪哇稻）。中国传统（农家/地方）粳稻品种均属温带粳稻类型。近年有的育种家为扩大遗传背景，在育种亲本中加入了热带粳稻材料，因而育成的水稻品种含有部分热带粳稻（爪哇稻）的血缘。

籼稻、粳稻的分布，主要受温度的制约，还受到种植季节、日照条件和病虫害的影响。目前，中国的籼稻品种主要分布在华南和长江流域各省份，以及西南的低海拔地区和北方的河南、陕西南部。湖南、贵州、广东、广西、海南、福建、江西、四川、重庆的籼稻面积占各省稻作面积的90%以上，湖北、安徽占80%～90%，浙江、云南在50%左右，江苏在25%左右。粳稻主要分布在东北、华北、长江下游太湖地区和西北，以及华南、西南的高海拔山区。东北的黑龙江、吉林、辽宁三省是全国著名的北方粳稻产区，江苏、浙江、安徽、湖北是南方粳稻主产区，云南的高海拔地区则以粳稻为主。

2014年，中国籼稻种植面积2 130.8万hm^2，约占稻作面积的70.3%；粳稻面积900.2万hm^2，占稻作面积的29.7%。据统计，2014年中国种植面积大于6 667hm^{2}的常规水稻品种有298个，其中籼稻品种104个，占34.9%；粳稻品种194个，占65.1%；2014年种植面积最大的前5位常规粳稻品种是：龙粳31（92.2万hm^2）、宁粳4号（35.8万hm^2）、绥粳14（29.1万hm^2）、龙粳26（28.1万hm^2）和连粳7号（22.0万hm^2）；种植面积最大的前5位常规籼稻品种是：中嘉早17（61.1万hm^2）、黄华占（30.6万hm^2）、湘早籼45（17.8万hm^2）、中早39（16.3万hm^2）和玉针香（11.2万hm^2）。

二、常规稻和杂交稻

常规稻是遗传纯合、可自交结实、性状稳定的水稻品种类型，杂交稻是利用杂种一代优势、目前必须年年制种的杂交水稻类型。中国是世界上第一个大面积、商品化应用杂交稻的国家，20世纪70年代后期开始大规模推广三系杂交稻，90年代初成功选育出两系杂交稻并应用于生产。目前，常规稻种植面积占全国稻作面积的46%左右，杂交稻占54%左右。

1991年我国年种植面积大于6 667hm^{2}的常规稻品种有193个，2014年增加到298个（图1-2）；杂交稻品种数从1991年的62个增加到2014年的571个。1991年以来，年种植面积大于6 667hm^{2}的常规稻品种数每年较为稳定，基本为200 ～ 300个品种，但杂交稻品种数增加较快，增加了8倍多。

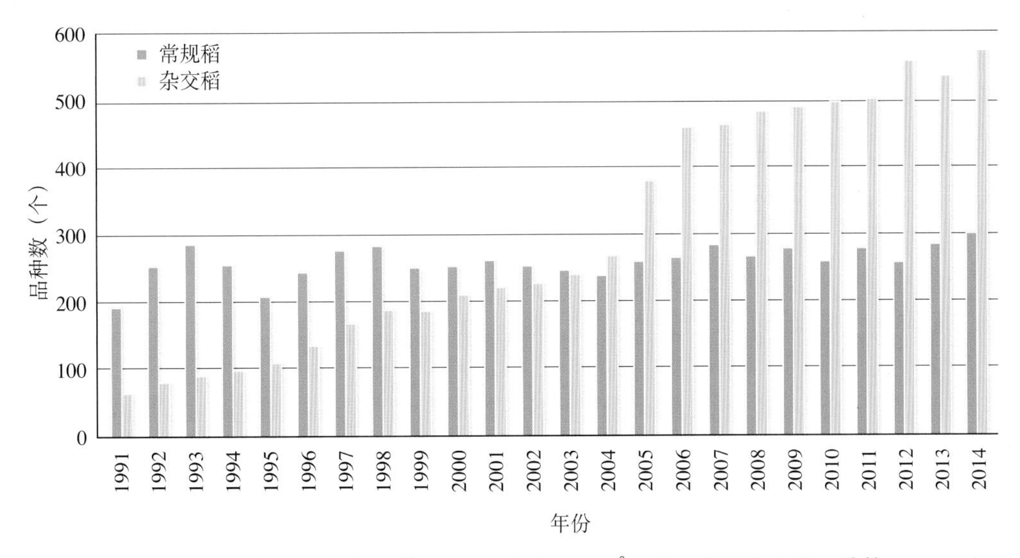

图1-2　1991—2014年年种植面积大于6 667hm^{2}的常规稻和杂交稻品种数

三、早稻、中稻和晚稻

在稻种向不同纬度、不同海拔高度传播的过程中，在日照和温度的强烈影响下，在自然选择和人为选择的综合作用下，栽培稻发生了一系列感光性和感温性的变异，出现了早稻、中稻和晚稻栽培类型。一般而言，早稻基本营养生长期短，感温性强，不感光或感光性极弱；中稻基本营养生长期较长，感温性中等，感光性弱；晚稻基本营养生长期短，感光性强，感温性中等或较强，但通常晚籼稻的感光性强于晚粳稻。

籼稻和粳稻、杂交稻和常规稻都有早、中、晚类型，每一类型根据生育期的长短有早熟、中熟和迟熟之分，从而形成了大量适应不同栽培季节、耕作制度和生育期要求的品种。在华南、华中的双季稻区，早籼和早粳品种对日长反应不敏感，生育期较短，一般3 ～ 4月播种，7 ～ 8月收获。在海南和广东南部，由于温度较高，早籼稻通常2月中、下旬播种，6月下旬收获。中稻一般作单季稻种植，生育期稳定，产量较高，华南稻区部分迟熟早籼稻品种在华中和华东地区可作中稻种植。晚籼稻和晚粳稻均可作双季晚稻和单季晚稻种植，以保证在秋季气温下降前抽穗授粉。

20世纪70年代后期以来，由于杂交水稻的兴起，种植结构的变化，中国早稻和晚稻的种植面积逐年减少，单季中稻的种植面积大幅增加。早、中、晚稻种植面积占全国稻作面积的比重，分别从1979年的33.7%、32.0%和34.3%，转变为1999年的24.2%、48.9%和26.9%，2014年进一步变化为19.1%、59.9%和21.0%（图1-3）。

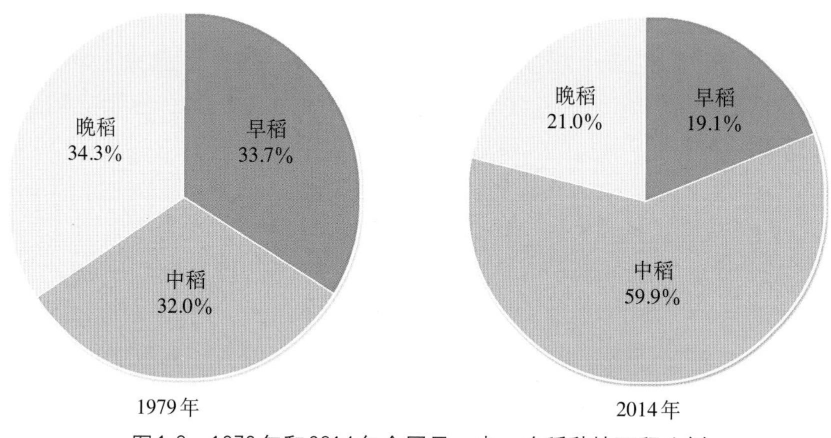

图1-3 1979年和2014年全国早、中、晚稻种植面积比例

四、水稻和陆稻

中国的栽培稻极大部分是水稻，占中国稻作面积的98%。陆稻（Upland rice）亦称旱稻，古代称棱稻，是适应较少水分环境（坡地、旱地）的一类稻作生态品种。陆稻的显著特点是耐干旱，表现为种子吸水力强，发芽快，幼苗对土壤中氯酸钾的耐毒力较强；根系发达，根粗而长；维管束和导管较粗，叶表皮较厚，气孔少，叶较光滑有蜡质；根细胞的渗透压和茎叶组织的汁液浓度也较高。与水稻比较，陆稻吸水力较强而蒸腾量较小，故有较强的耐旱能力。通常陆稻依靠雨水或地下水获得水分，稻田无田埂。虽然陆稻的生长发育对光、温要求与水稻相似，但一生需水量约是水稻的2/3或1/2。因而，陆稻适于水源不足或水源不均衡的稻区、多雨的山区和丘陵区的坡地或台田种植，还可与多种旱作物间作或套种。从目前的地理环境和种植水平看，陆稻的单产低于水稻。

陆稻也有籼稻、粳稻之别和生育期长短之分。全国陆稻面积约57万hm^2，仅占全国稻作总面积的2%左右，主要分布于云贵高原的西南山区、长江中游丘陵地区和华北平原区。云南西双版纳和思茅等地每年陆稻种植面积稳定在10万hm^2左右。近年，华北地区正在发展一种旱作稻（Aerobic rice），耐旱性较强，在整个生育期灌溉几次即可，产量较高。此外，广东、广西、海南等地的低洼地区，在20世纪50年代前曾有少量深水稻品种，中华人民共和国成立后，随着水利排灌设施的完善，现已绝迹。目前，种植面积较大的陆稻品种有中旱209、旱稻277、巴西陆稻、中旱3号、陆引46、丹旱稻1号、冀粳12、IRAT104等。

五、粘稻和糯稻

稻谷胚乳均有糯性与非糯性之分。糯稻和非糯稻的主要区别在于饭粒黏性的强弱，相对而言，粘稻（非糯稻）黏性弱，糯稻黏性强，其中粳糯稻的黏性大于籼糯稻。化学成分的分析指出，胚乳直链淀粉含量的多少是区别粘稻和糯稻的化学基础。通常，粳粘稻的直链淀粉含量占淀粉总量的8%～20%，籼粘稻为10%～30%，而糯稻胚乳基本为支链淀粉，不含或仅含极少量直链淀粉（≤2%）。从化学反应看，由于糯稻胚乳和花粉中的淀粉基本或完全为支链淀粉，因此吸碘量少，遇1%的碘-碘化钾溶液呈红褐色反应，而粘稻直链淀粉含量高，吸碘量大，呈蓝紫色反应，这是区分糯稻与非糯稻品种的主要方法之一。从外观看，糯稻胚乳在刚收获时因含水量较高而呈半透明，经充分干燥后呈乳白色，这是因为胚乳细胞快速失水，产生许多大小不一的空隙，导致光散射而引起的乳白色视觉。

云南、贵州、广西等省（自治区）的高海拔地区，人们喜食糯米，籼型糯稻品种丰富，而长江中下游地区以粳型糯稻品种居多，东北和华北地区则全部是粳型糯稻。从用途看，糯米通常用于酿制米酒，制作糕点。在云南的低海拔稻区，有一种低直链淀粉含量的籼粘稻，称为软米，其黏性介于籼粘稻和糯稻之间，适于制作饵块、米线。

第三节　水稻遗传资源

水稻育种的发展历程证明，品种改良每一阶段的重大突破均与水稻优异种质的发现和利用相关。20世纪50年代末，矮仔占、矮脚南特、台中本地1号（TN1，亦称台中在来1号）和广场矮等矮秆种质的发掘与利用，实现了60年代我国水稻品种的矮秆化；70～80年代野败型、矮败型、冈型、印水型、红莲型等不育资源的发现及二九南1号A、珍汕97A等水稻野败型不育系育成，实现了籼型杂交稻的“三系”配套和大面积推广利用；80年代农垦58S、安农S-1等光温敏核不育材料的发掘与利用，实现了“两系”杂交水稻的突破；90年代02428、培矮64、轮回422等广亲和种质的发掘与利用，基本克服了籼粳稻杂交的瓶颈；80～90年代沈农89366、沈农159、辽粳5号等新株型优异种质的创新与利用，实现了北方粳稻直立穗型与高产的结合，使北方粳稻产量有了较大的提高；90年代以来光温敏不育系培矮64S、Y58S、株1S以及中9A、甬粳2号A和恢复系9311、蜀恢527等的创新与利用，选育出一系列高产、优质的超级杂交稻品种。可见，水稻优异种质资源的收集、评价、创新和利用是水稻品种遗传改良的重要环节和基础。

一、栽培稻种质资源

中国具有丰富的多样化的水稻遗传资源。清代的《授时通考》（1742）记载了全国16省的3 429个水稻品种，它们是长期自然突变、人工选择和留种栽培的结果。中华人民共和国成立以来，全国进行了4次大规模的稻种资源考察和收集。20世纪50年代后期到60年代在广东、湖南、湖北、江苏、浙江、四川等14省（自治区、直辖市）进行了第一次全国性的水稻种质资源的考察，征集到各类水稻种质5.7万余份。70年代末至80年代初，进行了全国水稻种质资源的补充考察和征集，获得各类水稻种质万余份。国家“七五”（1986—1990）、“八五”（1991—1995）和“九五”（1996—2000）科技攻关期间，分别对神农架和三峡地区以及海南、湖北、四川、陕西、贵州、广西、云南、江西和广东等省（自治区）的部分地区再度进行了补充考察和收集，获得稻种3 500余份。“十五”（2001—2005）和“十一五”（2006—2010）期间，又收集到水稻种质6 996份。

通过对收集到的水稻种质进行整理、核对与编目，截至2010年，中国共编目水稻种质82 386份，其中70 669份是从中国国内收集的种质，占编目总数的85.8%（表1-1）。在此基础上，编辑和出版了《中国稻种资源目录》（8册）、《中国优异稻种资源》，编目内容包括基本信息、形态特征、生物学特性、品质特性、抗逆性、抗病虫性等。

截至2010年，在国家作物种质库［简称国家长期库（北京）］繁种保存的水稻种质资源共73 924份，其中各类型种质所占百分比大小顺序为：地方稻种（68.1%）＞国外引进稻种（13.9%）＞野生稻种（8.0%）＞选育稻种（7.8%）＞杂交稻“三系”资源（1.9%）＞遗传材料（0.3%）（表1-1）。在所保存的水稻地方品种中，保存数量较多的省份包括广西（8 537份）、云南（5 882份）、贵州（5 657份）、广东（5 512份）、湖南（4 789份）、四川（3 964份）、江西（2 974份）、江苏（2 801份）、浙江（2 079份）、福建（1 890份）、湖北（1 467份）和台湾（1 303份）。此外，在中国水稻研究所的国家水稻中期库（杭州）保存了稻属及近缘属种质资源7万余份，是我国单项作物保存规模最大的中期种质库，也是世界上最大的单项国家级水稻种质基因库之一。在入国家长期库（北京）的66 408份地方稻种、选育稻种、国外引进稻种等水稻种质中，籼稻和粳稻种质分别占63.3%和36.7%，水稻和陆稻种质分别占93.4%和6.6%，粘稻和糯稻种质分别占83.4%和16.6%。显然，籼稻、水稻和粘稻的种质数量分别显著多于粳稻、陆稻和糯稻。

表1-1　中国稻种资源的编目数和入库数

种质类型	编　目		繁殖入库	
	份数	占比（%）	份数	占比（%）
地方稻种	54 282	65.9	50 371	68.1
选育稻种	6 660	8.1	5 783	7.8
国外引进稻种	11 717	14.2	10 254	13.9
杂交稻“三系”资源	1 938	2.3	1 374	1.9
野生稻种	7 663	9.3	5 938	8.0
遗传材料	126	0.2	204	0.3
合计	82 386	100	73 924	100

截至2010年，完成了29 948份水稻种质资源的抗逆性鉴定，占入库种质的40.5%；完成了61 462份水稻种质资源的抗病虫性鉴定，占入库种质的83.1%；完成了34 652份水稻种质资源的品质特性鉴定，占入库种质的46.9%。种质评价表明：中国水稻种质资源中蕴藏着丰富的抗旱、耐盐、耐冷、抗白叶枯病、抗稻瘟病、抗纹枯病、抗褐飞虱、抗白背飞虱等优异种质（表1-2）。

表1-2　中国稻种资源中鉴定出的抗逆性和抗病虫性优异的种质份数

种质类型	抗旱		耐盐		耐冷		抗白叶枯病	
	极强	强	极强	强	极强	强	高抗	抗
地方稻种	132	493	17	40	142	—	12	165
国外引进稻种	3	152	22	11	7	30	3	39
选育稻种	2	65	2	11	—	50	6	67

（续）

种质类型	抗稻瘟病			抗纹枯病		抗褐飞虱			抗白背飞虱		
	免疫	高抗	抗	高抗	抗	免疫	高抗	抗	免疫	高抗	抗
地方稻种	—	816	1 380	0	11	—	111	324	—	122	329
国外引进稻种	—	5	148	5	14	—	0	218	—	1	127
选育稻种	—	63	145	3	7	—	24	205	—	13	32

注：数据来自2005年国家种质数据库。

2001—2010年，结合水稻优异种质资源的繁殖更新、精准鉴定与田间展示、网上公布等途径，国家粮食作物种质中期库［简称国家中期库（北京）］和国家水稻种质中期库（杭州）共向全国从事水稻育种、遗传及生理生化、基因定位、遗传多样性和水稻进化等研究的300余个科研及教学单位提供水稻种质资源47 849份次，其中国家中期库（北京）提供26 608份次，国家水稻种质中期库（杭州）提供21 241份次，平均每年提供4 785份次。稻种资源在全国范围的交换、评价和利用，大大促进了水稻育种及其相关基础理论研究的发展。

二、野生稻种质资源

野生稻是重要的水稻种质资源，在中国的水稻遗传改良中发挥了极其重要的作用。从海南岛普通野生稻中发现的细胞质雄性不育株，奠定了我国杂交水稻大面积推广应用的基础。从江西发现的矮败野生稻不育株中选育而成的协青早A和从海南发现的红芒野生稻不育株育成的红莲早A，是我国两个重要的不育系类型，先后转育了一大批杂交水稻品种。利用从广西普通野生稻中发现的高抗白叶枯病基因*Xa23*，转育成功了一系列高产、抗白叶枯病的栽培品种。从江西东乡野生稻中发现的耐冷材料，已经并继续在耐冷育种中发挥重要作用。

据1978—1982年全国野生稻资源普查、考察和收集的结果，参考1963年中国农业科学院原生态研究室的考察记录，以及历史上台湾发现野生稻的记载，现已明确，中国有3种野生稻：普通野生稻（*O. rufipogon* Griff.）、疣粒野生稻（*O. meyeriana* Baill.）和药用野生稻（*O. officinalis* Wall. ex Watt），分布于广东、海南、广西、云南、江西、福建、湖南、台湾等8个省（自治区）的143个县（市），其中广东53个县（市）、广西47个县（市）、云南19个县（市）、海南18个县（市）、湖南和台湾各2个县、江西和福建各1个县。

普通野生稻自然分布于广东、广西、海南、云南、江西、湖南、福建、台湾等8个省（自治区）的113个县（市），是我国野生稻分布最广、面积最大、资源最丰富的一种。普通野生稻大致可分为5个自然分布区：①海南岛区。该区气候炎热，雨量充沛，无霜期长，极有利于普通野生稻的生长与繁衍。海南省18个县（市）中就有14个县（市）分布有普通野生稻，而且密度较大。②两广大陆区。包括广东、广西和湖南的江永县及福建的漳浦县，为普通野生稻的主要分布区，主要集中分布于珠江水系的西江、北江和东江流域，特别是北回归线以南及广东、广西沿海地区分布最多。③云南区。据考察，在西双版纳傣族自治州的景洪镇、勐罕坝、大勐龙坝等地共发现26个分布点，后又在景洪和元江发现2个普通野生稻分布点，这两个县普通野生稻呈零星分布，覆盖面积小。历年发现的分布点都集中在流沙河和澜沧江流域，这两条河向南流入东南亚，注入南海。④湘赣区。包括湖南茶陵县及江西东乡县的普通野生稻。东乡县的普通野生稻分布于北纬28°14′，是目前中国乃至全球普通野生稻分布的最北限。⑤台湾区。20世纪50年代在桃园、新竹两县发现过普通野生稻，但目前已消失。

药用野生稻分布于广东、海南、广西、云南4省（自治区）的38个县（市），可分为3个自然分布区：①海南岛区。主要分布在黎母山一带，集中分布在三亚市及陵水、保亭、乐东、白沙、屯昌5县。②两广大陆区。为主要分布区，共包括27个县（市），集中于桂东中南部，包括梧州、苍梧、岑溪、玉林、容县、贵港、武宣、横县、邕宁、灵山等县（市），以及广东省的封开、郁南、德庆、罗定、英德等县（市）。③云南区。主要分布于临沧地区的耿马、永德县及普洱市。

疣粒野生稻主要分布于海南、云南与台湾三省（台湾的疣粒野生稻于1978年消失）的27个县（市），海南省仅分布于中南部的9个县（市），尖峰岭至雅加大山、鹦哥岭至黎母山、大本山至五指山、吊罗山至七指岭的许多分支山脉均有分布，常常生长在背北向南的山坡上。云南省有18个县（市）存在疣粒野生稻，集中分布于哀牢山脉以西的滇西南，东至绿春、元江，而以澜沧江、怒江、红河、李仙江、南汀河等河流下游地区为主要分布区。台湾在历史上曾发现新竹县有疣粒野生稻分布，目前情况不明。

自2002年开始，中国农业科学院作物科学研究所组织江西、湖南、云南、海南、福建、广东和广西等省（自治区）的相关单位对我国野生稻资源状况进行再次全面调查和收集，至2013年底，已完成除广东省以外的所有已记载野生稻分布点的调查和部分生态环境相似地区的调查。调查结果表明，与1980年相比，江西、湖南、福建的野生稻分布点没有变化，但分布面积有所减少；海南发现现存的野生稻居群总数达154个，其中普通野生稻136个，疣粒野生稻11个，药用野生稻7个；广西原有的1 342个分布点中还有325个存在野生稻，且新发现野生稻分布点29个，其中普通野生稻13个，药用野生稻16个；云南在调查的98个野生稻分布点中，26个普通野生稻分布点仅剩1个，11个药用野生稻分布点仅剩2个，61个疣粒野生稻分布点还剩25个。除了已记载的分布点，还发现了1个普通野生稻和10个疣粒野生稻新分布点。值得注意的是，从目前对现存野生稻的调查情况看，与1980年相比，我国70%以上的普通野生稻分布点、50%以上的药用野生稻分布点和30%疣粒野生稻分布点已经消失，濒危状况十分严重。

2010年，国家长期库（北京）保存野生稻种质资源5 896份，其中国内普通野生稻种质资源4 602份，药用野生稻880份，疣粒野生稻29份，国外野生稻385份；进入国家中期库（北京）保存的野生稻种质资源3 200份。考虑到种茎保存能较好地保持野生稻原有的种性，为了保持野生稻的遗传稳定性，现已在广东省农业科学院水稻研究所（广州）和广西农业科学院作物品种资源研究所（南宁）建立了2个国家野生稻种质资源圃，收集野生稻种茎入圃保存，至2013年已入圃保存的野生稻种茎10 747份，其中广州圃保存5 037份，南宁圃保存5 710份。此外，新收集的12 800份野生稻种质资源尚未入编国家长期库（北京）或国家野生稻种质圃长期保存，临时保存于各省（自治区）临时圃或大田中。

近年来，对中国收集保存的野生稻种质资源开展了较为系统的抗病虫鉴定，至2013年底，共鉴定出抗白叶枯病种质资源130多份，抗稻瘟病种质资源200余份，抗纹枯病种质资源10份，抗褐飞虱种质资源200多份，抗白背飞虱种质资源180多份。但受试验条件限制，目前野生稻种质资源抗旱、耐寒、抗盐碱等的鉴定较少。

第四节　栽培稻品种的遗传改良

中华人民共和国成立以来，水稻品种的遗传改良获得了巨大成就，纯系选择育种、杂交育种、诱变育种、杂种优势利用、组织培养（花粉、花药、细胞）育种、分子标记辅助育种等先后成为卓有成效的育种方法。65年来，全国共育成并通过国家、省（自治区、直辖市）、地区（市）农作物品种审定委员会审定（认定）的常规和杂交水稻品种共8 117份，其中1991—2014年，每年种植面积大于6 667hm^{2}的品种已从1991年的255个增加到2014年的869个（图1-4）。20世纪50年代后期至70年代的矮化育种、70 ～ 90年代的杂交水稻育种，以及近20年的超级稻育种，在我国乃至世界水稻育种史上具有里程碑意义。

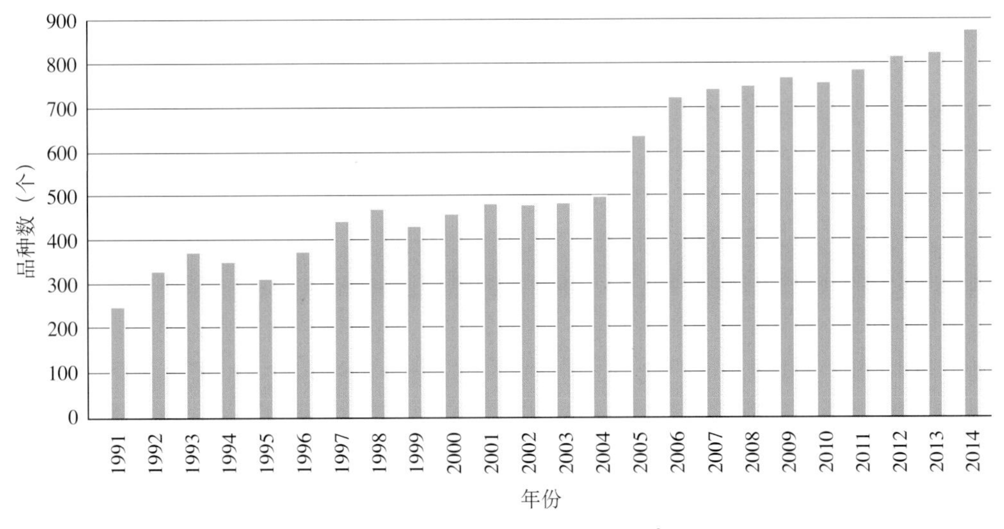

图1-4　1991—2014年年种植面积在6 667hm^{2}以上的品种数

一、常规品种的遗传改良

（一）地方农家品种改良（20世纪50年代）

20世纪50年代初期，全国以种植数以万计的高秆农家品种为主，以高秆（>150cm）、易倒伏为品种主要特征，主要品种有夏至白、马房籼、红脚早、湖北早、黑谷子、竹桠谷、油占子、西瓜红、老来青、霜降青、有芒早粳等。50年代中期，主要采用系统选择法对地方农家品种的某些农艺性状进行改良以提高防倒伏能力，增加产量，育成了一批改良农家品种。在全国范围内，早籼确定38个、中籼确定20个、晚粳确定41个改良农家品种予以大面积推广，连续多年种植面积较大的品种有早籼：南特号、雷火占；中籼：胜利籼、乌嘴川、长粒籼、万利籼；晚籼：红米冬占、浙场9号、粤油占、黄禾子；早粳：有芒早粳；中粳：桂花球、洋早十日、石稻；晚粳：新太湖青、猪毛簇、红须粳、四上裕等。与此同时，通过简单杂交和系统选育，育成了一批高秆改良品种。改良农家品种和新育成的高秆改良品种的产量一般为2 500 ~ 3 000kg/hm^2，比地方高秆农家品种的产量高5%~ 15%。

（二）矮化育种（20世纪50年代后期至70年代）

20世纪50年代后期，育种家先后发现籼稻品种矮仔占、矮脚南特和低脚乌尖，以及粳稻品种农垦58等，具有优良的矮秆特性：秆矮（<100cm），分蘖强，耐肥，抗倒伏，产量高。研究发现，这4个品种都具有半矮秆基因*Sd1*。矮仔占来自南洋，20世纪前期引入广西，是我国20世纪50年代后期至60年代前期种植的最主要的矮秆品种之一，也是60 ~ 90年代矮化育种最重要的矮源亲本之一。矮脚南特是广东农民由高秆品种南特16的矮秆变异株选得。低脚乌尖是我国台湾省的农家品种，是国内外矮化育种最重要的矮源亲本之一。农垦58则是50年代后期从日本引进的粳稻品种。

可利用的*Sd1*矮源发现后，立即开始了大规模的水稻矮化育种。如华南农业科学研究所从矮仔占中选育出矮仔占4号，随后以矮仔占4号与高秆品种广场13杂交育成矮秆品种广场矮。台湾台中农业改良场用矮秆的低脚乌尖与高秆地方品种菜园种杂交育成矮秆的台中本地1号（TN1）。南特号是双季早籼品种极其重要的育种亲源，以南特号为基础，衍生了大量品种，包括矮脚南特（南特号→南特16→矮脚南特）、广场13、莲塘早和陆财号等4个重要骨干品种。农垦58则迅速成为长江中下游地区中粳、晚粳稻的育种骨干亲本。广场矮、矮脚南特、台中本地1号和农垦58这4个具有划时代意义的矮秆品种的育成、引进和推广，标志中国步入了大规模的卓有成效的籼、粳稻矮化育种，成为水稻矮化育种的里程碑。

从20世纪60年代初期开始，全国主要稻区的农家地方品种均被新育成的矮秆、半矮秆品种所替代。这些品种以矮秆（80 ~ 85cm）、半矮秆（86 ~ 105cm）、强分蘖、耐肥、抗倒伏为基本特征，产量比当地主要高秆农家品种提高15%~ 30%。著名的籼稻矮秆品种有矮脚南特、珍珠矮、珍珠矮11、广场矮、广场13、莲塘早、陆财号等；著名的粳稻矮秆品种有农垦58、农垦57（从日本引进）、桂花黄（Balilla，从意大利引进）。60年代后期至70年代中期，年种植面积曾经超过30万hm^{2}的籼稻品种有广陆矮4号、广选3号、二九青、广二104、原丰早、湘矮早9号、先锋1号、矮南早1号、圭陆矮8号、桂朝2号、桂朝13、南京1号、窄叶青8号、红410、成都矮8号、泸双1011、包选2号、包胎矮、团结1号、广二选二、广秋矮、二白矮1号、竹系26、青二矮等；年种植面积超过20万hm^{2}的粳稻矮秆品种有农垦58、农垦57、农虎6号、吉粳60、武农早、沪选19、嘉湖4号、桂花糯、双糯4号等。

（三）优质多抗育种（20世纪80年代中期至90年代）

1978—1984年，由于杂交水稻的兴起和农村种植结构的变化，常规水稻的种植面积大大压缩，特别是常规早稻面积逐年减少，部分常规双季稻被杂交中籼稻和杂交晚籼稻取代。因此，常规品种的选育多以提高稻米产量和品质为主，主要的籼稻品种有广陆矮4号、二九青、先锋1号、原丰早、湘矮早9号、湘早籼13、红410、二九丰、浙733、浙辐802、湘早籼7号、嘉育948、舟903、广二104、桂朝2号、珍珠矮11、包选2号、国际稻8号（IR8）、南京11、754、团结1号、二白矮1号、窄叶青8号、粳籼89、湘晚籼11、双桂1号、桂朝13、七桂早25、鄂早6号、73-07、青秆黄、包选2号、754、汕二59、三二矮等；主要的粳稻品种有秋光、合江19、桂花黄、鄂晚5号、农虎6号、嘉湖4号、鄂宜105、秀水04、武育粳2号、秀水48、秀水11等。

自矮化育种以来，由于密植程度增加，病虫害逐渐加重。因此，90年代常规品种的选育重点在提高产量的同时，还须兼顾提高病虫抗性和改良品质，提高对非生物压力的耐性，因而育成的品种多数遗传背景较为复杂。突出的籼稻品种有早籼31、鄂早18、粤晶丝苗2号、嘉育948、籼小占、粤香占、特籼占25、中鉴100、赣晚籼30、湘晚籼13等；重要的粳稻品种有空育131、辽粳294、龙粳14、龙粳20、吉粳88、垦稻12、松粳6号、宁粳16、垦稻8号、合江19、武育粳3号、武育粳5号、早丰9号、武运粳7号、秀水63、秀水110、秀水128、嘉花1号、甬粳18、豫粳6号、徐稻3号、徐稻4号、武香粳14等。

1978—2014年，最大年种植面积超过40万 hm^2 的常规稻品种共23个，这些都是高产品种，产量高，适应性广，抗病虫力强（表1-3）。

表1-3　1978—2014年最大年种植面积超过40万 hm^2 的常规水稻品种

品种名称	品种类型	亲本/血缘	最大年种植面积（万 hm^2）	累计种植面积（万 hm^2）
广陆矮4号	早籼	广场矮3784/陆财号	495.3（1978）	1 879.2（1978—1992）
二九青	早籼	二九矮7号/青小金早	96.9（1978）	542.0（1978—1995）
先锋1号	早籼	广场矮6号/陆财号	97.1（1978）	492.5（1978—1990）
原丰早	早籼	IR8种子 ^{60}Co 辐照	105.0（1980）	436.7（1980—1990）
湘矮早9号	早籼	IR8/湘矮早4号	121.3（1980）	431.8（1980—1989）
余赤231-8	晚籼	余晚6号/赤块矮3号	41.1（1982）	277.7（1981—1999）
桂朝13	早籼	桂阳矮49/朝阳早18，桂朝2号的姐妹系	68.1（1983）	241.8（1983—1990）
红410	早籼	珍龙410系选	55.7（1983）	209.3（1982—1990）
双桂1号	早籼	桂阳矮C17/桂朝2号	81.2（1985）	277.5（1982—1989）
二九丰	早籼	IR29/原丰早	66.5（1987）	256.5（1985—1994）
73-07	早籼	红梅早/7055	47.5（1988）	157.7（1985—1994）
浙辐802	早籼	四梅2号种子辐照	130.1（1990）	973.1（1983—2004）
中嘉早17	早籼	中选181/育嘉253	61.1（2014）	171.4（2010—2014）
珍珠矮11	中籼	矮仔占4号/惠阳珍珠早	204.9（1978）	568.2（1978—1996）
包选2号	中籼	包胎白系选	72.3（1979）	371.7（1979—1993）
桂朝2号	中籼	桂阳矮49/朝阳早18	208.8（1982）	721.2（1982—1995）
二白矮1号	晚籼	秋二矮/秋白矮	68.1（1979）	89.0（1979—1982）
龙粳25	早粳	佳禾早占/龙花97058	41.1（2011）	119.7（2010—2014）
空育131	早粳	道黄金/北明	86.7（2004）	938.5（1997—2014）
龙粳31	早粳	龙花96-1513/垦稻8号的 F_1 花药培养	112.8（2013）	256.9（2011—2014）
武育粳3号	中粳	中丹1号/79-51//中丹1号/扬粳1号	52.7（1997）	560.7（1992—2012）
秀水04	晚粳	C21///辐农709//辐农709/单209	41.4（1988）	166.9（1985—1993）
武运粳7号	晚粳	嘉40/香糯9121//丙815	61.4（1999）	332.3（1998—2014）

二、杂交水稻的兴起和遗传改良

20世纪70年代初，袁隆平等在海南三亚发现了含有胞质雄性不育基因*cms*的普通野生稻，这一发现对水稻杂种优势利用具有里程碑的意义。通过全国协作攻关，1973年实现不育系、保持系、恢复系三系配套，1976年中国开始大面积推广“三系”杂交水稻。1980年全国杂交水稻种植面积479万hm^2，1990年达到1 665万hm^2。70年代初期，中国最重要的不育系二九南1号A和珍汕97A,是来自携带*cms*基因的海南普通野生稻与中国矮秆品种二九南1号和珍汕97的连续回交后代；最重要的恢复系来自国际水稻研究所的IR24、IR661和IR26，它们配组的南优2号、南优3号和汕优6号成为20世纪70年代后期到80年代初期最重要的籼型杂交水稻品种。南优2号最大年（1978）种植面积298万hm^2，1976—1986年累计种植面积666.7万hm^2；汕优6号最大年（1984）种植面积173.9万hm^2，1981—1994年累计种植面积超过1 000万hm^2。

1973年10月，石明松在晚粳农垦58田间发现光敏雄性不育株，经过10多年的选育研究，1987年光敏核不育系农垦58S选育成功并正式命名，两系杂交水稻正式进入攻关阶段，两系杂交水稻优良品种两优培九通过江苏省（1999）和国家（2001）农作物品种审定委员会审定并大面积推广，2002年该品种年种植面积达到82.5万hm^2。

20世纪80～90年代，针对第一代中国杂交水稻稻瘟病抗性差的突出问题，开展抗稻瘟病育种，育成明恢63、测64、桂33等抗稻瘟病性较强的恢复系，形成第二代杂交水稻汕优63、汕优64、汕优桂33等一批新品种，从而中国杂交水稻又蓬勃发展，80年代湖北出现6 666.67hm^2汕优63产量超9 000kg/hm^2的记录。著名的杂交水稻品种包括：汕优46、汕优63、汕优64、汕优桂99、威优6号、威优64、协优46、D优63、冈优22、Ⅱ优501、金优207、四优6号、博优64、秀优57等。中国三系杂交水稻最重要的强恢复系为IR24、IR26、明恢63、密阳46（Miyang 46）、桂99、CDR22、辐恢838、扬稻6号等。

1978—2014年，最大年种植面积超过40万hm^2的杂交稻品种共32个，这些杂交稻品种产量高，抗病虫力强，适应性广，种植年限长，制种产量也高（表1-4）。

表1-4　1978—2014年最大年种植面积超过40万hm^2的杂交稻品种

杂交稻品种	类型	配组亲本	恢复系中的国外亲本	最大年种植面积（万hm^2）	累计种植面积（万hm^2）
南优2号	三系，籼	二九南1号A/IR24	IR24	298.0（1978）	＞666.7（1976—1986）
威优2号	三系，籼	V20A/IR24	IR24	74.7（1981）	203.8（1981—1992）
汕优2号	三系，籼	珍汕97A/IR24	IR24	278.3（1984）	1 264.8（1981—1988）
汕优6号	三系，籼	珍汕97A/IR26	IR26	173.9（1984）	999.9（1981—1994）
威优6号	三系，籼	V20A/IR26	IR26	155.3（1986）	821.7（1981—1992）
汕优桂34	三系，籼	珍汕97A/桂34	IR24、IR30	44.5（1988）	155.6（1986—1993）
威优49	三系，籼	V20A/测64-49	IR9761-19	45.4（1988）	163.8（1986—1995）
D优63	三系，籼	D汕A/明恢63	IR30	111.4（1990）	637.2（1986—2001）

（续）

杂交稻品种	类型	配组亲本	恢复系中的国外亲本	最大年种植面积（万 hm^2）	累计种植面积（万 hm^2）
博优64	三系，籼	博A/测64-7	IR9761-19-1	67.1（1990）	334.7（1989—2002）
汕优63	三系，籼	珍汕97A/明恢63	IR30	681.3（1990）	6 288.7（1983—2009）
汕优64	三系，籼	珍汕97A/测64-7	IR9761-19-1	190.5（1990）	1 271.5（1984—2006）
威优64	三系，籼	V20A/测64-7	IR9761-19-1	135.1（1990）	1 175.1（1984—2006）
汕优桂33	三系，籼	珍汕97A/桂33	IR24、IR36	76.7（1990）	466.9（1984—2001）
汕优桂99	三系，籼	珍汕97A/桂99	IR661、IR2061	57.5（1992）	384.0（1990—2008）
冈优12	三系，籼	冈46A/明恢63	IR30	54.4（1994）	187.7（1993—2008）
威优46	三系，籼	V20A/密阳46	密阳46	51.7（1995）	411.4（1990—2008）
汕优46*	三系，籼	珍汕97A/密阳46	密阳46	45.5（1996）	340.3（1991—2007）
汕优多系1号	三系，籼	珍汕97A/多系1号	IR30、Tetep	68.7（1996）	301.7（1995—2004）
汕优77	三系，籼	珍汕97A/明恢77	IR30	43.1（1997）	256.1（1992—2007）
特优63	三系，籼	龙特甫A/明恢63	IR30	43.1（1997）	439.3（1984—2009）
冈优22	三系，籼	冈46A/CDR22	IR30、IR50	161.3（1998）	922.7（1994—2011）
协优63	三系，籼	协青早A/明恢63	IR30	43.2（1998）	362.8（1989—2008）
Ⅱ优501	三系，籼	Ⅱ-32A/明恢501	泰引1号、IR26、IR30	63.5（1999）	244.9（1995—2007）
Ⅱ优838	三系，籼	Ⅱ-32A/辐恢838	泰引1号、IR30	79.1（2000）	663.0（1995—2014）
金优桂99	三系，籼	金23A/桂99	IR661、IR2061	40.4（2001）	236.2（1994—2009）
冈优527	三系，籼	冈46A/蜀恢527	古154、IR24、IR1544-28-2-3	44.6（2002）	246.4（1999—2013）
冈优725	三系，籼	冈46A/绵恢725	泰引1号、IR30、IR26	64.2（2002）	469.4（1998—2014）
金优207	三系，籼	金23A/先恢207	IR56、IR9761-19-1	71.9（2004）	508.7（2000—2014）
金优402	三系，籼	金23A/R402	古154、IR24、IR30、IR1544-28-2-3	53.5（2006）	428.6（1996—2014）
培两优288	两系，籼	培矮64S/288	IR30、IR36、IR2588	39.9（2001）	101.4（1996—2006）
两优培九	两系，籼	培矮64S/扬稻6号	IR30、IR36、IR2588、BG90-2	82.5（2002）	634.9（1999—2014）
丰两优1号	两系，籼	广占63S/扬稻6号	IR30、R36、IR2588、BG90-2	40.0（2006）	270.1（2002—2014）

* 汕优10号与汕优46的父、母本和育种方法相同，前期称为汕优10号，后期统称汕优46。

三、超级稻育种

国际水稻研究所从1989年起开始实施理想株型（Ideal plant type，俗称超级稻）育种计划，试图利用热带粳稻新种质和理想株型作为突破口，通过杂交和系统选育及分子育种方法育成新株型品种［New plant type（NPT），超级稻］供南亚和东南亚稻区应用，设计产量希望比当地品种增产20%～30%。但由于产量、抗病虫力和稻米品质不理想等原因，迄今还无突出的品种在亚洲各国大面积应用。

为实现在矮化育种和杂交育种基础上的产量再次突破，农业部于1996年启动中国超级稻研究项目，要求育成高产、优质、多抗的常规和杂交水稻新品种。广义要求，超级稻的主要性状如产量、米质、抗性等均应显著超过现有主栽品种的水平；狭义要求，应育成在抗性和米质与对照品种相仿的基础上，产量有大幅度提高的新品种。在育种技术路线上，超级稻品种采用理想株型塑造与杂种优势利用相结合的途径，核心是种质资源的有效利用或有利多基因的聚合，育成单产大幅提高、品质优良、抗性较强的新型水稻品种（表1-5）。

表1-5 超级稻品种的主要指标

项 目	长江流域早熟早稻	长江流域中迟熟早稻	长江流域中熟晚稻、华南感光性晚稻	华南早晚兼用稻、长江流域迟熟晚稻、东北早熟粳稻	长江流域一季稻、东北中熟粳稻	长江上游迟熟一季稻、东北迟熟粳稻
生育期（d）	≤105	≤115	≤125	≤132	≤158	≤170
产量（kg/hm²）	≥8 250	≥9 000	≥9 900	≥10 800	≥11 700	≥12 750
品 质	北方粳稻达到部颁二级米以上（含）标准，南方晚籼稻达到部颁三级米以上（含）标准，南方早籼稻和一季稻达到部颁四级米以上（含）标准					
抗 性	抗当地1～2种主要病虫害					
生产应用面积	品种审定后2年内生产应用面积达到每年3 125hm²以上					

近年有的育种家提出“绿色超级稻”或“广义超级稻”的概念，其基本思路是将品种资源研究、基因组研究和分子技术育种紧密结合，加强水稻重要性状的生物学基础研究和基因发掘，全面提高水稻的综合性状，培育出抗病、抗虫、抗逆、营养高效、高产、优质的新品种。2000年超级杂交稻第一期攻关目标大面积如期实现产量10.5t/hm²，2004年第二期攻关目标大面积实现产量12.0t/hm²。

2006年，农业部进一步启动推进超级稻发展的“6236工程”，要求用6年的时间，培育并形成20个超级稻主导品种，年推广面积占全国水稻总面积的30%，即900万hm²，单产比目前主栽品种平均增产900kg/hm²，以全面带动我国水稻的生产水平。2011年，湖南隆回县种植的超级杂交水稻品种Y两优2号在7.5hm²的面积上平均产量13 899kg/hm²；2011年宁波农业科学院选育的籼粳型超级杂交晚稻品种甬优12单产14 147kg/hm²；2013年，湖南隆回县种植的超级杂交水稻Y两优900获得14 821kg/hm²的产量，宣告超级杂交水稻第三期攻关目标大面积产量13.5t/hm²的实现。据报道，2015年云南个旧市的“超级杂交水稻示范基地”百亩连片水稻攻关田，种植的超级稻品种超优千号，百亩片平均单产16 010kg/hm²；2016年山东临沂市莒南县大店镇的百亩片攻关基地种植的超级杂交稻超优千号，实测单产15 200kg/hm²，创造了杂交水稻高纬度单产的世界纪录，表明已稳定实现了超级杂交水稻第四期大面积产量潜力达到15t/hm²的攻关目标。

截至2014年，农业部确认了111个超级稻品种，分别是：

常规超级籼稻7个：中早39、中早35、金农丝苗、中嘉早17、合美占、玉香油占、桂农占。

常规超级粳稻28个：武运粳27、南粳44、南粳45、南粳49、南粳5055、淮稻9号、长白25、莲稻1号、龙粳39、龙粳31、松粳15、镇稻11、扬粳4227、宁粳4号、楚粳28、连粳7号、沈农265、沈农9816、武运粳24、扬粳4038、宁粳3号、龙粳21、千重浪、辽星1号、楚粳27、松粳9号、吉粳83、吉粳88。

籼型三系超级杂交稻46个：F优498、荣优225、内5优8015、盛泰优722、五丰优615、天优3618、天优华占、中9优8012、H优518、金优785、德香4103、Q优8号、宜优673、深优9516、03优66、特优582、五优308、五丰优T025、天优3301、珞优8号、荣优3号、金优458、国稻6号、赣鑫688、Ⅱ优航2号、天优122、一丰8号、金优527、D优202、Q优6号、国稻1号、国稻3号、中浙优1号、丰优299、金优299、Ⅱ优明86、Ⅱ优航1号、特优航1号、D优527、协优527、Ⅱ优162、Ⅱ优7号、Ⅱ优602、天优998、Ⅱ优084、Ⅱ优7954。

粳型三系超级杂交稻1个：辽优1052。

籼型两系超级杂交稻26个：两优616、两优6号、广两优272、C两优华占、两优038、Y两优5867、Y两优2号、Y两优087、准两优608、深两优5814、广两优香66、陵两优268、徽两优6号、桂两优2号、扬两优6号、陆两优819、丰两优香1号、新两优6380、丰两优4号、Y优1号、株两优819、两优287、培杂泰丰、新两优6号、两优培九、准两优527。

籼粳交超级杂交稻3个：甬优15、甬优12、甬优6号。

超级杂交水稻育种正在继续推进，面临的挑战还有很多。从遗传角度看，目前真正能用于超级稻育种的有利基因及连锁分子标记还不多，水稻基因研究成果还不足以全面支撑超级稻分子育种，目前的超级稻育种仍以常规杂交技术和资源的综合利用为主。因此，需要进一步发掘高产、优质、抗病虫、抗逆基因，改进育种方法，将常规育种技术与分子育种技术相结合起来，培育出广适性的可大幅度减少农用化学品（无机肥料、杀虫剂、杀菌剂、除草剂）而又高产优质的超级稻品种。

第五节　核心育种骨干亲本

分析65年来我国育成并通过国家或省级农作物品种审定委员会审（认）定的8 117份水稻、陆稻和杂交水稻现代品种，追溯这些品种的亲源，可以发现一批极其重要的核心育种骨干亲本，它们对水稻品种的遗传改良贡献巨大。但是由于种质资源的不断创新与交流，尤其是育种材料的交流和国外种质的引进，育种技术的多样化，有的品种含有多个亲本的血缘，使得现代育成品种的亲缘关系十分复杂。特别是有些品种的亲缘关系没有文字记录，或者仅以代号留存，难以查考。另外，籼、粳稻品种的杂交和选择，出现了大量含有籼、粳血缘的中间品种，难以绝对划分它们的籼、粳类别。毫无疑问，品种遗传背景的多样性对于克服品种遗传脆弱性，保障粮食生产安全性极为重要。

考虑到这些相互交错的情况，本节品种的亲源一般按不同亲本在品种中所占的重要性和比率确定，可能会出现前后交叉和上下代均含数个重要骨干亲本的情况。

一、常规籼稻

据不完全统计，我国常规籼稻最重要的核心育种骨干亲本有22个，衍生的大面积种植（年种植面积>6 667hm^2）的品种数超过2 700个（表1-6）。其中，全国种植面积较大的常规籼稻品种是：浙辐802、桂朝2号、双桂1号、广陆矮4号、湘早籼45、中嘉早17等。

表1-6　籼稻核心育种骨干亲本及其主要衍生品种

品种名称	类型	衍生的品种数	主要衍生品种
矮仔占	早籼	>402	矮仔占4号、珍珠矮、浙辐802、广陆矮4号、桂朝2号、广场矮、二九青、特青、嘉育948、红410、泸红早1号、双桂36、湘早籼7号、广二104、珍汕97、七桂早25、特籼占13
南特号	早籼	>323	矮脚南特、广场13、莲塘早、陆财号、广场矮、广选3号、矮南早1号、广陆矮4号、先锋1号、青小金早、湘早籼3号、湘矮早3号、湘矮早7号、嘉育293、赣早籼26
珍汕97	早籼	>267	珍竹19、庆元2号、闽科早、珍汕97A、Ⅱ-32A、D汕A、博A、中A、29A、天丰A、枝A不育系及汕优63等大量杂交稻品种
矮脚南特	早籼	>184	矮南早1号、湘矮早7号、青小金早、广选3号、温选青
珍珠矮	早籼	>150	珍龙13、珍汕97、红梅早、红410、红突31、珍珠矮6号、珍珠矮11、7055、6044、赣早籼9号
湘早籼3号	早籼	>66	嘉育948、嘉育293、湘早籼10号、湘早籼13、湘早籼7号、中优早81、中86-44、赣早籼26
广场13	早籼	>59	湘早籼3号、中优早81、中86-44、嘉育293、嘉育948、早籼31、嘉兴香米、赣早籼26
红410	早籼	>43	红突31、8004、京红1号、赣早籼9号、湘早籼5号、舟优903、中优早3号、泸红早1号、辐8-1、佳禾早占、鄂早16、余红1号、湘晚籼9号、湘晚籼14
嘉育293	早籼	>25	嘉育948、中98-15、嘉兴香米、嘉早43、越糯2号、嘉育143、嘉早41、嘉早935、中嘉早17
浙辐802	早籼	>21	香早籼11、中516、浙9248、中组3号、皖稻45、鄂早10号、赣早籼50、金早47、赣早籼56、浙852、中选181
低脚乌尖	中籼	>251	台中本地1号（TN1）、IR8、IR24、IR26、IR29、IR30、IR36、IR661、原丰早、洞庭晚籼、二九丰、滇瑞306、中选8号
广场矮	中籼	>151	桂朝2号、双桂36、二九矮、广场矮5号、广场矮3784、湘矮早3号、先锋1号、泸南早1号
IR8	中籼	>120	IR24、IR26、原丰早、滇瑞306、洞庭晚籼、滇陇201、成矮597、科六早、滇屯502、滇瑞408
IR36	中籼	>108	赣早籼15、赣早籼37、赣早籼39、湘早籼3号
IR24	中籼	>79	四梅2号、浙辐802、浙852、中156，以及一批杂交稻恢复系和杂交稻品种南优2号、汕优2号
胜利籼	中籼	>76	广场13、南京1号、南京11、泸胜2号、广场矮系列品种
台中本地1号（TN1）	中籼	>38	IR8、IR26、IR30、BG90-2、原丰早、湘晚籼1号、滇瑞412、扬稻1号、扬稻3号、金陵57

（续）

品种名称	类型	衍生的品种数	主要衍生品种
特青	中晚籼	>107	特籼占13、特籼占25、盐稻5号、特三矮2号、鄂中4号、胜优2号、丰青矮、黄华占、茉莉新占、丰矮占1号、丰澳占，以及一批杂交稻恢复系镇恢084、蓉恢906、浙恢9516、广恢998
秋播了	晚籼	>60	516、澄秋5号、秋长3号、东秋播、白花
桂朝2号	中晚籼	>43	豫籼3号、镇籼96、扬稻5号、湘晚籼8号、七山占、七桂早25、双朝25、双桂36、早桂1号、陆青早1号、湘晚籼32
中山1号	晚籼	>30	包胎红、包胎白、包选2号、包胎矮、大灵矮、钢枝占
粳籼89	晚籼	>13	赣晚籼29、特籼占13、特籼占25、粤野软占、野黄占、粤野占26

矮仔占源自早期的南洋引进品种，后成为广西容县一带农家地方品种，携带*sd1*矮秆基因，全生育期约140d，株高82cm左右，节密，耐肥，有效穗多，千粒重26g左右，单产4 500 ～ 6 000kg/hm^2，比一般高秆品种增产20%～ 30%。1955年，华南农业科学研究所发现并引进矮仔占，经系选，于1956年育成矮仔占4号。采用矮仔占4号/广场13，1959年育成矮秆品种广场矮；采用矮仔占4号/惠阳珍珠早，1959年育成矮秆品种珍珠矮。广场矮和珍珠矮是矮仔占最重要的衍生品种，这2个品种不但推广面积大，而且衍生品种多，随后成为水稻矮化育种的重要骨干亲本，广场矮至少衍生了151个品种，珍珠矮至少衍生了150个品种。因此，矮仔占是我国20世纪50年代后期至60年代最重要的矮秆推广品种，也是60 ～ 80年代矮化育种最重要的矮源。至今，矮仔占至少衍生了402个品种，其中种植面积较大的衍生品种有广场矮、珍珠矮、广陆矮4号、二九青、先锋1号、特青、桂朝2号、双桂1号、湘早籼7号、嘉育948等。

南特号是20世纪40年代从江西农家品种鄱阳早的变异株中选得，50年代在我国南方稻区广泛作早稻种植。该品种株高100 ～ 130cm，根系发达，适应性广，全生育期105 ～ 115d，较耐肥，每穗约80粒，千粒重26 ～ 28g，单产3 750 ～ 4 500kg/hm^2，比一般高秆品种增产13%～ 34%。南特号1956年种植面积达333.3万hm^2，1958—1962年，年种植面积达到400万hm^{2}以上。南特号直接系选衍生出南特16、江南1224和陆财号。1956年，广东潮阳县农民从南特号发现矮秆变异株，经系选育成矮脚南特，具有早熟、秆矮、高产等优点，可比高秆品种增产20%～ 30%。经分析，矮脚南特也含有矮秆基因*sd1*，随后被迅速大面积推广并广泛用作矮化育种亲本。南特号是双季早籼品种极其重要的育种亲源，至少衍生了323个品种，其中种植面积较大的衍生品种有广场矮、广场13、矮南早1号、莲塘早、陆财号、广陆矮4号、先锋1号、青小金早、湘矮早2号、湘矮早7号、红410等。

低脚乌尖是我国台湾省的农家品种，携带*sd1*矮秆基因，20世纪50年代后期因用低脚乌尖为亲本（低脚乌尖/菜园种）在台湾育成台中本地1号（TN1）。国际水稻研究所利用Peta/低脚乌尖育成著名的IR8品种并向东南亚各国推广，引发了亚洲水稻的绿色革命。祖国大陆育种家利用含有低脚乌尖血缘的台中本地1号、IR8、IR24和IR30作为杂交亲本，至少衍生了251个常规水稻品种，其中IR8（又称科六或691）衍生了120个品种，台中本地1号衍生了38个品种。利用IR8和台中本地1号而衍生的、种植面积较大的品种有原丰早、科梅、双科1号、湘矮早9号、二九丰、扬稻2号、泸红早1号等。利用含有低脚乌尖血缘的IR24、IR26、IR30等，又育成了大量杂交水稻恢复系，有的恢复系可直接作为常规品种种植。

早籼品种珍汕97对推动杂交水稻的发展作用特殊、贡献巨大。该品种是浙江省温州农业科学研究所用珍珠矮11/汕矮选4号于1968年育成，含有矮仔占血缘，株高83cm，全生育期约120d，分蘖力强，千粒重27g左右，单产约5 500kg/hm^2。珍汕97除衍生了一批常规品种外，还被用于杂交稻不育系的选育。1973年，江西省萍乡市农业科学研究所以海南普通野生稻的野败材料为母本，用珍汕97为父本进行杂交并连续回交育成珍汕97A。该不育系早熟、配合力强，是我国使用范围最广、应用面积最大、时间最长、衍生品种最多的不育系。珍汕97A与不同恢复系配组，育成多种熟期类型的杂交水稻品种，如汕优6号、汕优46、汕优63、汕优64等供华南、长江流域作双季晚稻和单季中、晚稻大面积种植。以珍汕97A为母本直接配组的年种植面积超过6 667hm^{2}的杂交水稻品种有92个，36年来（1978—2014年）累计推广面积超过14 450万hm^2。

特青是广东省农业科学院用特矮/叶青伦于1984年育成的早、晚兼用的籼稻品种，茎秆粗壮，叶挺色浓，株叶形态好，耐肥，抗倒伏，抗白叶枯病，产量高，大田产量6 750 ~ 9 000kg/hm^2。特青被广泛用于南方稻区早、中、晚籼稻的育种亲本，主要衍生品种有特籼占13、特籼占25、盐稻5号、特三矮2号、鄂中4号、胜优2号、黄华占、丰矮占1号、丰澳占等。

嘉育293（浙辐802/科庆47//二九丰///早丰6号/水原287////HA79317-7）是浙江省嘉兴市农业科学研究所育成的常规早籼品种。全生育期约112d，株高76.8cm，苗期抗寒性强，株型紧凑，叶片长而挺，茎秆粗壮，生长旺盛，耐肥，抗倒伏，后期青秆黄熟，产量高，适于浙江、江西、安徽（皖南）等省作早稻种植，1993—2012年累计种植面积超过110万hm^2。嘉育293被广泛用于长江中下游稻区的早籼稻育种亲本，主要衍生品种有嘉育948、中98-15、嘉兴香米、嘉早43、越糯2号、嘉育143、嘉早41、嘉早935、中嘉早17等。

二、常规粳稻

我国常规粳稻最重要的核心育种骨干亲本有20个，衍生的种植面积较大（年种植面积＞6 667hm^2）的品种数超过2 400个（表1-7）。其中，全国种植面积较大的常规粳稻品种有：空育131、武育粳2号、武育粳3号、武运粳7号、鄂宜105、合江19、宁粳4号、龙粳31、农虎6号、鄂晚5号、秀水11、秀水04等。

旭是日本品种，从日本早期品种日之出选出。对旭进行系统选育，育成了京都旭以及关东43、金南风、下北、十和田、日本晴等日本品种。至20世纪末，我国由旭衍生的粳稻品种超过149个。如利用旭及其衍生品种进行早粳育种，育成了辽丰2号、松辽4号、合江20、合江21、早丰、吉粳53、吉粳88、冀粳1号、五优稻1号、龙粳3号、东农416等；利用京都旭及其衍生品种农垦57（原名金南风）进行中、晚粳育种，育成了金垦18、南粳11、徐稻2号、镇稻4号、盐粳4号、扬粳186、盐粳6号、镇稻6号、淮稻6号、南粳37、阳光200、远杂101、鲁香粳2号等。

表1-7 常规粳稻最重要核心育种骨干亲本及其主要衍生品种

品种名称	类型	衍生的品种数	主要衍生品种
旭	早粳	>149	农垦57、辽丰2号、松辽4号、合江20、合江21、早丰、吉粳53、吉粳88、冀粳1号、五优稻1号、龙粳3号、东农416、吉粳60、东农416
笹锦	早粳	>147	丰锦、辽粳5号、龙粳1号、秋光、吉粳69、龙粳1号、龙粳4号、龙粳14、垦稻8号、藤系138、京稻2号、辽盐2号、长白8号、吉粳83、青系96、秋丰、吉粳66
坊主	早粳	>105	石狩白毛、合江3号、合江11、合江22、龙粳2号、龙粳14、垦稻3号、垦稻8号、长白5号
爱国	早粳	>101	丰锦、宁粳6号、宁粳7号、辽粳5号、中花8号、临稻3号、冀粳6号、砦1号、辽盐2号、沈农265、松粳10号、沈农189
龟之尾	早粳	>95	宁粳4号、九稻1号、东农4号、松辽5号、虾夷、松辽5号、九稻1号、辽粳152
石狩白毛	早粳	>88	大雪、滇榆1号、合江12、合江22、龙粳1号、龙粳2号、龙粳14、垦稻8号、垦稻10号
辽粳5号	早粳	>61	辽粳68、辽粳288、辽粳326、沈农159、沈农189、沈农265、沈农604、松粳3号、松粳10号、辽星1号、中辽9052
合江20	早粳	>41	合江23、吉粳62、松粳3号、松粳9号、五优稻1号、五优稻3号、松粳21、龙粳3号、龙粳13、绥粳1号
吉粳53	早粳	>27	长白9号、九稻11、双丰8号、吉粳60、新稻2号、东农416、吉粳70、九稻44、丰选2号
红旗12	早粳	>26	宁粳9号、宁粳11、宁粳19、宁粳23、宁粳28、宁稻216
农垦57	中粳	>116	金垦18、双丰4号、南粳11、南粳23、徐稻2号、镇稻4号、盐粳4号、扬粳201、扬粳186、盐粳6号、南粳36、镇稻6号、淮稻6号、扬粳9538、南粳37、阳光200、远杂101、鲁香粳2号
桂花黄	中粳	>97	南粳32、矮粳23、秀水115、徐稻2号、浙粳66、双糯4号、临稻10号、宁粳9号、宁粳23、镇稻2号
西南175	中粳	>42	云粳3号、云粳7号、云粳9号、云粳134、靖粳10号、靖粳16、京黄126、新城糯、楚粳5号、楚粳22、合系41、滇靖8号
武育粳3号	中粳	>22	淮稻5号、淮稻6号、镇稻99、盐稻8号、武运粳11、华粳2号、广陵香粳、武育粳5号、武香粳9号
滇榆1号	中粳	>13	合系34、楚粳7号、楚粳8号、楚粳24、凤稻14、楚粳14、靖粳8号、靖粳优2号、靖粳优3号、云粳优1号
农垦58	晚粳	>506	沪选19、鄂宜105、农虎6号、辐农709、秀水48、农红73、矮粳23、秀水04、秀水11、秀水63、宁67、武运粳7号、武育粳3号、宁粳1号、甬粳18、徐稻3号、武香粳9号、鄂晚5号、嘉991、镇稻99、太湖糯
农虎6号	晚粳	>332	秀水664、嘉湖4号、祥湖47、秀水04、秀水11、秀水48、秀水63、桐青晚、宁67、太湖糯、武香粳9号、甬粳44、香血糯335、辐农709、武运粳7号
测21	晚粳	>254	秀水04、武香粳14、秀水11、宁粳1号、秀水664、武粳15、武运粳8号、秀水63、甬粳18、祥湖84、武香粳9号、武运粳21、宁67、嘉991、矮糯21、常农粳2号、春江026
秀水04	晚粳	>130	武香粳14、秀水122、武运粳23、秀水1067、武粳13、甬优6号、秀水17、太湖粳2号、甬优1号、宁粳3号、皖稻26、运9707、甬优9号、秀水59、秀水620
矮宁黄	晚粳	>31	老来青、沪晚23、八五三、矮粳23、农红73、苏粳7号、安庆晚2号、浙粳66、秀水115、苏稻1号、镇稻1号、航育1号、祥湖25

辽粳5号（丰锦////越路早生/矮脚南特//藤坂5号/BaDa///沈苏6号）是沈阳市浑河农场采用籼、粳稻杂交，后代用粳稻多次复交，于1981年育成的早粳矮秆高产品种。辽粳5号集中了籼、粳稻特点，株高80 ~ 90cm，叶片宽、厚、短、直立上举，色浓绿，分蘖力强，株型紧凑，受光姿态好，光能利用率高，适应性广，较抗稻瘟病，中抗白叶枯病，产量高。适宜在东北作早粳种植，1992年最大种植面积达到9.8万hm^2。用辽粳5号作亲本共衍生了61个品种，如辽粳326、沈农159、沈农189、松粳10号、辽星1号等。

合江20（早丰/合江16）是黑龙江省农业科学院水稻研究所于20世纪70年代育成的优良广适型早粳品种。合江20全生育期133 ~ 138d，叶色浓绿，直立上举，分蘖力较强，抗稻瘟病性较强，耐寒性较强，耐肥，抗倒伏，感光性较弱，感温性中等，株高90cm左右，千粒重23 ~ 24g。70年代末至80年代中期在黑龙江省大面积推广种植，特别是推广水稻旱育稀植以后，该品种成为黑龙江省的主栽品种。作为骨干亲本合江20衍生的品种包括松粳3号、合江21、合江23、黑粳5号、吉粳62等。

桂花黄是我国中、晚粳稻育种的一个主要亲源品种，原名Balilla（译名巴利拉、伯利拉、倍粒稻），1960年从意大利引进。桂花黄为1964年江苏省苏州地区农业科学研究所从Balilla变异单株中选育而成，亦名苏粳1号。桂花黄株高90cm左右，全生育期120 ~ 130d，对短日照反应中等偏弱，分蘖力弱，穗大，着粒紧密，半直立，千粒重26 ~ 27g，一般单产5 000 ~ 6 000kg/hm^2。桂花黄的显著特点是配合力好，能较好地与各类粳稻配组。据统计，40年来（1965—2004年）桂花黄共衍生了97个品种，种植面积较大的品种有南粳32、矮粳23、秀水115、徐稻2号、浙粳66、双糯4号、临稻10号等。

农垦58是我国最重要的晚粳稻骨干亲本之一。农垦58又名世界一（经考证应该为Sekai系列中的1个品系），1957年农垦部引自日本，全生育期单季晚稻160 ~ 165d，连作晚稻135d，株高约110cm，分蘖早而多，株型紧凑，感光，对短日照反应敏感，后期耐寒，抗稻瘟病，适应性广，千粒重26 ~ 27g，米质优，作单季晚稻单产一般6 000 ~ 6 750kg/hm^2。该品种20世纪60 ~ 80年代在长江流域稻区广泛种植，1975年种植面积达到345万hm^2，1960—1987年累计种植面积超过1 100万hm^2。50年来（1960—2010年）以农垦58为亲本衍生的品种超过506个，其中直接经系统选育而成的品种59个。具有农垦58血缘并大面积种植的品种有：鄂宜105、农虎6号、辐农709、农红73、秀水04、秀水11、秀水63、宁67、武运粳7号、武育粳3号、宁粳1号、甬粳18、徐稻3号等。从农垦58田间发现并命名的农垦58S，成为我国两系杂交稻光温敏核不育系的主要亲本之一，并衍生了多个光温敏核不育系如培矮64S等，配组了大量两系杂交稻如两优培九、两优培特、培两优288、培两优986、培两优特青、培杂山青、培杂双七、培杂泰丰、培杂茂三等。

农虎6号是我国著名的晚粳品种和育种骨干亲本，由浙江省嘉兴市农业科学研究所于1965年用农垦58与老虎稻杂交育成，具有高产、耐肥、抗倒伏、感光性较强的特点，仅1974年在浙江、江苏、上海的种植面积就达到72.2万hm^2。以农虎6号为亲本衍生的品种超过332个，包括大面积种植的秀水04、秀水63、祥湖84、武香粳14、辐农709、武运粳7号、宁粳1号、甬粳18等。

武育粳3号是江苏省武进稻麦育种场以中丹1号分别与79-51和扬粳1号的杂交后代经复交育成。全生育期150d左右，株高95cm，株型紧凑，叶片挺拔，分蘖力较强，抗倒伏性中等，单产大约8 700kg/hm^2，适宜沿江和沿海南部、丘陵稻区中等或中等偏上肥力条件下种植。1992—2008年累计推广面积549万hm^2，1997年最大推广面积达到52.7万hm^2。以武育粳3号为亲本，衍生了一批中粳新品种，如淮稻5号、镇稻99、香粳111、淮稻8号、盐稻8号、盐稻9号、扬粳9538、淮稻6号、南粳40、武运粳11、扬粳687、扬粳糯1号、广陵香粳、华粳2号、阳光200等。

测21是浙江省嘉兴市农业科学研究所用日本种质灵峰（丰沃/绫锦）为母本，与本地晚粳中间材料虎蕾选（金蕾440/农虎6号）为父本杂交育成。测21半矮生，叶姿挺拔，分蘖中等，株型挺，生育后期根系活力旺盛，成熟时穗弯于剑叶之下，米质优，配合力好。测21在浙江、江苏、上海、安徽、广西、湖北、河北、河南、贵州、天津、吉林、辽宁、新疆等省（自治区、直辖市）衍生并通过审定的常规粳稻新品种254个，包括秀水04、武香粳14、秀水11、宁粳1号、秀水664、武粳15、武运粳8号、秀水63、甬粳18、祥湖84、武香粳9号、武运粳21、宁67、嘉991、矮糯21等。1985—2012年以上衍生品种累计推广种植达2 300万hm^2。

秀水04是浙江省嘉兴市农业科学研究所以测21为母本，与辐农70-92/单209为父本杂交于1985年选育而成的中熟晚粳型常规水稻品种。秀水04茎秆矮而硬，耐寒性较强，连晚栽培株高80cm，单季稻95 ~ 100cm，叶片短而挺，分蘖力强，成穗率高，有效穗多。穗颈粗硬，着粒密，结实率高，千粒重26g，米质优，产量高，适宜在浙江北部、上海、江苏南部种植，1985—1994年累计推广面积180万hm^2。以秀水04为亲本衍生的品种超过130个，包括武香粳14、秀水122、祥湖84、武香粳9号、武运粳21、宁67、武粳13、甬优6号、秀水17、太湖粳2号、宁粳3号、皖稻26等。

西南175是西南农业科学研究所从台湾粳稻农家品种中经系统选择于1955年育成的中粳品种，产量较高，耐逆性强，在云贵高原持续种植了50多年。西南175不但是云贵地区的主要当家品种，而且是西南稻区中粳育种的主要亲本之一。

三、杂交水稻不育系

杂交水稻的不育系均由我国创新育成，包括野败型、矮败型、冈型、印水型、红莲型等三系不育系，以及两系杂交水稻的光敏和温敏不育系。最重要的杂交稻核心不育系有21个，衍生的不育系超过160个，配组的大面积种植（年种植面积＞6 667hm^2）的品种数超过1 300个。配组杂交稻品种最多的不育系是：珍汕97A、Ⅱ-32A、V20A、冈46A、龙特甫A、博A、协青早A、金23A、中9A、天丰A、谷丰A、农垦58S、培矮64S和Y58S等（表1-8）。

表1-8　杂交水稻核心不育系及其衍生的品种（截至2014年）

不育系	类　型	衍生的不育系数	配组的品种数	代 表 品 种
珍汕97A	野败籼型	＞36	＞231	汕优2号、汕优22、汕优3号、汕优36、汕优36辐、汕优4480、汕优46、汕优559、汕优63、汕优64、汕优647、汕优6号、汕优70、汕优72、汕优77、汕优78、汕优8号、汕优多系1号、汕优桂30、汕优桂32、汕优桂33、汕优桂34、汕优桂99、汕优晚3、汕优直龙

（续）

不育系	类　型	衍生的不育系数	配组的品种数	代表品种
Ⅱ-32A	印水籼型	＞5	＞237	Ⅱ优084、Ⅱ优128、Ⅱ优162、Ⅱ优46、Ⅱ优501、Ⅱ优58、Ⅱ优602、Ⅱ优63、Ⅱ优718、Ⅱ优725、Ⅱ优7号、Ⅱ优802、Ⅱ优838、Ⅱ优87、Ⅱ优多系1号、Ⅱ优辐819、优航1号、Ⅱ优明86
V20A	野败籼型	＞8	＞158	威优2号、威优35、威优402、威优46、威优48、威优49、威优6号、威优63、威优64、威优647、威优77、威优98、威优华联2号
冈46A	冈籼型	＞1	＞85	冈矮1号、冈优12、冈优188、冈优22、冈优151、冈优188、冈优527、冈优725、冈优827、冈优881、冈优多系1号
龙特甫A	野败籼型	＞2	＞45	特优175、特优18、特优524、特优559、特优63、特优70、特优838、特优898、特优桂99、特优多系1号
博A	野败籼型	＞2	＞107	博Ⅲ优273、博Ⅱ优15、博优175、博优210、博优253、博优258、博优3550、博优49、博优64、博优803、博优998、博优桂44、博优桂99、博优香1号、博优湛19
协青早A	矮败籼型	＞2	＞44	协优084、协优10号、协优46、协优49、协优57、协优63、协优64、协优华联2号
金23A	野败籼型	＞3	＞66	金优117、金优207、金优253、金优402、金优458、金优191、金优63、金优725、金优77、金优928、金优桂99、金优晚3
K17A	K籼型	＞2	＞39	K优047、K优402、K优5号、K优926、K优1号、K优3号、K优40、K优52、K优817、K优818、K优877、K优88、K优绿36
中9A	印水籼型	＞2	＞127	中9优288、中优207、中优402、中优974、中优桂99、国稻1号、国丰1号、先农20
D汕A	D籼型	＞2	＞17	D优49、D优78、D优162、D优361、D优1号、D优64、D汕 优63、D优63
天丰A	野败籼型	＞2	＞18	天优116、天优122、天优1251、天优368、天优372、天优4118、天优428、天优8号、天优998、天优华占
谷丰A	野败籼型	＞2	＞32	谷优527、谷优航1号、谷优964、谷优航148、谷优明占、谷优3301
丛广41A	红莲籼型	＞3	＞12	广优4号、广优青、粤优8号、粤优938、红莲优6号
黎明A	滇粳型	＞11	＞16	黎优57、滇杂32、滇杂34
甬粳2A	滇粳型	＞1	＞11	甬优2号、甬优3号、甬优4号、甬优5号、甬优6号
农垦58S	光温敏	＞34	＞58	培矮64S、广占63S、广占63-4S、新安S、GD-1S、华201S、SE21S、7001S、261S、N5088S、4008S、HS-3、两优培九、培两优288、培两优特青、丰两优1号、扬两优6号、新两优6号、粤杂122、华两优103
培矮64S	光温敏	＞3	＞69	培两优210、两优培九、两优培特、培两优288、培两优3076、培两优981、培两优986、培两优特青、培杂山青、培杂双七、培杂桂99、培杂67、培杂泰丰、培杂茂三
安农S-1	光温敏	＞18	＞47	安两优25、安两优318、安两优402、安两优青占、八两优100、八两优96、田两优402、田两优4号、田两优66、田两优9号
Y58S	光温敏	＞7	＞120	Y两优1号、Y两优2号、Y两优6号、Y两优9981、Y两优7号、Y两优900、深两优5814
株1S	光温敏	＞20	＞60	株两优02、株两优08、株两优09、株两优176、株两优30、株两优58、株两优81、株两优839、株两优99

珍汕97A属野败胞质不育系，是江西省萍乡市农业科学研究所以海南普通野生稻的野败材料为母本，以迟熟早籼品种珍汕97为父本杂交并连续回交于1973年育成。该不育系配合力强，是我国使用范围最广、应用面积最大、时间最长、衍生品种最多的不育系。与不同恢复系配组，育成多种熟期类型的杂交水稻供华南早稻、华南晚稻、长江流域的双季早稻和双季晚稻及一季中稻利用。以珍汕97A为母本直接配组的年种植面积超过6 667hm^{2}的杂交水稻品种有92个，30年来（1978—2007年）累计推广面积13 372万hm^2。

V20A属野败胞质不育系，是湖南省贺家山原种场以野败/6044//71-72后代的不育株为母本，以早籼品种V20为父本杂交并连续回交于1973年育成。V20A一般配合力强，异交结实率高，配组的品种主要作双季晚稻使用，也可用作双季早稻。V20A是全国主要的不育系之一，配组的威优6号、威优63、威优64等系列品种在20世纪80 ~ 90年代曾经大面积种植，其中威优6号在1981—1992年的累计种植面积达到822万hm^2。

Ⅱ-32A属印水胞质不育系。为湖南杂交水稻研究中心从印尼水田谷6号中发现的不育株，其恢保关系与野败相同，遗传特性也属于孢子体不育。Ⅱ-32A是用珍汕97B与IR665杂交育成定型株系后，再与印水珍鼎（糯）A杂交、回交转育而成。全生育期130d，开花习性好，异交结实率高，一般制种产量可达3 000 ~ 4 500kg/hm^2，是我国主要三系不育系之一。Ⅱ-32A衍生了优ⅠA、振丰A、中9A、45A、渝5A等不育系，与多个恢复系配组的品种，包括Ⅱ优084、Ⅱ优46、Ⅱ优501、Ⅱ优63、Ⅱ优838、Ⅱ优多系1号、Ⅱ优辐819、Ⅱ优明86等，在我国南方稻区大面积种植。

冈型不育系是四川农学院水稻研究室以西非晚籼冈比亚卡（Gambiaka Kokum）为母本，与矮脚南特杂交，利用其后代分离的不育株杂交转育的一批不育系，其恢保关系、雄性不育的遗传特性与野败基本相似，但可恢复性比野败好，从而发现并命名为冈型细胞质不育系。冈46A是四川农业大学水稻研究所以冈二九矮7号A为母本，用“二九矮7号/V41//V20/雅矮早”的后代为父本杂交、回交转育成的冈型早籼不育系。冈46A在成都地区春播，播种至抽穗历期75d左右，株高75 ~ 80cm，叶片宽大，叶色淡绿，分蘖力中等偏弱，株型紧凑，生长繁茂。冈46A配合力强，与多个恢复系配组的74个品种在我国南方稻区大面积种植，其中冈优22、冈优12、冈优527、冈优151、冈优多系1号、冈优725、冈优188等曾是我国南方稻区的主推品种。

中9A是中国水稻研究所1992年以优ⅠA为母本，优ⅠB/L301B//菲改B的后代作父本，杂交、回交转育成的早籼不育系，属印尼水田谷6号质源型，2000年5月获得农业部新品种权保护。中9A株高约65cm，播种至抽穗60d左右，育性稳定，不育株率100%，感温，异交结实率高，配合力好，可配组早籼、中籼及晚籼3种栽培型杂交水稻，适用于所有籼型杂交稻种植区。以中9A配组的杂交品种产量高，米质好，抗白叶枯病，是我国当前较抗白叶枯病的不育系，与抗稻瘟病的恢复系配组，可育成双抗的杂交稻品种。配组的国稻1号、国丰1号、中优177、中优448、中优208等49个品种广泛应用于生产。

谷丰A是福建省农业科学院水稻研究所以地谷A为母本，以[龙特甫B/宙伊B（V41B/汕优菲一//IRs48B）]F_4 作回交父本，经连续多代回交于2000年转育而成的野败型三系不育系。谷丰A株高85cm左右，不育性稳定，不育株率100%，花粉败育以典败为主，异交特性好，较抗稻瘟病，适宜配组中、晚籼类型杂交品种。谷优系列品种已在中国南方稻区大面积推广应用，成为稻瘟病重发区杂交水稻安全生产的重要支撑。利用谷丰A配组育成了谷优527、谷优964、谷优5138等32个品种通过省级以上农作物品种审定委员会审（认）定，其中4个品种通过国家农作物品种审定委员会审定。

甬粳2A是滇粳型不育系，是浙江省宁波市农业科学院以宁67A为母本，以甬粳2号为父本进行杂交，以甬粳2号为父本进行连续回交转育而成。甬粳2A株高90cm左右，感光性强，株型下紧上松，须根发达，分蘖力强，茎韧秆壮，剑叶挺直，中抗白叶枯病、稻瘟病、细菌性条纹病，耐肥，抗倒伏性好。采用粳不/籼恢三系法途径，甬粳2A配组育成了甬优2号、甬优4号、甬优6号等优质高产籼粳杂交稻。其中，甬优6号（甬粳2A/K4806）2006年在浙江省鄞州取得单季稻12 510kg/hm^{2}的高产，甬优12（甬粳2A/F5032）在2011年洞桥"单季百亩示范方"取得13 825kg/hm^{2}的高产。

培矮64S是籼型温敏核不育系，由湖南杂交水稻研究中心以农垦58S为母本，籼爪型品种培矮64（培迪/矮黄米//测64）为父本，通过杂交和回交选育而成。培矮64S株高65～70cm，分蘖力强，亲和谱广，配合力强，不育起点温度在13h光照条件下为23.5℃左右，海南短日照（12h）条件下不育起点温度超过24℃。目前已配组两优培九、两优培特、培两优288等30多个通过省级以上农作物品种审定委员会审定并大面积推广的两系杂交稻品种，是我国应用面积最大的两系核不育系。

安农S-1是湖南省安江农业学校从早籼品系超40/H285//6209-3群体中选育的温敏型两用核不育系。由于控制育性的遗传相对简单，用该不育系作不育基因供体，选育了一批实用的两用核不育系如香125S、安湘S、田丰S、田丰S-2、安农810S、准S360S等，配组的安两优25、安两优318、安两优402、安两优青占等品种在南方稻区广泛种植。

Y58S(安农S-1/常菲22B//安农S-1/Lemont///培矮64S)是光温敏不育系，实现了有利多基因累加，具有优质、高光效、抗病、抗逆、优良株叶形态和高配合力等优良性状。Y58S目前已选配Y两优系列强优势品种120多个，其中已通过国家、省级农作物品种审定委员会审（认）定的有45个。这些品种以广适性、优质、多抗、超高产等显著特性迅速在生产上大面积推广，代表性品种有Y两优1号、Y两优2号、Y两优9981等，2007—2014年累计推广面积已超过300万hm^2。2013年，在湖南隆回县，超级杂交水稻Y两优900获得14 821kg/hm^{2}的高产。

四、杂交水稻恢复系

我国极大部分强恢复系或强恢复源来自国外，包括IR24、IR26、IR30、密阳46等，它们均含有我国台湾省地方品种低脚乌尖的血缘（*sd1*矮秆基因）。20世纪70～80年代，IR24、IR26、IR30、IR36、IR58直接作恢复系利用，随着明恢63（IR30/圭630）的育成，我国的杂交稻恢复系走上了自主创新的道路，育成的恢复系其遗传背景呈现多元化。目前，主要的已广泛应用的核心恢复系17个，它们衍生的恢复系超过510个，配组的种植面积较大（年种植面积＞6 667hm^2）的杂交品种数超过1 200个（表1-9）。配组品种较多的恢复系有：明恢63、明恢86、IR24、IR26、多系1号、测64-7、蜀恢527、辐恢838、桂99、CDR22、密阳46、广恢3550、C57等。

表1-9　我国主要的骨干恢复系及配组的杂交稻品种（截至2014年）

骨干亲本名称	类型	衍生的恢复系数	配组的杂交品种数	代表品种
明恢63	籼型	>127	>325	D优63、Ⅱ优63、博优63、冈优12、金优63、马协优63、全优63、汕优63、特优63、威优63、协优63、优Ⅰ63、新香优63、八两优63
IR24	籼型	>31	>85	矮优2号、南优2号、汕优2号、四优2号、威优2号
多系1号	籼型	>56	>78	D优68、D优多系1号、Ⅱ优多系1号、K优5号、冈优多系1号、汕优多系1号、特优多系1号、优Ⅰ多系1号
辐恢838	籼型	>50	>69	辐优803、B优838、Ⅱ优838、长优838、川香838、辐优838、绵5优838、特优838、中优838、绵两优838、天优838
蜀恢527	籼型	>21	>45	D奇宝优527、D优13、D优527、Ⅱ优527、辐优527、冈优527、红优527、金优527、绵5优527、协优527
测64-7	籼型	>31	>43	博优49、威优49、协优49、汕优49、D优64、汕优64、威优64、博优64、常优64、协优64、优Ⅰ64、枝优64
密阳46	籼型	>23	>29	汕优46、D优46、Ⅱ优46、Ⅰ优46、金优46、汕优10、威优46、协优46、优I46
明恢86	籼型	>44	>76	Ⅱ优明86、华优86、两优2186、汕优明86、特优明86、福优86、D297优86、T优8086、Y两优86
明恢77	籼型	>24	>48	汕优77、威优77、金优77、优Ⅰ77、协优77、特优77、福优77、新香优77、K优877、K优77
CDR22	籼型	24	34	汕优22、冈优22、冈优3551、冈优363、绵5优3551、宜香3551、冈优1313、D优363、Ⅱ优936
桂99	籼型	>20	>17	汕优桂99、金优桂99、中优桂99、特优桂99、博优桂99（博优903）、华优桂99、秋优桂99、枝优桂99、美优桂99、优Ⅰ桂99、培两优桂99
广恢3550	籼型	>8	>21	Ⅱ优3550、博优3550、汕优3550、汕优桂3550、特优3550、天丰优3550、威优3550、协优3550、优优3550、枝优3550
IR26	籼型	>3	>17	南优6号、汕优6号、四优6号、威优6号、威优辐26
扬稻6号	籼型	>1	>11	红莲优6号、两优培九、扬两优6号、粤优938
C57	粳型	>20	>39	黎优57、丹粳1号、辽优3225、9优418、辽优5218、辽优5号、辽优3418、辽优4418、辽优1518、辽优3015、辽优1052、泗优422、皖稻22、皖稻70
皖恢9号	粳型	>1	>11	70优9号、培两优1025、双优3402、80优98、Ⅲ优98、80优9号、80优121、六优121

明恢63是我国最重要的育成恢复系，由福建省三明市农业科学研究所以IR30/圭630于1980年育成。圭630是从圭亚那引进的常规水稻品种，IR30来自国际水稻研究所，含有IR24、IR8的血缘。明恢63衍生了大量恢复系，其衍生的恢复系占我国选育恢复系的65%～70%，衍生的主要恢复系有CDR22、辐恢838、明恢77、多系1号、广恢128、恩恢58、明恢86、绵恢725、盐恢559、镇恢084、晚3等。明恢63配组育成了大量优良的杂交稻品种，包括汕优63、D优63、协优63、冈优12、特优63、金优63、汕优桂33、汕优多系1号等，这些杂交稻品种在我国稻区广泛种植，对水稻生产贡献巨大。直接以明恢63为恢复系配组的年种植面积超过6 667hm^2的杂交水稻品种29个，其中，汕优63（珍汕97A/

明恢63）1990年种植面积681万hm^2，累计推广面积（1983—2009年）6 289万hm^2；D优63（D珍汕97A/明恢63）1990年种植面积111万hm^2，累计推广面积（1983—2001年）637万hm^2。

密阳46（Miyang 46）原产韩国，20世纪80年代引自国际水稻研究所，其亲本为统一/IR24//IR1317/IR24，含有台中本地1号、IR8、IR24、IR1317（振兴/IR262//IR262/IR24）及韩国品种统一（IR8//蛦/台中本地1号）的血缘。全生育期110d左右，株高80cm左右，株型紧凑，茎秆细韧、挺直，结实率85%～90%，千粒重24g，抗稻瘟病力强，配合力强，是我国主要的恢复系之一。密阳46衍生的主要恢复系有蜀恢6326、蜀恢881、蜀恢202、蜀恢162、恩恢58、恩恢325、恩恢995、恩恢69、浙恢7954、浙恢203、Y111、R644、凯恢608、浙恢208等；配组的杂交品种汕优46(原名汕优10号)、协优46、威优46等是我国南方稻区中、晚稻的主栽品种。

IR24，其姐妹系为IR661，均引自国际水稻研究所（IRRI），其亲本为IR8/IR127。IR24是我国第一代恢复系，衍生的重要恢复系有广恢3550、广恢4480、广恢290、广恢128、广恢998、广恢372、广恢122、广恢308等；配组的矮优2号、南优2号、汕优2号、四优2号、威优2号等是我国20世纪70～80年代杂交中晚稻的主栽品种，IR24还是人工制恢的骨干亲本之一。

测64是湖南省安江农业学校从IR9761-19中系选测交选出。测64衍生出的恢复系有测64-49、测64-8、广恢4480（广恢3550/测64）、广恢128（七桂早25/测64）、广恢96（测64/518）、广恢452（七桂早25/测64//早特青）、广恢368（台中籼育10号/广恢452）、明恢77（明恢63/测64）、明恢07（泰宁本地/圭630//测64///777/CY85-43）、冈恢12（测64-7/明恢63）、冈恢152（测64-7/测64-48）等。与多个不育系配组的D优64、汕优64、威优64、博优64、常优64、协优64、优I64、枝优64等是我国20世纪80～90年代杂交稻的主栽品种。

CDR22（IR50/明恢63）系四川省农业科学院作物研究所育成的中籼迟熟恢复系。CDR22株高100cm左右，在四川成都春播，播种至抽穗历期110d左右，主茎总叶片数16～17叶，穗大粒多，千粒重29.8g，抗稻瘟病，且配合力高，花粉量大，花期长，制种产量高。CDR22衍生出了宜恢3551、宜恢1313、福恢936、蜀恢363等恢复系24个；配组的汕优22和冈优22强优势品种在生产中大面积推广。

辐恢838是四川省原子能应用技术研究所以226（糯）/明恢63辐射诱变株系r552育成的中籼中熟恢复系。辐恢838株高100～110cm，全生育期127～132d，茎秆粗壮，叶色青绿，剑叶硬立，叶鞘、节间和稃尖无色，配合力高，恢复力强。由辐恢838衍生出了辐恢838选、成恢157、冈恢38、绵恢3724等新恢复系50多个；用辐恢838配组的Ⅱ优838、辐优838、川香9838、天优838等20余个杂交品种在我国南方稻区广泛应用，其中Ⅱ优838是我国南方稻区中稻的主栽品种之一。

多系1号是四川省内江市农业科学研究所以明恢63为母本，Tetep为父本杂交，并用明恢63连续回交育成，同时育成的还有内恢99-14和内恢99-4。多系1号在四川内江春播，播种至抽穗历期110d左右，株高100cm左右，穗大粒多，千粒重28g，高抗稻瘟病，且配合力高，花粉量大，花期长，利于制种。由多系1号衍生出内恢182、绵恢2009、绵恢2040、明恢1273、明恢2155、联合2号、常恢117、泉恢131、亚恢671、亚恢627、航148、晚R-1、中恢8006、宜恢2308、宜恢2292等56个恢复系。多系1号先后配组育成了汕优多系1号、Ⅱ优多系1号、冈优多系1号、D优多系1号、D优68、K优5号、特优多系1号等品种，在我国南方稻区广泛作中稻栽培。

明恢77是福建省三明市农业科学研究所以明恢63为母本，测64作父本杂交，经多代选择于1988年育成的籼型早熟恢复系。到2010年，全国以明恢77为父本配组育成了11个组合通过省级以上农作物品种审定委员会审定，其中3个品种通过国家农作物品种审定委员会审定，从1991—2010年，用明恢77直接配组的品种累计推广面积达744.67万hm^2。到2010年，全国各育种单位利用明恢77作为骨干亲本选育的新恢复系有R2067、先恢9898、早恢9059、R7、蜀恢361等24个，这些新恢复系配组了34个品种通过省级以上农作物品种审定委员会审定。

明恢86是福建省三明市农业科学研究所以P18（IR54/明恢63//IR60/圭630）为母本，明恢75（粳187/IR30//明恢63）作父本杂交，经多代选择于1993年育成的中籼迟熟恢复系。到2010年，全国以明恢86为父本配组育成了11个品种通过省级以上农作物品种审定委员会品种审定，其中3个品种通过国家农作物品种审定委员会审定。从1997—2010年，用明恢86配组的所有品种累计推广面积达221.13万hm^2。到2011年止，全国各育种单位以明恢86为亲本选育的新恢复系有航1号、航2号、明恢1273、福恢673、明恢1259等44个，这些新恢复系配组了65个品种通过省级以上农作物品种审定委员会审定。

C57是辽宁省农业科学院利用“籼粳架桥”技术，通过籼（国际水稻研究所具有恢复基因的品种IR8）/籼粳中间材料（福建省具有籼稻血统的粳稻科情3号）//粳（从日本引进的粳稻品种京引35），从中筛选出的具有1/4籼核成分的粳稻恢复系。C57及其衍生恢复系的育成和应用推动了我国杂交粳稻的发展，据不完全统计，约有60%以上的粳稻恢复系具有C57的血缘，如皖恢9号、轮回422、C52、C418、C4115、徐恢201、MR19、陆恢3号等。C57是我国第一个大面积应用的杂交粳稻品种黎优57的父本。

参考文献

陈温福，徐正进，张龙步，等，2002. 水稻超高产育种研究进展与前景[J]. 中国工程科学，4(1): 31-35.

程式华，曹立勇，庄杰云，等，2009. 关于超级稻品种培育的资源和基因利用问题[J]. 中国水稻科学，23(3): 223-228.

程式华，2010. 中国超级稻育种[M]. 北京：科学出版社：493.

方福平，2009. 中国水稻生产发展问题研究[M]. 北京：中国农业出版社：19-41.

韩龙植，曹桂兰，2005. 中国稻种资源收集、保存和更新现状[J]. 植物遗传资源学报，6(3): 359-364.

林世成，闵绍楷，1991. 中国水稻品种及其系谱[M]. 上海：上海科学技术出版社：411.

马良勇，李西民，2007. 常规水稻育种[M]// 程式华，李健 . 现代中国水稻 . 北京：金盾出版社：179-202.

闵捷，朱智伟，章林平，等，2014. 中国超级杂交稻组合的稻米品质分析[J]. 中国水稻科学，28(2): 212-216.

庞汉华，2000. 中国野生稻资源考察、鉴定和保存概况[J]. 植物遗传资源科学，1(4): 52-56.

汤圣祥，王秀东，刘旭，2012. 中国常规水稻品种的更替趋势和核心骨干亲本研究[J]. 中国农业科学，5(8): 1455-1464.

万建民，2010. 中国水稻遗传育种与品种系谱[M]. 北京：中国农业出版社：742.

魏兴华，汤圣祥，余汉勇，等，2010. 中国水稻国外引种概况及效益分析[J]. 中国水稻科学，24(1): 5-11.

魏兴华，汤圣祥，2011. 中国常规稻品种图志[M]. 杭州：浙江科学技术出版社：418.

谢华安，2005. 汕优63选育理论与实践[M]. 北京：中国农业出版社：386.

杨庆文，陈大洲，2004. 中国野生稻研究与利用[M]. 北京：气象出版社.

杨庆文，黄娟，2013. 中国普通野生稻遗传多样性研究进展[J]. 作物学报，39(4): 580-588.

袁隆平，2008. 超级杂交水稻育种进展[J]. 中国稻米(1): 1-3.

Khush G S, Virk P S, 2005. IR varieties and their impact[M]. Malina, Philippines: IRRI: 163.

Tang S X, Ding L, Bonjean A P A, 2010. Rice production and genetic improvement in China[M]//Zhong H, Bonjean Alain A P A. Cereals in China. Mexico: CIMMYT.

Yuan L P, 2014. Development of hybrid rice to ensure food security[J]. Rice Science, 21(1): 1-2.

第二章 湖北省稻作区划与水稻品种变迁

第一节　湖北省稻作区划

水稻是湖北省最主要的粮食作物，常年种植面积213.3万hm^2左右，约占全省粮食种植面积的50%，总产占全省粮食作物总产量的70%左右。湖北地处长江中游，属亚热带与温带过渡地区，在全国稻作区划中，划为华中湿润单、双季稻作带。由于全省南北气候和地形的不同，稻作制度存在明显差异，湖北省可划分为四个稻作区，包括江汉平原、鄂东单双季优质籼稻板块，鄂中丘陵、鄂北岗地单季优质籼稻板块，鄂东北优质粳稻板块，鄂西北高山单季稻和早籼晚粳双季稻板块（图2-1）。

一、鄂东南丘陵、平原稻作区

本稻区丘陵、平原水田面积占总水田面积的70%以上。本稻区≥10℃活动积温均在5 000℃以上，≥15℃的活动积温在4 300 ～ 4 500℃之间，光照充足，降水量充沛。本稻区主要包括黄冈、咸宁的全部，孝感、武汉东南部的黄陂、新洲、江夏，地形为沿江滨湖和低山丘陵。区域内人均占有耕地较少，劳动力较多，有精耕细作的习惯，适宜发展两熟、三熟耕作制度，是湖北省种植双季稻的适宜地区，也是湖北省稻田两熟、三熟耕作制度下种植面积最大，产量最高的地区。这一稻作区包括一个规模化特色糯稻种植区，仅孝感市年种植糯稻就4.33万hm^2，占孝感市水稻种植面积的65%以上，目前已经实现无公害标准化生产，打造了“孝感麻糖”“孝感米酒”等糯米深加工品牌。

二、江汉平原单、双季稻作区

本稻区以平原、湖区为主，地形为长江中游沿岸和汉江中下游沿岸的冲积平原，是湖北省以水稻为主的粮食主产区，单、双季稻面积各占50%。本稻区≥10℃活动积温均在5 000℃以上，≥15℃的活动积温在4 200 ～ 4 300℃之间，适宜发展双季稻和稻麦两熟耕作制。本稻区包括荆州、仙桃、潜江、天门的全部，孝感西部的汉川、云梦、应城，武汉北部的黄陂，荆门南部的沙洋、屈家岭，宜昌东部的枝江。该稻作区因地势低洼，地温偏低，不利于早稻早生快发，加之人均水田面积较大，劳动力不足，限制了双季稻的发展。为了提高复种指数，近年来，积极发展一季稻—再生稻，实现一种两收。江汉平原是我国重要的商品粮基地之一。

三、鄂中北丘陵岗地单季稻作区

本稻区以鄂中北丘陵岗地为主，包括随州、襄阳的全部，孝感北部的安陆，荆门北部的京山、钟祥，宜昌东北部的当阳。本稻区≥10℃活动积温一般不足5 000℃，≥15℃的活动积温在4 000 ～ 4 200℃之间，适宜发展中稻，是一季中稻的集中产区，既是湖北省稻麦两熟制的主要稻作区，也是水稻的高产区。

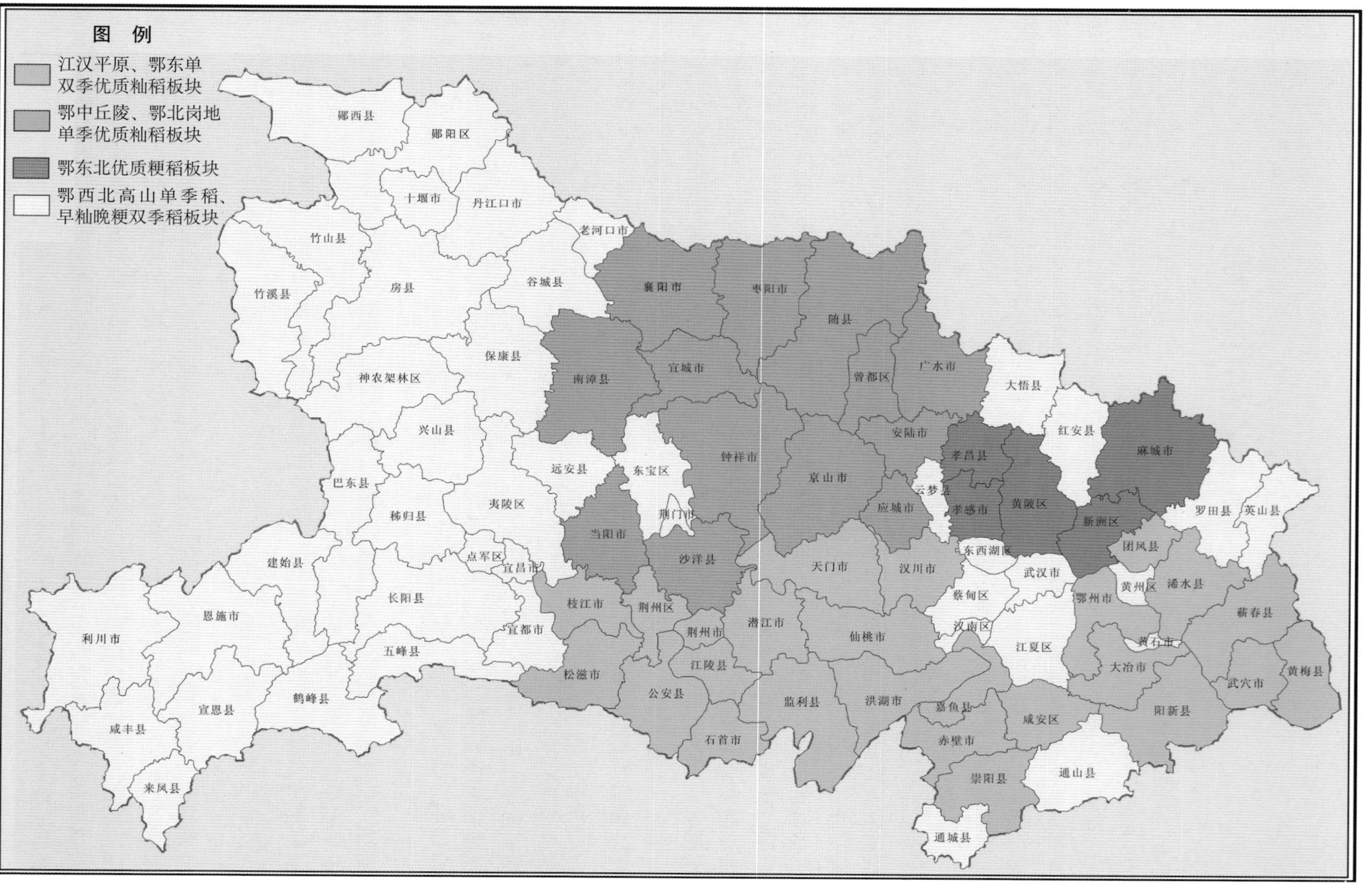

图 2-1 湖北省水稻种植区划

四、鄂西北高山单季稻作区

本稻区主要分布在鄂西、鄂北山区，该区的地域跨度大，主要包括鄂西恩施、十堰的全部，宜昌的大部，其地形特点是山岭耸立，地形复杂，气温垂直分布差异十分明显，海拔多在500 ～ 1 200m之间，以种植中稻为主，高海拔山区一般选用熟期较早的品种，属于湖北省的高寒稻区。

第二节　湖北省水稻品种变迁

一、湖北省水稻生产概况

水稻是湖北省种植面积最大的粮食作物，水稻的种植面积约占湖北省粮食作物种植面积的50%，总产量占湖北省粮食作物总产量的70%左右，商品粮占80%以上，是我国的水稻生产大省。湖北省地处南北气候过渡地带，光、温、水等自然资源充足，水稻品种类型丰富、耕作制度多样，因此水稻形成了早、中、晚熟期配套，籼、粳、糯稻并存的格局。统计显示，早稻种植面积在1990—2009年总体上呈下降趋势，晚稻种植面积的变化与早稻种植面积的变化具有实质上的一致性，因为湖北省晚稻种植面积源于早稻田。早、晚稻种植面积在1997—2003年急剧减少，2004—2009年早稻面积下降到35.0万hm^2，保持相对稳定，晚稻面积下降到40.0万hm^2，保持相对稳定。中稻种植面积在1997年前基本稳定在100万hm^2，1997年后中稻种植面积总体逐年增加，其中2006年中稻种植面积达到140.7万hm^2，2006年后中稻种植面积减少至125.0万hm^2左右，保持相对稳定。2013年湖北省水稻播种面积210.12万hm^2，占粮食作物播种面积的49.34%，产量1 676.6万t，占粮食作物总产量的67.03%，其中早稻面积38.56万hm^2，中稻面积126.57万hm^2，双季晚稻面积44.99万hm^2。2015年湖北省水稻总面积218.85万hm^2，其中常规稻面积46.22万hm^2，杂交稻面积172.63万hm^2；另外粳稻面积仅有4.39万hm^2。

二、湖北省水稻品种变迁

水稻品种变迁与生产方式、劳动力数量、市场需求、科技发展及政策导向等很多因素有关。水稻种植面积的变化在一定程度上反映出多种因素的综合影响。

1.早稻品种的变迁

20世纪50年代育种或选种主要以水稻品种引进鉴定和系统选育为主，通过引种鉴定，至60年代初期，先后鉴定出南特号、南特16、西湖早、红脚早、莲塘早、莲塘早4号等早稻品种并在生产上推广应用，促进了双季稻的生产发展。早稻品种早粳16，原名4.5.4（15-43），是利用辽宁熊岳稻作场原始材料，经系统选育，于1956年育成，5年试验结果，平均产量5 685kg/hm^2，1957年曾在湖北、湖南、江西、浙江和广东等省部分地区示范推广。早稻品种早粳3号，原名4.4.4（16-25），经系统选育，于1956年育成，产量与早粳16相近。1956—1958年，从南特16中系统选育出鄂稻1号，产量4 725kg/hm^2左右，比南特号增产2.77%～ 28.0%，1962年起，在江陵、武昌、浠水、蕲春等县示范种植，适宜湖北省双季稻区种植。1960年以后，在系统选育的同时，开展了水稻杂交育种。1964年用莲塘早4号的抗寒选系63-66-5与中熟矮秆品种圭峰70-1杂交，先后育成了早稻鄂早1号、鄂早2号、鄂早3号、鄂早4号和鄂早5号等品种，这些早稻品种均属于矮秆高产品种，取代了当时推广的高秆品种莲塘早4号、南特号、陆财号等品种。1965年用大籼稻与矮脚南特杂交育成华矮4号、华矮8号和华矮15等品种，其中华矮15被列为湖北省双季早稻主要推广品种之一。1970年以后，湖北省育成矮秆迟熟早稻鄂早6号、矮秆中熟早稻鄂早7号、中熟早籼鄂早8号等几个早稻当家品种，取代广陆矮4号和原丰早，鄂早6号（原代号2106）先后通过湖北省农作物品种审定委员会和国家农作物品种审定委员会审定，是湖北省早稻区域试验的对照品种，1986—1990年累计推广面积72万hm^2，1990年荣获湖北省科技进步一等奖。1995年推广面积达40.3万hm^2。

1982年湖北省开始试验示范推广杂交水稻，在生产上大面积推广的杂交早稻有威优49、威优48、威优38、威优35、威优17、博优湛19、汕优7023等组合。由于湖北省地域的特殊性，杂交早稻组合普遍存在生育期偏长、产量优势不强、米质不优等问题，不能适应湖北省对优质高产的目标要求，因此，直到1994年，湖北省杂交早稻面积仅约2万hm^2。1987年育成常规优质中熟早籼稻华矮837，并在生产上大面积推广。1990年审定鄂冈早1号，累计推广40万hm^2，1992年获黄冈地区科技进步二等奖，1993年获湖北省科技进步三等奖。1993年以后湖北省先后培育了鄂早9号、鄂早10号、鄂早11、华稻21等优良早稻品种。鄂早11是充分利用双亲的地理远缘、双亲的生育期差异和双亲优良性状的互补而杂交选育成功的早稻品种，该品种1995年通过湖北省农作物品种审定委员会审定，1997年成为湖北省早稻主推品种之一，也是湖北省早稻区试对照品种，1995年推广面积10万hm^2，1998年推广面积20万hm^2，累计推广面积100万hm^2，1997年获得黄冈市科技进步一等奖，1998年获得湖北省科技进步二等奖。长江流域杂交早稻发展面临的生育期长、米质相对较差、种子成本高等主要问题长期存在，因此常规早稻品种一直是生产上的主要品种。2000年以后湖北省又选育了鄂早12、鄂早13、鄂早14、鄂早15、鄂早16、鄂早17和鄂早18等常规早稻品种。其中，鄂早18是以中早81作母本，以嘉早935作父本有性杂交，经系谱法选择育成的迟熟籼型早稻品种，2003年通过湖北省农作物品种审定委员会审定，2005年通过国家农作物品种审定委员会审定，至今仍然是湖北省早稻主推品种，也是湖北省早稻区试对照品种。

1990年以后，湖北省审定了一些杂交早稻品种，如汕优7023、马协118-2、金优1176等，但由于鄂早6号、鄂冈早1号、鄂早11等优良常规早稻在生产上早发性好、生育期适合且品质优，加上常规早稻用种成本低，因此湖北省杂交早稻存在着“优而不早，早而不优”的问题，生产推广难度大，育种难度较大。在1995年全国杂交早稻面积占早稻播种面积50%的状况下，湖北省杂交早稻面积也只占4.6%。2005年以后，优质早籼型水稻温敏核不育系HD9802S选育成功，陆续审定了两优287、两优25、两优42、两优17、两优1号、两优9168、两优302、两优76、两优358和两优6号等两系杂交早稻，基本克服了三系杂交早稻“优而不早，早而不优”的问题，杂交早稻的面积有所上升。两优287达到国标优质稻谷一级标准，填补了中国杂交早稻无国标一级优质米的空白，经农业部认定是两系超级稻品种，至2014年两优287在湖北省年推广7.86万hm^2；两优42和两优6号通过国家农作物品种审定委员会审定。

2. 中稻品种变迁

湖北省中稻品种生产大致分为两个阶段，1949—1989年为第一阶段，其中1949—1980年常规稻占主要地位，20世纪70年代后期经过一个常规中稻与杂交中稻齐头并进的短暂时期，进入80年代后杂交稻推广面积逐渐上升，占50%。1961年之前以引种鉴定为主，先后引进鉴定一批中稻品种，其中胜利籼、万利籼、399（南京1号）等通过试验，都曾作为湖北省水稻生产上的主栽品种。1960年冬季，从广东引进大量矮秆材料，其中，4172、4182都被推荐为第一代中籼矮秆推广品种。1962—1979年，引进、系统育种与杂交育种并进，这个时期引进的珍珠矮，推广面积达到33.3万hm^2以上。1970年开始推广国际水稻研究所选育的IR8（1969年引进，定名为691），后成为湖北省中稻当家品种，种植面积达40万hm^2以上。这一时期湖北省选育中稻鄂中1号、鄂中2号、中籼四喜粘、鄂荆糯6号等矮秆高产品种。鄂中2号是南圭4号与珍珠矮杂交育成的中籼品种，1973—1974年参加南方稻区试验及湖北省区试，产量稳定性好，比珍珠矮增产10%左右，在鄂西北郧西、房县推广面积在1.33万hm^2以上。1973年从IR661变异株中通过系统选育育成中籼525，经1975—1976年两年多点试验，产量7 500kg/hm^2左右，比691增产4.7%～11.9%，推广面积0.13万hm^2以上。中籼四喜粘（原代号4091）是IET2938与桂朝2号杂交，经花药培养，在海南加代，于1984年选育而成的中熟中稻品种，产量比桂朝2号略低，为7 500kg/hm^2左右，经湖北省农作物品种审定委员会推荐参加全国优质米评选，被评为优质米品种，曾在河南信阳地区作为主栽品种推广。鄂荆糯6号是湖北省荆州地区农业科学研究所育成的中籼糯稻品种，产量比桂朝2号略低，抗白叶枯病和稻瘟病，适应性广，在湖北、湖南、福建、江西和浙江等省可做双季晚稻种植，1989年湖北省最大年推广面积3.67万hm^2，1989—2000年累计推广面积120万hm^2。

1990年至今为第二阶段，这一时期优质常规中稻只作为优质稻生产，而优质杂交中稻成为生产上的主推品种，尤其在最近10年（2005—2014年）两系杂交中稻占生产中的主导地位。

1980年以后，全国水稻专家在遗传、生理、育种及生产等领域开展协作攻关研究，中国杂交水稻进入快速发展时期，全国审定了多个杂交水稻组合并在生产上推广，逐步改变了中国缺粮的状况；同时，这一时期农村家庭联产承包责任制也极大调动了农民粮食生产积极性，杂交中稻推广面积逐渐增加。1986—1995年是中国杂交水稻生产品种单一化程度最高的时期，1987—1991年全国杂交水稻面积相当于1976—1986年推广面积的总和。1990年汕优63种植面积达到历史高峰，为681.3万hm^2。1991—1995年全国三系籼稻累计种植面积前20位的品种中，汕优63遥遥领先，达到2 453.4万hm^2，汕优63也是湖北省主推品种和区试对照品种。其后，两系超级稻品种两优培九、扬两优6号分别于2001年、2005年通过湖北省农作物品种审定委员会审定后迅速成为湖北省主推品种，并成为湖北省水稻区试对照品种。1973年，石明松在湖北沔阳县（现湖北仙桃市）沙湖原种场发现光敏核不育水稻。1981年石明松首次在《湖北农业科学》上公开发表了题为《晚粳自然两用系选育及其应用初报》的论文，湖北省成为两系杂交水稻研究的发源地。1983年湖北省成立了两系杂交水稻研究协作组，开始从遗传、生理、育种等方面开展合作研究。至此，湖北省原三系杂交水稻协作组的主要科研力量转向两系杂交水稻研究，湖北三系杂交水稻育成品种减少，但仍有部分单位在开展两系杂交水稻研究的同时进行三系杂交水稻的研究。如武汉大学朱英国院士等长期关注杂交水稻多样性，20世纪70年代初开始研究杂交水稻，利用华南普通野生稻与栽培稻杂交育成红莲型细胞质的三系杂交水稻，80年代中期利用农家品种马尾粘中发现的败育株与协青早选杂交育成马协型细胞质的三系杂交水稻，1987年育成马协不育系(马协A)，1994年育成杂交中稻马协63。2002年红莲优6号通过湖北省农作物品种审定委员会审定，后成为湖北省主推品种。与此同时，朱英国院士团队1980年开始研究光敏核不育水稻，2003年育成两系杂交中稻两优1193，通过湖北省品种审定委员会审定，编号为鄂审稻005-2003。恩施农业科学院育成了具有抗稻瘟病特色的系列杂交水稻品种，如汕优58、马协58、Ⅱ优58、恩优58、福伊58、恩优995、Ⅱ优325、恩优325、福伊325、福伊195等。2000年之后，常规中稻品种只审定了鉴真2号、鄂香1号、鄂中4号、鄂中5号和鄂糯7号，其中，鉴真2号、鄂香1号和鄂中5号至今一直是湖北高档优质中稻订单生产的推荐品种。

2005年以后，湖北省农作物品种审定委员会先后审定了扬稻6号、黄华占、扬辐糯4号和绿稻Q7等4个常规中稻品种，其他审定中稻品种是杂交稻，主要是两系杂交中稻。由于生产方式的改变，2008年以来湖北荆州、黄冈生产上大面积采用直播生产方式及稻田综合种养技术，黄华占是最适合直播的品种，推广面积逐年上升，2014年成为推广面积最大的常规中稻品种，年推广面积达到7.04万hm^2。与常规水稻相比较，2005年以后，湖北省农作物品种审定委员会审定杂交稻品种71个，其中两系杂交稻41个，三系杂交稻30个，其中扬两优6号、珞优8号和丰两优香1号审定后成为湖北省中稻主推品种，并一直占据着主推品种的席位。2014年在生产上推广面积排在前10位的品种：丰两优香一号，年推广面积8.59万hm^2；广两优香66，年推广面积6.09万hm^2；深两优5814，年推广面积5.85万hm^2；扬两优6号，年推广面积4.62万hm^2；广两优476，年推广面积5.47万hm^2；Y两优1号，年推广面积4.56万hm^2；新两优6号，年推广面积4.1万hm^2；丰两优4号，年推广面积3.77万hm^2；新两优223，年推广面积3.33万hm^2；德优8258，年推广面积2.92万hm^2。第11位是两优6326，年推广面积2.53万hm^2；第12位是广两优558，年推广面积2.4万hm^2；第13位是珞优8号，年推广面积2.28万hm^2；第14位是荆两优10号，年推广面积2.15万hm^2；第15位是丰两优1号，年推广面积2.07万hm^2。从前15位品种面积来看，14个品种是两系品种，只有1个品种是三系品种，生产上两系杂交中稻占主导地位。

3. 晚稻品种变迁

历史上，湖北省双季晚稻栽培以孝感城北肖家港为最北线，面积不大，仅7万hm^2。1956年农业部提出“三改”（单改双、间改连、籼改粳）方针，经过农业生产调查及生产试验，1957年湖北省双季稻北界向北推移到谷城，栽培面积达到20万hm^2，并确定早籼、晚粳是湖北省发展双季稻的一个重要途径。20世纪50年代初至60年代中后期生产上使用的品种以农家品种和外引品种为主，生产上的品种主要有早粳16、新竹8号、台北8号、桂花球、白地稻、黄壳早20日、四上裕（原名“四石余”）、老来青、保五担、晚选11、农垦58等；70年代初采用杂交育种，先后育成晚稻鄂晚1号、鄂晚2号、鄂晚3号、鄂晚4号、鄂晚5号、孝晚1号、冈稻02、鄂宜105等品种，这些品种对当时发展双季晚稻发挥了重要作用。鄂晚5号是采用籼粳杂交育成的早熟晚粳品种，比引进品种农虎6号早熟15d左右，比沪选19增产12.5%，适应性广，中抗白叶枯病和稻瘟病，易脱粒而不易落粒，年最大推广面积达35万hm^2，1985年被农牧渔业部评为南方粳稻优质米品种，是我国采用籼粳杂交育成推广面积较大的品种之一。鄂宜105是湖北省宜昌地区农业科学研究所于20世纪70年代从农垦58的自然变异株中选育成的早熟晚粳品种，产量比沪选19增加11.3%，其抗病性好，适应性广。

1990年以前，湖北省双季稻产区晚稻主要品种基本是粳稻品种，鄂晚5号和鄂宜105都是当家品种。由于杂交稻的推广，进入90年代后，籼型杂交晚稻面积不断扩大，并逐步占主导地位，湖北省晚稻品种除鄂籼杂1号、金优928、鄂粳杂1号、鄂粳杂3号和鄂宜105外，大部分推广品种都是引进品种，如汕优64、常优63、威优77、常优64等。鄂籼杂1号、金优928均为荆州市种子公司选育的品种，以金优928产量高、适应性广，2002年推广面积最大，达到14万hm^2，截至2005年累计推广面积60万hm^2。鄂粳杂1号是湖北省利用两系法选育的第一个审定品种，比对照鄂宜105增产5.75%，比威优64增产3.85%，2000年通过云南省农作物品种审定委员会审定，编号为滇引杂粳1号。

2000年以后，引进品种金优207是湖北省晚籼杂交稻推广面积最大的品种，至今仍然是湖北省杂交晚籼稻区试对照品种，2014年年推广面积仍有1.54万hm^2。杂交晚籼稻品种金优38于2004年通过湖北省农作物品种审定委员会审定，该品种稻米品质达国标二级，使湖北省晚杂新品种选育又登上了一个新的台阶，2006年通过国家农作物品种审定委员会审定，2014年年推广面积仍有3.54万hm^2。引进杂交晚籼品种中9优288和岳优1193也都是2004年湖北省农作物品种审定委员会审定品种，至今都是生产上受农民欢迎的晚籼品种。天两优616是一个两系杂交晚籼品种，2011年通过国家农作物品种审定委员会审定，适合作再生稻和直播稻，品质优良，产量高。一季常规晚稻鄂糯9号在糯稻产区孝感市是糯稻主推品种，2004年通过湖北省农作物品种审定委员会审定，2014年统计年度推广面积0.71万hm^2。

参考文献

董啸波，霍中洋，张洪程，等，2012. 南方双季晚稻籼改粳优势及技术关键[J]. 中国稻米，18(1): 25-28.
方悴农，娄希祉，王时芬，等，1982. 我国杂交水稻研究的新进展[J]. 中国农业科学(5): 1-9.
胡旭，胡培中，段洪波，等，2001. 籼型优质杂交水稻金优928的选育与应用 [J]. 杂交水稻，16(2): 13-14.
胡忠孝，2009，中国水稻生产形势分析[J].杂交水稻，24(6): 1-7.
湖北省粮食作物学会，1983. 湖北省晚稻生产考察报告[J]. 湖北农业科学(6): 1-4.
华中农学院，1974. 华矮15号的选育与栽培要点[J]. 湖北农业科学(1): 1-5.
华中农业大学农学系，1987. 优质早籼水稻品种华矮837的选育[J]. 湖北农业科学(6): 1-5.
李求文，杨隆维，吴双清，等，2008. 武陵山区水稻抗稻瘟病品种的选育与利用[J]. 种子，27(3): 95-97.
李求文，杨隆维，袁利群，等，2006. 持久抗稻瘟病杂交水稻新三系及组合选育与应用研究进展[J]. 云南农业大学学报，21(3): 296-282.
刘敏，刘安国，邓爱娟，等，2011. 湖北省水稻生长季热量资源变化特征及其对水稻生产的影响[J].华中农业大学学报，30(6): 746-752.
梅方权，吴宪章，姚长溪，等，1988. 中国水稻种植区划[J].中国水稻科学，2(3): 97-110.
涂军明，周强，张忠元，等，2008. 黄冈市优质水稻新品种选育的成就与探索 [J]. 湖北农业科学，47(7): 761-763.

熊佑能，丁自力，2007. 湖北省水稻育种的回顾、现状及发展趋势[J]. 湖北农业科学，46(5): 657-659.
熊振民，蔡洪法，闵绍楷，等，1992. 中国水稻[M].北京：中国农业科学技术出版社：371-383.
许明刚，曾振华，田间，等，2016. 孝感糯稻品种管理及产业发展对策[J]. 农村经济与科技，27(9): 194-195.
杨国才，周雷，刘凯，等，2015. 长江中游杂交早稻的现状与发展措施[J]. 湖北农业科学，54(2): 275-278.
杨金松，张再君，邱东峰，2013. 湖北省粳稻育种回顾与展望[J]. 湖北农业科学，52(20): 4862-4863.
杨金松，张再君，邱东峰，2015. 湖北省水稻育种研究进展与展望[J]. 湖北农业科学，54(22): 5504-5508.
袁江，王丹英，徐春梅，等，2009. 水稻品种演变的研究进展[J]. 中国稻米(5): 15-18.
袁利群，杨隆维，向极钎，等，2003. 三交育种在三系杂交水稻抗瘟育种中的应用研究[J]. 杂交水稻，18(6): 7-9.
曾庆四，彭贤力，方国成，等，2009. 湖北省晚稻育种现状分析与对策[J]. 湖北农业科学，48(3): 758-759.
张建设，杨媛，蔡鑫，等，2016. 湖北省晚稻机插秧发展现状浅析[J]. 湖北农机化(1): 8.
周勇，居超明，徐国成，等，2008. 优质早籼型水稻温敏核不育系HD9802S的选育与应用[J]. 杂交水稻，32(2): 7-10.
周勇，宋国清，1996. 湖北杂交早稻现状剖析与发展对策[J]. 科技进步与对策，13(5): 65-66.

第三章
品种介绍

第一节 常规稻

一、早稻

85-44（85-44）

品种来源：中国水稻研究所以竹广矮8/军协F_3为母本，竹科2号为父本，经有性杂交选育而成，原代号中83-4。1990年通过湖北省农作物品种审定委员会审定，编号为鄂审稻003-1990。

形态特征和生物学特性：属中熟常规双季早籼稻。感温性强，感光性较弱。基本营养生长期较长，全生育期113d左右，较原丰早长2d。株高70cm，株型紧凑，生长势中等，分蘖力较强，叶片较挺，叶色较深。苗期耐寒性较强，耐肥，抗倒伏。穗数较多，穗偏小。有效穗504万穗/hm^2，每穗总粒数62.2粒，结实率78.27%，千粒重26.13g。

品质特性：米质中等，糙米率79.82%，精米率71.3%，整精米率61.28%，糙米长宽比2.9，垩白少，直链淀粉含量28.1%，胶稠度41.1mm。

抗性：纹枯病轻，不抗白叶枯病。

产量及适宜地区：1987—1988年参加湖北省早稻品种区域试验，两年区域试验平均产量5 961.5kg/hm^2，比对照原丰早增产7.66%，增产极显著。适宜湖北省双季稻区白叶枯病轻发区种植。

栽培技术要点：①适时播种，培育壮秧。3月25 ～ 30日播种，秧田播种量525kg/hm^2，要求均匀稀播，早施“断奶肥”，适施秧田追肥，移栽前5d酌施“送嫁肥”。②适时移栽，合理密植。插秧秧龄不宜超过25d，叶龄不超过5.5叶；秧龄过大容易出现早穗现象，降低产量。每穴插4 ～ 5苗，插45万穴/hm^2。③合理施肥，科学管水。施足底肥，早施分蘖肥，后期严格控制氮肥用量；底肥与追肥比例为8 ：2，纯氮控制在180kg/hm^2。深水活蔸，浅水分蘖，足苗控田；苗数达450万苗/hm^2时或5月20 ～ 25日晒田，苗足田重晒，苗弱、苗少田轻晒。孕穗至抽穗扬花期田间不能断水，灌浆至成熟期间歇灌水，保持湿润状态至成熟，在收割前7 ～ 10d断水。④抽穗破口时防治稻瘟病，生长后期防治纹枯病，注意防治螟虫及稻飞虱。

大冶早糯（Dayezaonuo）

品种来源：湖北省大冶县农牧局从中糯文胜1号大田选出的变异单株，经系统选育而成。1987年通过湖北省农作物品种审定委员会审定，编号为鄂审稻005-1987。

形态特征和生物学特性：属中熟常规双季早籼糯稻。感温性强，感光性较弱。基本营养生长期较长，全生育期118 ～ 125d，比广陆矮4号长2 ～ 4d，比文胜1号早熟10 ～ 18d。株高90cm左右，茎秆紧韧，主茎14 ～ 15叶。秧苗深绿带灰色，叶鞘、叶缘和叶枕绿色，分蘖力强，单株分蘖可达18个，苗期较耐低温。拔节前株型较松散，拔节后较紧凑，抽穗整齐，成熟时叶青秆黄。穗型较松散下垂，穗长22 ～ 25cm，每穗80 ～ 100粒，结实率75%左右。谷粒长9.6mm，宽3.1mm，呈长圆柱形，无芒，稃尖无色，易落粒，千粒重27 ～ 28g。

品质特性：糙米率77.5% ～ 79.3%，精米率59.6%，胶稠度113mm（特软），支链淀粉占淀粉总量的98%以上，蛋白质含量9.7%。食味佳。

抗性：中感稻瘟病及白叶枯病。

产量及适宜地区：1975—1978年4年试验平均产量5 649.75kg/hm^2，1979年、1980年大冶县种子公司在西畈、金湖两地试种，产量分别为6 450kg/hm^{2}和5 055kg/hm^2，大田种植产量一般5 250kg/hm^{2}左右。适宜湖北省双季稻区采用尼龙薄膜保温育秧作早稻，其他地区作中稻种植。

栽培技术要点：①适时播种，培育壮秧。绿肥茬早稻薄膜育秧，3月20 ～ 25日播种，4月下旬移栽；油菜茬早稻4月5日左右播种，5月上旬移栽。作双季晚稻6月底播种，7月下旬移栽。秧田播种量600 ～ 750kg/hm^2，注意培育稀播壮秧。②适时移栽，小株密植。株行距10cm × 17cm或13cm × 20cm，基本苗每穴2 ～ 5苗。③注意施肥管理。采用中等偏上的施肥水平栽培管理。底肥与追肥比例为7 ∶ 3，底肥以有机肥为主，氮、磷、钾肥配合使用，三者比例为1 ∶ 0.8 ∶ 0.6。④加强田间管理。苗数达450万苗/hm^{2}时或在5月20 ～ 25日晒田。幼穗开始分化时复水，孕穗至抽穗扬花时田间不能断水，生长后期保持干干湿湿至成熟。⑤病虫害防治。抽穗时防治稻瘟病，前中期防治螟虫及白叶枯病。

鄂冈早1号（Egangzao 1）

品种来源：湖北省黄冈地区农业科学研究所以二九矮7号为母本，朝阳早18为父本，经有性杂交选育而成，原代号3168-3。1990年通过湖北省农作物品种审定委员会审定，编号为鄂审稻002-1990。

形态特征和生物学特性：属中熟常规双季早籼稻。感温性强，感光性较弱。基本营养生长期较长，全生育期110～114d。株高约77cm，株型紧凑，苗期长势旺，早发性好，分蘖力中等，成穗率高，苗期叶直立，叶片、叶鞘呈绿色。主茎12～12.5叶，叶片中长形，剑叶长约25cm，宽1.4cm，叶舌、叶耳呈淡黄色。穗型较集中，穗分枝下垂，呈半圆形。颖壳、护颖均为秆黄色，稃尖无色无芒。落粒性中等，成熟时叶青籽黄，抗倒性差。丰产性较好，但稳产性较差。穗长18cm左右，有效穗502.5万穗/hm^2，每穗总粒数65～70粒，结实率76.6%，千粒重25.2g。

品质特性：米质中等，食味较好。糙米率79.95%，精米率71.6%，整精米率65.85%，直链淀粉含量26.30%，胶稠度63.0mm。

抗性：轻感纹枯病和稻瘟病，感白叶枯病。

产量及适宜地区：1987—1988年参加湖北省早稻品种区域试验，两年区域试验平均产量5 865.3kg/hm^2，比对照原丰早增产5.92%，增产显著。适宜湖北省东南、宜昌南部双季稻区种植。

栽培技术要点：①适时播种，培育壮秧。"前三田"（前茬为绿肥或白田）3月25～30日播种；前茬是油菜田的在清明节左右播种。地膜保温育秧。"前三田"的秧田播种量为1 125kg/hm^2；前茬是油菜田的秧田播种量750kg/hm^2。前茬是"前三田"的4月底移栽；"后三田"则在5月5日左右移栽。②合理密植。株行距为10cm×16.5cm或10cm×20cm，每穴5～6苗。③合理施肥。基肥与追肥比例控制在7∶3，总用氮量150～180kg/hm^2。④5月20～25日晒田，幼穗分化前复水，孕穗至抽穗期不能断水。抽穗后田间间歇灌水，保持干干湿湿至成熟。⑤注意防治稻瘟病、白叶枯病、纹枯病及二化螟、三化螟等病虫害。

鄂早10号（Ezao 10）

品种来源：湖北省农业科学院用水源287与浙辐802杂交，F_6定型选育而成，原代号870314。1994年通过湖北省农作物品种审定委员会审定，编号为鄂审稻001-1994。

形态特征和生物学特性：属早中熟常规双季早籼稻。感温性较强，感光性较弱。基本营养生长期较长，全生育期107d。株高83cm，株型较紧凑。苗期早发性较差，分蘖力较弱，中后期长势旺盛，苗期耐寒性较差。后期转色好，成熟时叶青籽黄，穗较大，谷粒较小。有效穗369万穗/hm^2，每穗总粒数100.2粒，结实率79.75%，千粒重20g。

品质特性：经农业部食品质量监督检验测试中心测定，糙米率78.58%，精米率70.72%，整精米率53.23%，糙米长宽比2.2，垩白粒率74%，直链淀粉含量11.45%，胶稠度70mm，蛋白质含量10.78%，为中质软米。

抗性：中抗白叶枯病，感稻瘟病，纹枯病较轻。

产量及适宜地区：1991—1992年参加湖北省早稻品种区域试验，两年区域试验产量分别为4 814.3kg/hm^{2}和6 483.2kg/hm^2，居试验首位，分别比对照二九青增产14.01%和27.34%，均达到极显著水平。两年平均产量5 673kg/hm^2，居首位，较二九青增产23.35%，增产极显著。1990年黄陂祁家湾试种2.3hm^2，较浙辐802增产1 125 ～ 1 500kg/hm^2；1991年蒲圻市试种93.3hm^2，产量5 250kg/hm^{2}以上，较对照增产16.7%。适宜鄂东、鄂南双季稻区非稻瘟病区作早稻搭配种植。

栽培技术要点：①适时播种，培育壮秧。要求秧田平整、播种均匀，加强秧田管理，保温育秧，防止烂秧，3月下旬至4月初播种，秧龄30d。②中株合理密植，每穴6 ～ 7苗，45万穴/hm^2，行穴距13cm × 16.6cm。③施足基肥，及时追肥，大田需纯氮150kg/hm^2，氮、磷、钾配合使用，要求比例为1 ：0.9 ：0.5。④科学进行田间管理。该品种苗期遇寒可能出现秧苗生长缓慢，要坚持正常田间管理，保持叶片青绿和发生部分分蘖，可争取到中后期的生长优势，达到穗大粒多，获得较高产量。⑤注意防治病虫害。

鄂早11（Ezao 11）

品种来源：湖北省黄冈市农业科学院以P88作母本，国际所1号作父本，经有性杂交选育而成，原代号90D2。1995年通过湖北省农作物品种审定委员会审定，编号为鄂审稻002-1995。

形态特征和生物学特性：属中熟常规双季早籼稻。感温性较强，感光性较弱。基本营养生长期较长，全生育期108d，比原丰早长1d。株型紧凑，苗期植株直立，生长势、分蘖力均较强，抗倒性较强。后期转色好，叶鞘绿色。主茎12.5叶，剑叶长约30cm，宽1.5cm，叶淡绿色。穗型较集中，分枝下垂，呈半圆形，穗长21cm，每穗79.3粒，有效穗409.5万穗/hm^2，结实率73.7%。谷粒长形，长9.0mm，宽2.8mm，护颖、颖壳、稃尖为秆黄，少数谷粒有短芒，千粒重26.2g。

品质特性：经农业部食品质量监督检验测试中心测定，糙米率81.66%，精米率73.49%，整精米率49.29%，糙米长宽比2.9，垩白粒率30%，直链淀粉含量25.78%，胶稠度42mm，蛋白质含量11.35%，达部颁二级优质米标准。

抗性：中抗稻瘟病和白叶枯病，纹枯病轻。

产量及适宜地区：1992—1993年参加湖北省水稻品种区域试验，两年平均产量5 767.5kg/hm^2，较原丰早增产12.43%。1992年黄州市试种6.7hm^2，圻春县试种1.3hm^2，平均单产比鄂冈早1号增产5%以上；1993年在黄冈、咸宁和宜昌等地较大面积试种，其中黄州回龙镇57.3hm^2，验收产量6 555kg/hm^2，比浙辐802增产20%。适宜湖北省双季稻区作早稻栽培。

栽培技术要点：①适时播种，3月25～30日播种，播种量600～750kg/hm^2，秧龄在25～30d时插秧。②合理密植，插足基本苗。株行距10cm×16.5cm，每穴4～5苗，栽插基本苗360万苗/hm^2。③合理施肥。适合在中等偏上肥力的田块种植。总用氮量150kg/hm^2，配方施肥，氮、磷、钾配合比例为2：1：0.5。④加强管理，确保高产。要求深水活蔸，浅水分蘖，适时适度晒田，平均苗数在525万～600万苗/hm^{2}时晒田，在幼穗分化前复水，生长后田间要保持干干湿湿至成熟。⑤秧田防治蓟马，大田防治二化螟、三化螟、稻瘟病、纹枯病。生长后期注意防治纹枯病。

鄂早12（Ezao 12）

品种来源：湖北省荆州市农业科学院用四丰43/特青F_8作母本，四丰43作父本，经回交选育而成，原代号9149-4。2000年通过湖北省农作物品种审定委员会审定，编号为鄂审稻003-2000。

形态特征和生物学特性：属中熟常规双季早籼稻。感温性较强，感光性较弱。基本营养生长期较长，全生育期108d。株高74.8cm，株型紧凑，苗期植株直立，叶鞘绿色，分蘖力较强。剑叶长约30cm，宽1.5cm，叶淡绿色。穗型较集中，分枝下垂，穗长17.7cm，易落粒。有效穗453万穗/hm^2，每穗总粒数73.6粒，实粒数57.5粒，结实率78.1%，千粒重22.1g。

品质特性：经农业部食品质量监督检验测试中心测定，整精米率62.72%，糙米长宽比2.4，垩白粒率27%，直链淀粉含量20.08%，胶稠度45mm，综合评分54分，米质较优。

抗性：中感白叶枯病，中感稻瘟病，纹枯病轻。

产量及适宜地区：1998—1999年参加湖北省早稻品种区域试验，两年区域试验平均产量5 683.2kg/hm^2，比对照鄂早11减产3.3%。适宜湖北省东南部及江汉平原中等肥力田块作双季早稻种植。

栽培技术要点：①3月25～30日播种，尼龙薄膜保温育秧，秧田播种量750～900kg/hm^2。在秧龄25～30d时插秧，不超过30d为好。②合理密植，插足基本苗。株行距13.3cm×16.5cm，每穴5～6苗，栽插基本苗225万苗/hm^2以上。③合理施肥。适合在中等肥力的田块种植。总用氮量150kg/hm^2左右，氮、磷、钾配合比例为2∶1∶0.5。④加强管理，确保高产。本田早施追肥促早发，插秧后10～15d中耕除草一次，适时适度晒田，平均苗数在525万～600万苗/hm^2时晒田。在幼穗分化前复水，生长后期保持干干湿湿至成熟。⑤秧田防治蓟马，大田防治二化螟、三化螟，抽穗时防治稻瘟病，后期注意防治纹枯病。

鄂早13（Ezao 13）

品种来源：湖北大学生命科学学院用常菲22B/鄂早6号作母本，湖大242作父本有性杂交，经系谱法选育而成，原代号5213。2001年通过湖北省农作物品种审定委员会审定，编号为鄂审稻001-2001。

形态特征和生物学特性：属中迟熟常规双季早籼稻。感温性较强，感光性较弱。基本营养生长期较长，全生育期112d。株高83.7cm，株型较紧凑，叶色浓绿，剑叶短而挺直。抽穗后灌浆速度快，成熟一致。前期长势旺，后期落色好，成熟时叶青籽黄，不早衰。穗数较多，穗长18.0cm，稻谷谷粒偏小，有效穗429万穗/hm^2，每穗总粒数80.4粒，实粒数69.4粒，结实率86.3%，千粒重23.7g。

品质特性：经农业部食品质量监督检验测试中心（武汉）测定，糙米率79.60%，精米率71.64%，整精米率58.03%，糙米长宽比2.8，垩白粒率25%，直链淀粉含量23.59%，胶稠度40mm，蛋白质含量10.10%。

抗性：感白叶枯病，高感稻瘟病，纹枯病较重。

产量及适宜地区：1998—1999年参加湖北省早稻品种区域试验，两年区域试验平均产量6 833.9kg/hm^2，比对照鄂早11增产16.30%。两年均表现出增产极显著。适宜湖北省稻瘟病无病区或轻病区作早稻种植。

栽培技术要点：①适时早播，培育壮秧。3月底至4月初播种，秧田播种量750kg/hm^2；2叶1心时追施“断奶肥”75kg/hm^2，栽秧前5～7d施“送嫁肥”45～75kg/hm^2。②适时移栽，合理密植。秧龄30d左右，叶龄不超过5.5～6.0叶时移栽。一般株行距以13.3cm×16.7cm或10.0cm×23.3cm为宜，每穴4～6苗。③科学管理，合理施肥。施肥量为纯氮135～180kg/hm^2，底肥用量占总用肥量的70%～80%；氮、磷、钾合理比例为1：0.9：0.5。④合理管水。一般在5月20日左右晒田，在幼穗分化开始前复水，抽穗以后田间湿润管理至成熟。⑤注意防治二化螟、三化螟、稻飞虱、稻瘟病及纹枯病。

鄂早14（Ezao 14）

品种来源：湖北省黄冈市农业科学研究所用泸早872作母本，90D2作父本有性杂交，经系谱法选育而成，原代号9530。2001年通过湖北省农作物品种审定委员会审定，编号为鄂审稻002-2001。

形态特征和生物学特性：属中熟常规双季早籼稻。感温性强，感光性较弱。基本营养生长期较长，全生育期108d，比鄂早11长1d。株高90.6cm，株型适中，苗期耐寒早发，生长势、分蘖力均较强。单株主穗与分蘖穗高矮不齐，叶上禾，少数谷粒有短顶芒。有效穗372万穗/hm^2，穗长19.9cm，每穗总粒数97.5粒，实粒数69.5粒，结实率71.3%，千粒重25.28g。

品质特性：经农业部食品质量监督检验测试中心测定，糙米率79.77%，精米率71.80%，整精米率53.38%，糙米长宽比3.0，垩白粒率26%，直链淀粉含量25.65%，胶稠度41mm，蛋白质含量10.06%。外观较好，米饭的适口性较好。

抗性：感白叶枯病，中感稻瘟病，纹枯病较重。

产量及适宜地区：1998—1999年参加湖北省早稻品种区域试验，两年区域试验平均产量5 908.1kg/hm^2，比对照鄂早11增产6.10%。适宜湖北省稻瘟病轻发区作早稻种植。

栽培技术要点：①适时早播，培育壮秧。3月底至4月初播种，秧田播种量600kg/hm^2；2叶1心时追施“断奶肥”75kg/hm^2，栽秧前5～7d施“送嫁肥”75kg/hm^2。②适时移栽，合理密植。秧龄30d左右移栽。一般株行距以13.3cm×16.7cm或10.0cm×23.3cm为宜，每穴插4～6苗。③科学管理，合理施肥。用肥应高于一般中熟早稻品种，宜在肥力中等偏上的田块种植。④合理管水。插秧后及时上水，茎蘖数达到360万～375万蘖/hm^{2}时排水晒田，一般在5月20日左右晒田。幼穗分化前复水，幼穗分化至抽穗期不能断水。抽穗以后田间湿润管理至成熟。⑤重点防治二化螟、三化螟、稻飞虱，注意防治稻瘟病，在生长后期防治纹枯病。

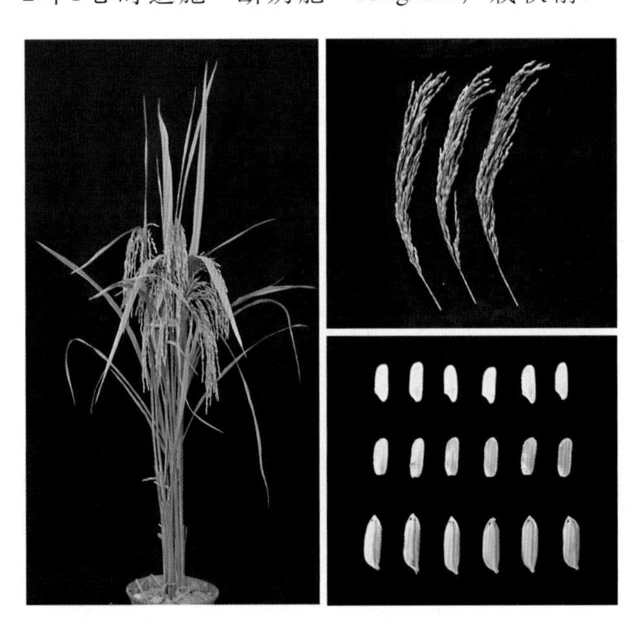

鄂早15（Ezao 15）

品种来源：湖北省荆州市农业科学院用粳籼21作母本，科选2号作父本有性杂交，经系谱法选育而成，原代号9222。2001年通过湖北省农作物品种审定委员会审定，编号为鄂审稻003-2001。

形态特征和生物学特性：属迟熟常规双季早籼稻。感温性强，感光性较弱。基本营养生长期较长，全生育期112d，与鄂早6号相同。株高89.6cm，株型适中，植株较高，茎秆粗壮有弹性，剑叶上举，茎秆集散适中。分蘖力较强，根系活力强，不早衰，成熟时叶青籽黄，籽粒饱满，结实率高，抗倒伏。穗大粒多，穗长19.2cm，稻谷谷粒小。有效穗417万穗/hm^2，每穗总粒数102.8粒，实粒81.7粒，结实率79.5%，千粒重22.2g。

品质特性：经农业部食品质量监督检验测试中心测定，糙米率80.56%，整精米率61.70%，糙米长宽比2.5，垩白粒率56%，垩白度6.9%，直链淀粉含量24.12%，胶稠度51mm，优于对照鄂早6号。

抗性：中感白叶枯病，高感稻瘟病，纹枯病中等。

产量及适宜地区：1999—2000年参加湖北省早稻品种区域试验，两年区域试验平均产量6 429.5kg/hm^2，比对照鄂早6号减产2.06%。1999年在江陵示范0.6hm^2，平均产量6 840kg/hm^2，高产田7 755kg/hm^2；2000年在江陵、公安、监利、松滋、潜江、阳新等地示范40多hm^2，一般产量6 750kg/hm^2，高产田7 500kg/hm^2，比当地种植的鄂早6号增产5%以上，而且早熟2 ~ 3d。适宜湖北省稻瘟病无病区或轻病区作早稻种植。

栽培技术要点：①适时播种，培育壮秧。秧田播种量600kg/hm^2，大田用种量75 ~ 90kg/hm^2。3月25 ~ 30日播种，秧田平整，播种均匀。②及时插秧，合理密植。在秧龄30d左右时栽秧，株行距13.3cm × 16.7cm，每穴插4 ~ 5苗。③合理施肥，科学管水。不宜在高肥水平下种植。注意施足底肥，追肥宜在移栽后15d内一次性施下，增施磷、钾肥。苗数达375万苗/hm^{2}时排水晒田。④苗期防治蓟马，大田注意防治螟虫和稻瘟病。

鄂早16（Ezao 16）

品种来源：荆州市种子总公司用泸红早1号作母本，常菲B作父本有性杂交，经系谱法选育而成，原代号荆优早104。2002年通过湖北省农作物品种审定委员会审定，编号为鄂审稻001-2002。

形态特征和生物学特性：属中迟熟常规双季早籼稻。感温性强，感光性较弱。基本营养生长期较长，全生育期111.6d，比鄂早11长3.6d。株高77.8cm，株型紧凑，叶片厚，叶色浓绿，剑叶短小挺直。分蘖力强，穗数多，穗较小，后期转色较好，成熟后易落粒，苗期耐寒性较弱。有效穗549万穗/hm^2，穗长16.9cm，每穗总粒数63.0粒，实粒数47.6粒，结实率75.6%，千粒重23.79g。

品质特性：经农业部食品质量监督检验测试中心测定，糙米率80.1%，精米率72.1%，整精米率35.9%，粒长6.6mm，糙米长宽比3.5，垩白粒率29%，直链淀粉含量17.6%，胶稠度55mm，蛋白质含量10.6%，米质较优。

抗性：高感白叶枯病和稻瘟病。

产量及适宜地区：1998—1999年参加湖北省早稻品种区域试验，两年区域试验平均产量5 671.1kg/hm^2，比对照鄂早11减产3.51%。1999年在荆州市公安县、江陵县试种产量为6 000kg/hm^2，稳产性较好；2000年在黄冈市及咸宁市大面积试种亦表现出产量较高，稳产性好。适宜湖北省稻瘟病无病区或轻病区作早稻种植。

栽培技术要点：①采用地膜旱育秧或盘育抛秧，可克服该品种苗期耐寒性较差的弱点。3月下旬播种，大田用种量112.5kg/hm^2。②高密度栽培。抛52.5万穴/hm^2或插48万穴/hm^2，基本苗抛或栽330万苗/hm^2。③科学管理，合理施肥。总施用量为纯氮180kg/hm^2，五氧化二磷90kg/hm^2，氧化钾90kg/hm^2。苗足及时晒田，在茎蘖数达到525万蘖/hm^2左右时晒田，孕穗到抽穗期间田间保持足寸水层；抽穗后进行间歇灌溉，保持干干湿湿至成熟。④病虫害防治。秧田防治蓟马，大田防治二化螟、三化螟、稻飞虱和白叶枯病，抽穗期防治稻瘟病，生长后期防治纹枯病。

鄂早17（Ezao 17）

品种来源：湖北大学用中优早3号/湖大51//早熟1号杂交选育而成，原代号5216。2003年通过湖北省农作物品种审定委员会审定，编号为鄂审稻001-2003。

形态特征和生物学特性：属中熟偏迟常规双季早籼稻。感温性强，感光性较弱。基本营养生长期较长，全生育期108.7d，比鄂早11长2.6d。株高82.7cm，株型紧凑，叶色较浓绿，剑叶中长挺直。分蘖力中等。穗层整齐，穗数较多，穗大小中等，穗长20.0cm，灌浆成熟较快，成熟时叶青籽黄，转色好。有效穗423万穗/hm^2，每穗总粒数84.6粒，实粒数69.4粒，结实率82.1%，千粒重25.13g。

品质特性：经农业部食品质量监督检验测试中心测定，糙米率78.8%，整精米率53.8%，糙米长宽比3.4，垩白粒率11%，垩白度1.1%，直链淀粉含量13.5%，胶稠度68mm，米质较优。

抗性：感白叶枯病和稻瘟病。

产量及适宜地区：2000—2001年参加湖北省早稻品种区域试验，两年区域试验平均产量6 233.3kg/hm^2，比对照鄂早11减产3.61%。2001—2002年在武汉、黄冈、孝感等地进行试种、试验，产量6 000～6 750kg/hm^2。适宜湖北省稻瘟病无病区或轻病区作早稻种植。

栽培技术要点：①适时早播，培育壮秧。3月底至4月初播种，播种均匀，早播种要求用尼龙薄膜保温育秧，秧田播种量600kg/hm^2。②适时移栽，合理密植。秧龄30d左右，叶龄不超过5.5～6.0叶时移栽。株行距13.3cm×16.7cm或10.0cm×23.3cm，每穴4～6苗。③科学管理，合理施肥。宜在肥力中等偏上的田块种植，氮肥用量为纯氮180kg/hm^2，底肥用量占总用肥量的70%～80%；氮、磷、钾合理比例为1∶0.9∶0.5。④合理管水。栽秧后一般在5月20日左右晒田，在幼穗分化开始前复水，幼穗分化至抽穗期保持足寸水层，抽穗后田间湿润管理至成熟。⑤病虫害防治。重点防治二化螟、三化螟、稻飞虱，注意防治稻瘟病，在生长后期防治纹枯病。

鄂早18（Ezao 18）

品种来源：湖北省黄冈市农业科学研究所、湖北省种子集团公司用中早81作母本，嘉早935作父本有性杂交，经系谱法选育而成，原代号20257。2003年通过湖北省农作物品种审定委员会审定，编号为鄂审稻002-2003。

形态特征和生物学特性：属迟熟常规双季早籼稻。感温性强，感光性较弱。基本营养生长期较长，全生育期115.5d，比嘉育948长6.3d，与鄂早8号生育期相同，比杂交早稻金优402早1～2d。株高86.8cm，株型紧凑，叶片中长略宽，叶色浓绿，前期生长势中等，中后期日趋旺盛，茎叶青秀，剑叶短挺。分蘖力中等，生长势较旺，抽穗后剑叶略高于稻穗，齐穗后灌浆速度快，成熟时叶青籽黄，转色好，抗倒伏。谷粒细长，无芒，颖尖黄绿色，叶鞘、叶耳、叶缘均为绿色，抽穗后灌浆速度快。有效穗409.5万穗/hm^2，穗长20.2cm，每穗总粒数97.9粒，实粒数77.8粒，结实率79.5%，千粒重25.34g。

品质特性：糙米率78.4%，整精米率54.9%，垩白粒率23%，垩白度2.9%，直链淀粉含量17.1%，胶稠度82mm，糙米长宽比3.3，主要理化指标达到国标三级优质稻谷质量标准。参加2001年湖北省第2届优质米评审会，被评选为国标二级优质早籼稻。

抗性：中感白叶枯病和稻瘟病。

产量及适宜地区：2001—2002年参加湖北省早稻品种区域试验，两年区域试验平均产量6 884.1kg/hm^2，比对照嘉育948增产9.47%。2002年在湖北省早稻主产区黄冈市、咸宁市、荆州市的部分县市试种表现为高产，米质好，稳产适应性好。适宜湖北省稻瘟病、白叶枯病轻发区作早稻种植。

栽培技术要点：①3月下旬播种，秧田播种量450kg/hm^2，秧龄不超过30d。用尼龙薄膜保温育秧。②适时栽插，株行距13.3cm×16.7cm，每穴插3苗。③合理施肥，适当增施磷、钾肥。施纯氮165kg/hm^2，五氧化二磷75kg/hm^2，氧化钾75kg/hm^2。后期严格控制氮肥，以防贪青倒伏。④科学管理，一般在5月20日左右晒田，生长后期要求湿润管理。⑤防治稻蓟马、螟虫、稻飞虱及稻瘟病、纹枯病。

鄂早6号（Ezao 6）

品种来源：湖北省农业科学院粮食作物研究所用22（红梅早/IR28）作母本，27（72-11/二九矮7号）作父本杂交选育而成，原代号2106。分别通过湖北省（1985）、国家（1990）农作物品种审定委员会审定，编号为GS01003-1990。

形态特征和生物学特性：属迟熟常规双季早籼稻。感温性强，感光性较弱。基本营养生长期较长，全生育期114 ～ 121d。株高80 ～ 90cm，株型适中。茎粗中等，主茎13叶，叶片狭长，前披后挺，分蘖力中等，有效穗数较少，后期转色好，耐肥，抗倒伏能力较弱。穗长20cm左右，穗大粒多，结实率80%左右，实粒数多，每穗实粒数70.5粒。谷粒长圆形，间有顶芒，千粒重27g。

品质特性：经湖北省农业科学院测试中心分析，糙米率80.8%，精米率72.7%，整精米率62.7%，精米长宽比为2.28，直链淀粉含量24.3%，胶稠度25mm。

抗性：抗白叶枯病，轻感稻瘟病。

产量及适宜地区：1983—1984年参加湖北省早稻品种区域试验，1983年区域试验平均产量5 652kg/hm^2，比对照广陆矮4号增产4.8%；1984年平均产量6 511.5kg/hm^2，比对照广陆矮4号增产9.4%。适宜湖北省平原、湖区、丘陵及长江中下游类似生态区种植。

栽培技术要点：①“前三田”在3月20 ～ 25日播种，秧田播种量900kg/hm^2，秧龄30 ～ 35d；“后三田”在4月10 ～ 15日播种，秧田播种量250kg/hm^2，秧龄35d。②插足基本苗，保证足够穗数，秧龄控制在30d左右。株行距10cm × 16.5cm，栽插基本苗360万苗/hm^2。③科学管理肥水。氮、磷、钾配合施用比例为2 ∶ 1 ∶ 0.5。浅水分蘖，够苗晒田。④病虫害防治。注意防治稻瘟病、稻曲病、纹枯病、白叶枯病和螟虫、稻飞虱等病虫害。

鄂早7号（Ezao 7）

品种来源：湖北省农业科学院粮食作物研究所用22（红梅早/IR8）作母本，32（72-11/二九青）作父本有性杂交育成，原代号782222。1986年通过湖北省农作物品种审定委员会审定，编号为鄂审稻001-1986。

形态特征和生物学特性：属中熟常规双季早籼稻。感温性强，感光性较弱。基本营养生长期较长，全生育期111～112d，较原丰早迟1d。株高75cm左右，株型较紧凑，分蘖力较强。秧苗期叶片较短，硬挺，分蘖期叶片较挺，色浓绿，主茎13.5叶，剑叶长约28cm，宽约1.4cm，叶片、叶耳淡黄色，成熟时叶青籽黄，苗期耐寒性中上等，抗倒伏能力较强。有效穗475.5万穗/hm^2，穗长19.8cm，穗型中等，弯曲呈半圆形，每穗67.7粒，结实率约79.5%。谷粒长7.8mm，谷粒长宽比2.36，颖壳、护颖为秆黄色，稃尖无色、无芒，千粒重25.6g，落粒性中等。

品质特性：米质测试糙米率80.8%，精米率70.3%，整精米率54.7%，糙米长宽比2.1，直链淀粉含量26.0%，碱消值6.0级，胶稠度26.5mm，蛋白质含量8.6%。

抗性：抗白叶枯病，中感稻瘟病。

产量及适宜地区：1981—1982年参加湖北省早稻品种区域试验，1981年区域试验平均产量7 131.6kg/hm^2，比对照原丰早增产1.45%；1982年平均产量7 479kg/hm^2，比原丰早减产1.07%，增、减产均不显著。适宜湖北省平原、湖区、丘陵早稻产区种植。在生产上适应性强、稳产性好，为生产上中熟早稻的主栽品种。

栽培技术要点：①3月25～30日播种，秧田播种量1 125kg/hm^2，要求秧田平整、播种均匀，用尼龙薄膜保温育秧，秧苗2叶1心期追施尿素37.5kg/hm^2，移栽前5～7d施尿素75kg/hm^2。②适时插秧，合理密植。掌握好秧龄，在秧龄29d左右时插秧，株行距10cm×16.5cm，每穴7苗，栽插基本苗360万苗/hm^2。③适于中等肥力田块种植，总用氮量150kg/hm^2左右，配方施肥，氮、磷、钾配合比例为2：1：0.5。早追肥促早发。在水分管理上要求浅水分蘖，适时适度晒田，后期湿润管理，防止倒伏。④注意防治稻瘟病、纹枯病、白叶枯病和螟虫、稻飞虱等病虫害。

鄂早8号（Ezao 8）

品种来源：湖北省农业科学院粮食作物研究所以红梅早/IR8后代为母本，72-11/二九青后代为父本，经有性杂交选育而成，原代号1804。1990年通过湖北省农作物品种审定委员会审定，编号为鄂审稻001-1990。

形态特征和生物学特性：属中熟常规双季早籼稻。感温性较强，感光性较弱。基本营养生长期较长，全生育期112.6d。株高76cm左右，株型较紧凑，植株青秀，叶片较挺，分蘖力强，生长势旺，成熟时叶青籽黄，后期转色好，苗期耐寒性较强，稳产略差。有效穗466.5万穗/hm^2，每穗总粒数为72.3粒，结实率76.20%，千粒重24g。

品质特性：米质中等，糙米率79.35%，精米率71.72%，整精米率63.68%，糙米长宽比2.2，直链淀粉含量25.27%，胶稠度30.8mm。

抗性：抗白叶枯病，耐稻瘟病，轻感纹枯病。

产量及适宜地区：1987—1988年参加湖北省早稻品种区域试验，两年区域试验平均产量5 821.1kg/hm^2，比对照原丰早增产5.13%，增产显著。适宜湖北省东南等地作早稻中熟品种种植。

栽培技术要点：①适时播种，培育壮秧。3月25 ~ 30日播种，尼龙薄膜保温育秧，秧田播种量750 ~ 900kg/hm^2，秧龄在25 ~ 30d时插秧，不超过30d为好。②合理密植，插足基本苗。株行距10cm × 16.5cm，每穴5 ~ 7苗，栽插基本苗360万苗/hm^2。③合理施肥。适宜在中等偏上肥力田块种植。总施氮量在150kg/hm^{2}左右，配方施肥，氮、磷、钾配合比例为2 ∶ 1 ∶ 0.5。④加强管理，确保高产。在水分管理上要求深水活蔸，浅水分蘖，适时适度晒田，一般平均苗数达525万~ 600万苗/hm^{2}时晒田，幼穗分化前复水，生长后田间保持干干湿湿至成熟。⑤秧田防治蓟马，大田防治二化螟、三化螟，抽穗时防治稻瘟病，后期防治纹枯病、稻飞虱。

鄂早9号（Ezao 9）

品种来源：湖北省农业科学院粮食作物研究所用678-1与2241杂交，经系谱法选育而成，原代号1673。1993年通过湖北省农作物品种审定委员会审定，编号为鄂审稻001-1993。

形态特征和生物学特性：属中熟常规双季早籼稻。感温性较强，感光性较弱。基本营养生长期较长，全生育期111d，与原丰早相当。株高77cm，株型紧凑，茎秆较粗，主茎13.2叶。苗期叶片挺立略披，后期叶片上挺，叶片青秀。分蘖夹角较小，呈水仙花状。穗较大，着粒密度中等，有效穗445.5万穗/hm^2，每穗总粒数75.7粒，结实率81.17%。谷粒长椭圆形，千粒重25g。

品质特性：糙米率79.8%，整精米率64.6%，直链淀粉含量28.29%，碱消值3级，胶稠度85mm，蛋白质含量9.35%，属中质米，食味较好，因饭较硬，蒸煮时要适量多加水。

抗性：中抗白叶枯病，中感稻瘟病。

产量及适宜地区：1989—1990年参加湖北省早稻品种区域试验，两年区域试验平均产量分别为6 085.5kg/hm^{2}和6 472.5kg/hm^2，分别比对照原丰早增产4.53%和14.56%，增产均极显著。1990年京山马店镇梅李村试种66.7hm^2，平均产量6 000kg/hm^2，比鄂早7号增产6.67%。适宜湖北省双季稻区搭配种植。

栽培技术要点：①适时播种，培育壮秧。3月25～30日播种，尼龙薄膜保温育秧，秧田播种量750～900kg/hm^2，秧龄在25～30d时插秧。②合理密植，插足基本苗。株行距10cm×16.5cm，每穴5～7苗。③合理施肥。适合在中等偏上肥力的田块种植。总用氮量150kg/hm^{2}左右，氮、磷、钾配合使用。④加强管理，确保高产。本田早施追肥促早发，深水活蔸，浅水分蘖，适时适度晒田。⑤病虫害防治。注意防治蓟马、稻飞虱及螟虫等害虫，抽穗时防治稻瘟病，后期注意防治纹枯病。

华矮837（Hua'ai 837）

品种来源：华中农业大学以G·E456/矮南早1号后代为母本，G·E456/广陆矮4号后代为父本有性杂交后，经系谱法选育而成，原代号837。1987年通过湖北省农作物品种审定委员会审定，编号为鄂审稻001-1987。

形态特征和生物学特性：属中熟常规双季早籼稻。感温性强，感光性较弱。基本营养生长期较长，全生育期112.4d，较原丰早晚熟2.3d。株高70～80cm，株型紧凑，叶色浓绿，茎粗中等，假茎基部、叶缘、叶舌、叶耳无紫色。苗期生长势较弱，中后期生长势较强，耐寒力中等，后期转色好。主茎12叶左右，剑叶长约20cm，宽1.1cm，斜直伸展。分蘖力较强，成穗较多，穗着粒密度中等，分枝较长，下垂。谷粒长椭圆形，颖壳、护颖为秆黄色，稃尖无紫色，有短芒。穗长18cm左右，每穗总粒数70粒，实粒数55粒左右，结实率80%，千粒重24g。

品质特性：经湖北省农业科学院测试中心分析，糙米率79.02%，精米率68.36%，整精米率48.43%，直链淀粉含量22.06%，胶稠度57mm，米质优。

抗性：中抗白叶枯病，高感稻瘟病。

产量及适宜地区：1985—1986年参加湖北省早稻品种区域试验，两年区域试验平均产量6 477kg/hm^2，比对照原丰早增产4.26%。适宜湖北省稻瘟病无病区或轻病区种植。

栽培技术要点：①播种要求秧田平整，均匀播种。“前三田”3月下旬播种，秧田播种量750～975kg/hm^2，秧龄30d；“后三田”4月上旬播种，播种量600～750kg/hm^2，秧龄30～35d。②根据土地肥力及施肥水平而定，株行距可采用10cm×16.7cm、10cm×20cm或8.3cm×23.3cm。每穴6苗为宜。③需纯氮150kg/hm^{2}左右，氮、磷、钾合理比例为2∶1∶0.5，底肥追肥比例为7∶3。插秧后7～10d追施速效肥。④加强管理。早中耕及浅水勤灌促早发；苗足适时晒田，控水促根，抑制过度分蘖，促使生长健壮。⑤秧田防治蓟马，大田防治螟虫、稻飞虱，孕穗破口期防治稻瘟病，生长后期防治纹枯病。

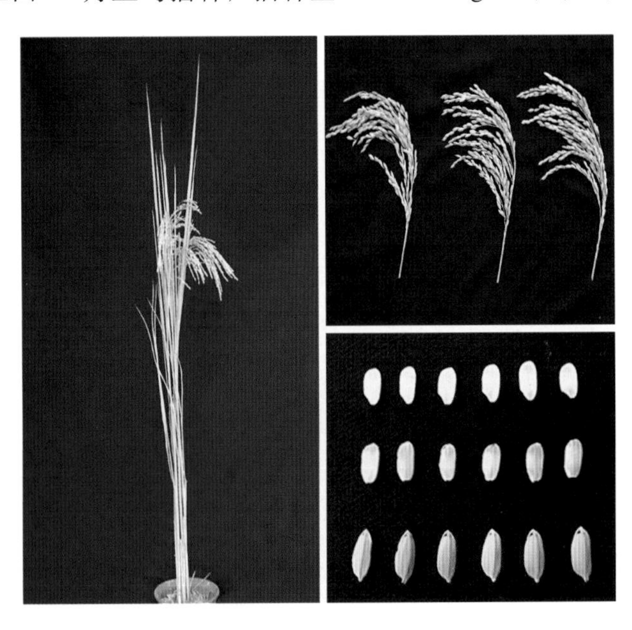

华稻21（Huadao 21）

品种来源：华中农业大学以中籼州156为母本，早籼华矮837为父本杂交，经系谱法选育而成，原代号8809。1995年通过湖北省农作物品种审定委员会审定，编号为鄂审稻001-1995。

形态特征和生物学特性：属中迟熟常规双季早籼稻。感温性较强，感光性较弱。基本营养生长期较长，全生育期110d，比原丰早长3d。株高85cm左右，株型较紧凑，苗期长势较旺，大田生长势、分蘖力均较强。叶片较窄，斜展不披，穗型较大，根系较发达，籽粒中长椭圆形，谷色中黄。后期转色较好，抗倒性较强。有效穗390万穗/hm^2，每穗总粒数85粒，结实率约66%，千粒重24g。

品质特性：经农业部食品质量监督检验测试中心测定，糙米率80.07%，精米率72.79%，整精米率51.76%，糙米长宽比2.2，垩白粒率86%，直链淀粉含量25.42%，胶稠度38mm，蛋白质含量11.63%，米质中等。

抗性：感稻瘟病，较抗白叶枯病，纹枯病重。

产量及适宜地区：1992—1993年参加湖北省早稻中熟组区域试验，两年平均产量5 839.5kg/hm^2，比原丰早增产13.83%。生产试验示范比原丰早增产10%左右；比华矮837增产5%左右。一般产量6 000kg/hm^2上下，高产田块可达6 750kg/hm^2以上。1993年在黄冈市、咸宁市、荆州市的部分县市试种表现为适应性好，产量高。适宜湖北省双季稻区作早稻，不宜在稻瘟病区种植。

栽培技术要点：①适时播种，培育壮秧。“前三田” 3月25 ~ 30日播种，秧田播种量750 ~ 900kg/hm^2，秧龄30d；“后三田” 4月上旬播种，秧田播种量600 ~ 750kg/hm^2，秧龄35 ~ 40d。在秧苗1叶1心至2叶1心时喷施多效唑促进分蘖。②小蔸密植。株行距10cm×（16.7 ~ 20）cm，每穴4 ~ 6苗。③施足基肥，早施追肥。需施氮150kg/hm^2，氮、磷、钾合理比例2 ∶ 1 ∶ 0.5，其中70%作基肥；追肥宜在插秧后10d内施下。④科学管理。早管促早发，栽秧后及时上水，深水护苗，寸水活蔸，浅水分蘖，适时适度晒田。⑤病虫害防治。秧田防治蓟马，大田防治螟虫、稻飞虱，抽穗破口时注意防治稻瘟病，生长后期防治纹枯病。

华早糯1003（Huazaonuo 1003）

品种来源：华中农业大学用浙733作母本，绍95-51作父本杂交，经系谱法选育而成，原代号早糯1003。2004年通过湖北省农作物品种审定委员会审定，编号为鄂审稻2004002。

形态特征和生物学特性：属迟熟常规双季早籼糯稻。感温性强，感光性较弱。基本营养生长期较长，全生育期116.8d，比嘉育948长6d。株高88.4cm，株型适中，茎秆粗壮，剑叶较长。苗期和分蘖期长势旺，早发性好。抽穗整齐，谷粒饱满，有穗发芽现象。有效穗358.5万穗/hm^2，穗长18.5cm，每穗总粒数96.1粒，实粒数72.5粒，结实率75.4%，千粒重28.46g。

品质特性：糙米率78.7%，整精米率60.1%，糙米长宽比2.9，直链淀粉含量1.7%，胶稠度100mm，主要理化指标达到国标优质籼糯稻谷质量标准。

抗性：中感稻瘟病，高感白叶枯病。

产量及适宜地区：2002—2003年参加湖北省早稻品种区域试验，两年区域试验平均产量6 183.2kg/hm^2，比对照嘉育948减产2.15%。适宜湖北省稻瘟病、白叶枯病轻发区作早稻种植。

栽培技术要点：①适时播种，培育壮秧。3月下旬播种，秧田播种量450～525kg/hm^2，大田用种量52.5～60kg/hm^2。播种时要求秧田平整，播种均匀，稀泥塌谷。秧床竹弓尼龙薄膜保温育秧。根据温度适时揭开尼龙薄膜炼苗，先揭开秧厢的两头，晚上放下保温，随后再揭开秧厢两边直至全部揭掉逐步炼苗，以免出现秧苗的冷害或烧苗。②及时插秧，合理密植。在秧龄25d左右时移栽，株行距13.3cm×20cm，每穴插4～5苗，栽插基本苗225万苗/hm^{2}左右。③科学进行肥水管理。有机肥和化肥结合使用。用有机肥和复合肥作底肥，插秧后田间立即上水，深水护苗，浅水分蘖。插秧后5～7d施尿素75～112.5kg/hm^{2}作分蘖肥，孕穗期施尿素37.5kg/hm^{2}作促花肥。茎蘖数达到375万蘖/hm^{2}时或在5月20日左右晒田，苗足田重晒，苗弱、苗数偏少田则轻晒。幼穗开始分化时复水。孕穗至抽穗扬花期间田间保持足寸水层，抽穗后采取间歇灌水，田间保持干干湿湿直至成熟，在收割前7d断水。④病虫害防治。播种前种子用药剂浸种杀菌。在抽穗破口时预防稻瘟病，在苗期及孕穗期防治白叶枯病，秧田注意防治蓟马，大田防治二化螟、三化螟及稻纵卷叶螟。生长后期防治纹枯病。

嘉育164（Jiayu 164）

品种来源：浙江省嘉兴市农业科学研究院用嘉育948/Z94-207//嘉兴13杂交选育而成。由湖北省种子管理站、湖北省孝感市孝南区农业局引进。2002年通过湖北省农作物品种审定委员会审定，编号为鄂审稻003-2002。

形态特征和生物学特性：属中熟常规双季早籼稻。感温性强，感光性较弱。基本营养生长期较短，全生育期108.2d，比鄂早11长2.2d。株高75.7cm，株型较松散，株高适中，叶片中长，较窄并略向外卷，剑叶挺直。生长势较旺，分蘖力中等，成熟时剑叶枯尖，熟色好。穗数偏多，穗中等大小，结实好。有效穗418.5万穗/hm^2，穗长19.2cm，每穗总粒数89.3粒，实粒数72.3粒，结实率81.0%，谷粒较大、长形，千粒重27.2g。

品质特性：经农业部食品质量监督检验测试中心测定，糙米率78.8%，整精米率56.8%，糙米长宽比3.1，垩白粒率37%，垩白度3.8%，直链淀粉含量13.4%，胶稠度77mm，米质较优。

抗性：中抗白叶枯病，高感稻瘟病。

产量及适宜地区：2000—2001年参加湖北省早稻品种区域试验，两年区域试验平均产量6 930.3kg/hm^2，比对照鄂早11增产7.17%。2001年在湖北省孝感市孝南区试种，表现为产量高，品质好，深受农户欢迎。适宜湖北省稻瘟病无病区或轻病区作早稻种植。

栽培技术要点：①适时播种，培育壮秧。3月25～30日播种，秧田播种量525kg/hm^2，尼龙薄膜覆盖保温育秧。②尽早移栽，合理密植。秧龄不超过25d、叶龄不超过5.5叶时移栽。插45万穴/hm^2，基本苗180万～225万苗/hm^2。③合理施肥，科学管水。后期控制氮肥用量，底肥与追肥比例为7∶3，底肥以有机肥为主，纯氮控制在180kg/hm^2，氮、磷、钾使用比例为1∶0.5∶0.6。适时适度晒田。孕穗至抽穗扬花期间不能断水。灌浆至成熟期间田间保持湿润。④病虫害防治。大田防治二化螟、三化螟，抽穗期防治稻瘟病，后期防治纹枯病。

嘉育21（Jiayu 21）

品种来源：浙江省嘉兴市农业科学研究院用G96-29/YD951组合杂交选育而成。由湖北省种子管理站引进，原代号G99-21。2003年通过湖北省农作物品种审定委员会审定，编号为鄂审稻003-2003。

形态特征和生物学特性：属中熟常规双季早籼稻。感温性强，感光性较弱。基本营养生长期较长，全生育期110.5d，比嘉育948长1.3d。株高80.8cm，株型偏散，株高适中，茎秆较粗，茎节外露。分蘖力中等，生长势较旺，繁茂性好，叶片较宽长，剑叶长而挺，成熟时叶尖枯黄，抗寒性较强。穗中等偏大，穗数适中，有效穗388.5万穗/hm^2，穗长20.1cm，每穗总粒数99.9粒，实粒数80.2粒，结实率80.3%，结实性好，谷粒中等偏大，千粒重26.09g。

品质特性：糙米率79.5%，整精米率69.3%，垩白粒率8%，垩白度0.8%，直链淀粉含量18.5%，胶稠度63mm，糙米长宽比3.3，主要理化指标达到国标优质稻谷质量标准。

抗性：中感白叶枯病，感稻瘟病。

产量及适宜地区：2001—2002年参加湖北省早稻品种区域试验，两年区域试验平均产量6 618.6kg/hm^2，比对照嘉育948增产5.25%。2002年在湖北省孝感市、黄冈市的部分县市试种，表现出米质好，产量高，适应性好，很受当地稻农的欢迎。适宜湖北省稻瘟病无病区或轻病区作早稻种植。

栽培技术要点：①适时播种，培育壮秧。3月底至4月初播种，秧田播种量525 ~ 600kg/hm^2，秧厢使用竹弓尼龙薄膜覆盖保温育秧，随温度上升逐步揭开尼龙薄膜炼苗育秧。②及时插秧，合理密植。插秧时秧龄不超过30d，每穴5 ~ 6苗，株行距13.3cm × 16.7cm，栽插45万穴/hm^2。③科学施肥。底肥以有机肥为主，施足底肥，早施分蘖肥；增施磷、钾肥，后期控制使用氮肥，防倒伏，底肥与追肥比例为7 ∶ 3，氮、钾、磷肥比例为1 ∶ 0.6 ∶ 0.8。④科学管水。生长前期不宜长时间灌深水，以免造成田冷浸坐蔸，要时常露泥增温，促根争壮蘖。在茎蘖数达到375万蘖/hm^{2}左右时或5月20 ~ 25日晒田，苗足田重晒，苗弱、苗数偏少田轻晒，孕穗期间田间保持足寸水层；抽穗以后田间进行间歇灌水，干干湿湿至成熟，在成熟前7 ~ 10d停止灌水，不宜断水过早，以免引起枯蔸，结实下降。⑤病虫害防治。秧田防治蓟马，大田防治二化螟、三化螟、稻纵卷叶螟和稻飞虱，抽穗破口时防治稻瘟病，生长后期防治纹枯病。

嘉育948（Jiayu 948）

品种来源：浙江省嘉兴市农业科学研究院用YD4-4与嘉育293-T8杂交，经系谱系选育而成。由湖北省种子管理站引进。2000年通过湖北省农作物品种审定委员会审定，编号为鄂审稻001-2000。

形态特征和生物学特性：属中熟常规双季早籼稻。感温性较强，感光性较弱。基本营养生长期较长，全生育期108d，与鄂早11相当。株高73.6cm，植株茎秆粗壮，剑叶上举，株型紧凑适中，早发性好，成秧率高，分蘖力中等，成穗率高。后期功能叶不早衰，成熟时叶青籽黄，熟相好，抗倒性好，苗期耐寒性好。穗大小中等，穗数偏多，谷粒偏小。有效穗457.5万穗/hm^2，每穗粒数79.8粒，实粒数61.6粒，结实率78.2%，千粒重23.1g。

品质特性：经农业部食品质量监督检验测试中心测定，整精米率60.39%，糙米长宽比2.8，垩白粒率19%，直链淀粉含量15.63%，胶稠度59mm，综合评分56分，达农业部优质稻一级，米质优。

抗性：中感白叶枯病，高感稻瘟病。

产量及适宜地区：1998—1999年参加湖北省早稻品种区域试验，两年区域试验平均产量6 383.1kg/hm^2，比对照鄂早11增产8.0%。1998—1999年武穴、公安等地试种，比鄂早11等当地主栽品种增产。适宜湖北省稻瘟病无病区或轻病区作早稻种植。

栽培技术要点：①适时播种，培育壮秧。3月下旬至4月上旬播种，秧田播量450kg/hm^2，用农用薄膜保温育秧，秧田与大田面积比为1 ：（8 ～ 10），秧田要肥，底肥要足，秧龄控制在30d以内。移栽时秧龄不超过5.5叶。②合理密植。株行距为13.3cm×16.7cm，每穴插4 ～ 6苗。③合理施肥。重施底肥，底肥以有机肥为主，氮、磷、钾肥配合使用，插秧后5 ～ 7d追施尿素150kg/hm^2。④加强水分管理，适时晒田。苗数达375万苗/hm^{2}时或在5月20 ～ 25日晒田，苗足田重晒，苗弱、苗少田轻晒。孕穗至抽穗扬花期间田间不能断水。⑤病虫害防治。注意防治二化螟、三化螟及稻纵卷叶螟和稻飞虱，抽穗破口时防治稻瘟病，生长后期防治纹枯病。

嘉早303（Jiazao 303）

品种来源：浙江省嘉兴市农业科学研究院用早糯221作母本，嘉早935作父本有性杂交，经系谱法选育而成。由孝感市农业科学研究所引进，原代号99-518（Z99-303）。2003年通过湖北省农作物品种审定委员会审定，编号为鄂审稻004-2003。

形态特征和生物学特性：属中熟常规双季早籼糯稻。感温性强，感光性较弱。基本营养生长期较长，全生育期109.8d，比对照嘉育948长0.6d。株高78.4cm，株型偏散，株高适中，叶色浓绿，剑叶稍宽直挺，后期有颖花退化现象。苗期生长势中等，分蘖力一般，苗期耐寒性较弱，耐肥，抗倒性较强。穗数适中，中等偏大穗，有效穗363万穗/hm^2，穗长18.5cm，每穗总粒数104.0粒，实粒数81.0粒，结实率77.9%，千粒重25.18g。

品质特性：经农业部食品质量监督检验测试中心测定，糙米率78.9%，整精米率59.5%，直链淀粉含量1.7%，胶稠度100mm，糙米长宽比3.3，主要理化指标达到国家优质籼糯稻质量标准。

抗性：中感白叶枯病，感稻瘟病穗颈瘟。

产量及适宜地区：2001—2002年参加湖北省早稻品种区域试验，两年区域试验平均产量6 250.7kg/hm^2，比对照嘉育948减产0.6%。适宜湖北省稻瘟病无病区或轻病区作早稻种植。

栽培技术要点：①适时播种，培育壮秧。3月底至4月上旬播种，秧田播种量525～600kg/hm^2，播种时要求秧田平整，播种均匀，在2叶1心时施尿素75～120kg/hm^{2}作“断奶”追肥，在插秧前7d施尿素45～75kg/hm^{2}作“送嫁肥”。②适时栽插，合理密植。在秧龄25～30d时插秧，要求插足基本苗，插45万～52.5万穴/hm^2。③科学管理肥水。插秧后及时灌水，深水护苗，寸水返青，浅水分蘖。插秧后5～7d施尿素150kg/hm^{2}作追肥，在茎蘖数达到375万蘖/hm^{2}左右时排水晒田，苗足田重晒，苗弱田则轻晒。底肥与追肥比例为7 ∶ 3，施纯氮150kg/hm^2，五氧化二磷45kg/hm^2，增施钾肥；5月下旬至6月上旬，孕穗期酌施氮肥和钾肥，防止颖花退化。④注意防治二化螟、三化螟、稻飞虱，抽穗破口期防治稻瘟病穗颈瘟，生长后期注意防治纹枯病，分蘖期和孕穗期防治白叶枯病。

孝早糯08（Xiaozaonuo 08）

品种来源：湖北省孝感市农业科学研究所和湖北省武汉市农业科学研究所用嘉早303/早糯198 F_2作母本，华早糯1003作父本杂交，经系谱法选育而成。2010年通过湖北省农作物品种审定委员会审定，编号为鄂审稻2010003。

形态特征和生物学特性：属迟熟常规双季早籼糯稻。感温性较强，感光性弱。基本营养生长期较长，全生育期114.8d，比两优287长2.6d。株高101.9cm，植株较高，株型偏松散，分蘖力中等，生长势较旺。茎秆较粗，部分茎节外露。叶色绿，剑叶斜挺。穗层整齐，穗较大，着粒均匀。谷粒长型，稃尖无色无芒。成熟时叶青籽黄，熟相好，抗倒性较差。有效穗310.5万穗/hm²，穗长22.2cm，每穗总粒数142.1粒，实粒数111.6粒，结实率78.5%，千粒重25.13g。

品质特性：经农业部食品质量监督检验测试中心测定，糙米率77.4%，整精米率65.6%，糙米长宽比3.1，直链淀粉含量1.7%，胶稠度100mm，主要理化指标达到国标优质糯稻质量标准。

抗性：中感白叶枯病，高感稻瘟病。

产量及适宜地区：2008—2009年参加湖北省早稻品种区域试验，两年区域试验平均产量7 675.1kg/hm²，比对照两优287增产2.68%。适宜湖北省稻瘟病无病区或轻病区作早稻种植。

栽培技术要点：①适时播种，培育壮秧。选择排灌方便、土壤肥力水平较高的田作秧田。3月底至4月初播种，秧田播种量不超过525kg/hm²。秧龄控制在30d以内。②栽培上要插足基本苗，争取足穗，主攻大穗，提高结实率。大田株行距13.3cm × 16.7cm，每穴插4 ～ 6苗。③施足以有机肥为主的底肥，早施、足施分蘖肥，注意增施磷、钾肥，后期控制氮肥用量，以防贪青倒伏。配施磷肥300kg/hm²，基肥用量占总用肥量的60% ～ 70%；施分蘖肥时配施钾肥30kg/hm²。适时适度晒田，在苗数达到375万苗/hm²左右时或5月20 ～ 25日晒田。幼穗分化前复水，孕穗至抽穗扬花期间田间保持足寸水层，生长后期田间保持干干湿湿至成熟，收割前7 ～ 10d断水。④病虫害防治。防治稻瘟病、纹枯病、白叶枯病和蓟马、二化螟、三化螟及稻纵卷叶螟等。

中86-44（Zhong 86-44）

品种来源：中国水稻研究所用浙辐802/广陆矮4号与HA79317-7复交，经系统选育而成。由湖北省种子公司引进，原代号中86-44。分别通过湖北省（1992）和国家（1993）农作物品种审定委员会审定，品种登记号为GS01003-1993。

形态特征和生物学特性：属中熟常规双季早籼稻。感温性较强，感光性较弱。基本营养生长期较长，全生育期111.3d。株高80cm，株型紧凑，假茎基部绿色。苗期耐寒性偏弱。主茎12叶，有效穗450万穗/hm^2，穗型较松，分枝较长，穗长18.6cm，每穗74.2粒，结实率83%，谷粒偏长，千粒重25.78g。

品质特性：糙米率79.7%，整精米率55.6%，垩白粒率80%，垩白度21.2%，糙米长宽比2.5，蛋白质含量9.01%，直链淀粉含量24.5%，胶稠度67mm。米质较优。

抗性：中抗稻瘟病，中感白叶枯病和纹枯病。

产量及适宜地区：1989—1990年参加湖北省早稻品种区域试验，两年区域试验产量分别为6 362.7kg/hm^{2}和6 754.4kg/hm^2，分别比对照原丰早增产8.01%和19.52%，增产均极显著。1990年黄冈金锣港良种场种植33.3hm^2，平均产量6 646.5kg/hm^2，比迟熟早稻鄂早6号增产近一成。洪湖小港农场种植19.2hm^2，一般产量6 300 ～ 7 500kg/hm^2，比华矮837增产11.5%。适宜湖北省稻瘟病、白叶枯病轻病区作早稻种植。

栽培技术要点：①适时播种，稀播壮秧。3月25 ～ 30日播种，秧田播种量525kg/hm^2。2叶1心时施“断奶肥”60kg/hm^2，移栽前5d施“送嫁肥”45kg/hm^2。②适时移栽，合理密植。秧龄不超过28d、叶龄不超过5.5叶时移栽。每穴插4 ～ 5苗，插45万穴/hm^2。③合理施肥，科学管水。底肥与追肥比例为8 ∶ 2，施纯氮180kg/hm^2，氮、磷、钾比例为1 ∶ 0.8 ∶ 0.5。生长后期控制氮肥用量。在苗数达450万苗/hm^{2}时或5月20 ～ 25日晒田，旺田重晒，瘦田轻晒。灌浆至成熟期间歇灌水，田间保持湿润状态至成熟。④注意防治稻瘟病、纹枯病。

舟903（Zhou 903）

品种来源：浙江省舟山市农业科学研究所用红突80与412杂交，经系谱法选育而成。由湖北省种子管理站引进。分别通过湖北省（2000）和国家（2001）农作物品种审定委员会审定。

形态特征和生物学特性：属中迟熟常规双季早籼稻。感温性强，感光性较弱。基本营养生长期较短，全生育期110d，比鄂早11长3d。株高77.7cm，株型紧凑，株高适中，叶片挺直，苗期生长势旺，分蘖力强，后期转色较好，耐肥，抗倒伏。有效穗数偏多，穗较小，谷粒小。有效穗537万穗/hm^2，每穗实粒46.3粒，千粒重23.1g。

品质特性：经农业部食品质量监督检验测试中心测定，糙米长宽比3.4，垩白粒率20%，直链淀粉含量17.59%，胶稠度58mm，综合评分56分，达部颁一级米，被评为湖北省首届（国标）优质稻米。

抗性：高感白叶枯病，感稻瘟病穗颈瘟。

产量及适宜地区：1998—1999年参加湖北省早稻品种区域试验，两年区域试验平均产量5 478kg/hm^2，比对照鄂早11减产1.6%。1998—1999年在武穴、应城等地试种，产量6 000kg/hm^{2}左右。适宜湖北省稻瘟病无病区或轻病区作早稻种植，尤其适于中肥或低肥田种植。

栽培技术要点：①3月底至4月上旬播种，秧田播种量525～600kg/hm^2，秧田与大田的比例1：（8～10），播种时要求秧田平整，播种均匀，秧田使用竹弓尼龙薄膜覆盖秧厢保温育秧。在2叶1心时施尿素150kg/hm^{2}作“断奶”追肥，在1叶1心至2叶1心时喷施多效唑促分蘖。②适时栽插，在秧龄25～30d时插秧，株行距13.3cm×16.7cm，每穴插4～6苗，插45万穴/hm^2，要保证有效穗在450万穗/hm^{2}以上。③插秧后及时灌水，深水护苗，寸水返青，浅水勤灌促分蘖。插秧后5～7d施尿素150kg/hm^{2}作追肥，在茎蘖数达到525万蘖/hm^{2}时或5月20～25日晒田，长势旺的田块重晒，苗弱、苗数偏少田轻晒。底肥与追肥比例为8：2，底肥以有机肥为主，氮、磷、钾肥配合使用，三者比例为1：0.5：0.6。④防治二化螟、三化螟、稻纵卷叶螟和稻飞虱，在分蘖和孕穗期防治白叶枯病，抽穗破口期防治稻瘟病穗颈瘟，生长后期注意防治纹枯病。

二、中稻

5-59（5-59）

品种来源：湖北省恩施土家族苗族自治州红庙农业科学研究所用桂朝2号作母本，湘矮早9号作父本杂交选育而成，原代号81G5-59。1987年通过湖北省农作物品种审定委员会审定。

形态特征和生物学特性：属中熟常规中籼稻。感温性强，感光性较弱。基本营养生长期较长，全生育期135d，较桂朝系统早熟10d左右。有效积温为1 448.6 ~ 1 474.5℃，株高90 ~ 100cm。株型较紧凑，株高中等偏矮；剑叶长度中等，倒1 ~ 3叶较挺；苗期叶鞘绿色，茎态适中，秧苗期生长较繁茂，分蘖力强，成熟期仍保留2 ~ 3片绿叶，后期熟色较好。穗数偏少，属偏大穗型品种，穗长20cm左右，每穗总粒数100粒，实粒数80 ~ 90粒；谷粒偏大，黄白色，椭圆形，稃尖淡黄色，顶芒中短芒约占50%，千粒重30g以上。

品质特性：糙米率81.84%，精米率64.92%，整精米率9.85%，直链淀粉含量19.09%，碱消值5.5级，胶稠度42mm。

抗性：较抗稻瘟病和纹枯病。

产量及适宜地区：产量6 750kg/hm^{2}左右。适宜湖北省恩施海拔1 100m以下的非稻瘟病区种植。

栽培技术要点：①适时播种，培育壮秧。二高山地区以4月中上旬播种为宜，播种前用三氯异氰尿酸处理种子灭菌消毒，秧田播种量600 ~ 750kg/hm^2。②适时插秧，合理密植。冬泡田与绿肥茬秧龄控制在30 ~ 35d；油菜茬、麦茬秧龄25 ~ 30d时插秧。一般插30万 ~ 37.5万穴/hm^2，每穴5 ~ 6苗（带蘖），保证有效穗300万穗/hm^{2}左右。③合理施肥。中等肥力田块总施氮量控制在165 ~ 180kg/hm^2，底肥与追肥比例为7 : 3，配施磷、钾肥。采用全层施肥或前促中控的施肥方法。必须控制中、后期氮素肥料的施用，预防稻瘟病的发生。④加强水分管理。前期以浅水促使分蘖正常生长；中期浅水-湿润-浅水管理，利于土壤通气、肥料的分解利用；后期干干湿湿，有助于壮根保叶促灌浆充实籽粒。

鄂荆糯6号（Ejingnuo 6）

品种来源：湖北省荆州地区农业科学研究所从钴^{60}Co-γ射线辐照桂朝2号突变体后代中经系谱选育而成。分别通过湖北省（1989）和国家（1990）农作物品种审定委员会审定，品种登记号为GS01002-1990。

形态特征和生物学特性：属中熟常规中籼糯稻。感温性强，感光性较弱。基本营养生长期长，全生育期136.6d，比桂朝2号迟熟2.3d。株高100 ~ 110cm，主茎16 ~ 17叶，有5 ~ 6个伸长节间。植株松紧适中，抽穗整齐，穗较大，后期转色好。不易落粒，易脱粒。生长势旺，分蘖力中等，需12℃以上有效积温1 630 ~ 1 730℃，较耐苗期低温及抽穗扬花期的高温。有效穗385.5万穗/hm^2左右，穗长23cm，每穗实粒数92粒左右，结实率80%。谷粒长8.1mm，谷粒中等偏大，颖壳、护颖和稃尖均为秆黄色，间有顶芒，千粒重26g。

品质特性：经湖北省农业科学院测试中心分析，糙米率78.13%，精米率72.25%，整精米率67.68%，糙米长宽比3.1，碱消值中等，直链淀粉含量1.0%，胶稠度87mm，糙米蛋白质含量7.05%，米质较优。

抗性：抗白叶枯病。

产量及适宜地区：1986—1987年参加湖北省中稻品种区域试验，两年区域试验平均产量居首位，比对照桂朝2号增产0.33%。大田生产一般产量7 500 ~ 9 000kg/hm^2，高产可达9 750kg/hm^2。适宜湖北省及长江中下游中稻区种植。

栽培技术要点：①适时播种，培育壮秧。4月中下旬播种，播种量525kg/hm^2。播种时要求秧田平整，播种均匀。秧龄在30 ~ 35d时插秧，株行距13.3cm×20cm，插基本苗150万～180万苗/hm^2。②科学管理肥水。底肥与追肥比例为7 : 3，施纯氮150kg/hm^2，氮、磷、钾配合，比例为1 : 0.5 : 0.6。插秧后及时上水，寸水活蔸，浅水分蘖，及时晒田。孕穗至抽穗扬花期田间不能断水，生长后期田间间歇灌水，保持干湿交替状态至成熟，收割前7 ~ 10d停止灌水。③病虫害防治。重点防治二化螟、三化螟和稻纵卷叶螟，后期防治稻飞虱和纹枯病。

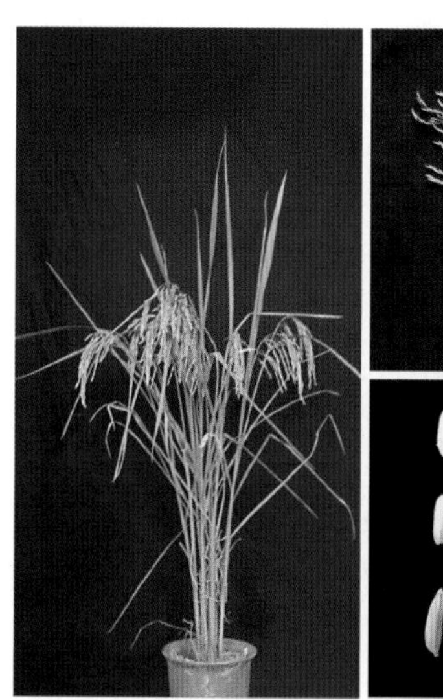

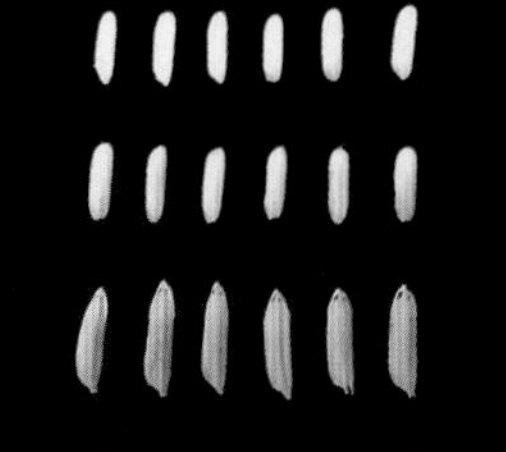

鄂糯7号（Enuo 7）

品种来源：湖北省荆州地区农业科学研究所用R82033-41作母本，突变体（M2）BG90-2作父本有性杂交，经6年选择和半穗法筛选米质育成，原代号荆糯925。分别通过湖北省（1995）和国家（1999）农作物品种审定委员会审定。

形态特征和生物学特性：属中熟常规中籼糯稻。感温性强，感光性较弱。基本营养生长期长，作中稻全生育期133d，比汕优63早2.9d；作双季晚稻全生育期126d。株高109cm，分蘖力较强，叶片功能期较长。成熟时剑叶上举，茎秆坚韧，苗期对低温、抽穗扬花期对高温有较强的抵抗力，抗倒伏。作中稻有效穗329.9万穗/hm^2，结实率较高，每穗实粒104.2粒，千粒重23.7g。

品质特性：米粒细长，碱消值低，直链淀粉含量1.78%以下，米质达到一级糯米标准。

抗性：中抗白叶枯病，中感稻瘟病穗颈瘟。对纹枯病、稻曲病有一定的抗性。

产量及适宜地区：1992—1993年参加湖北省中稻品种区域试验，1992年区域试验产量8 455.5kg/hm^2，比汕优63减产6.03%；1993年产量6 844.5kg/hm^2，比汕优63减产12.22%，减产极显著。1992年在湖北省潜江市浩口镇试种33.3hm^2，验收产量8 250kg/hm^2，比鄂荆糯6号增产15.0%；湖北省石首市横市镇试种13.3hm^2，验收产量9 142.5kg/hm^2，比鄂荆糯6号增产19.14%。1993年湖北省随州市试种1 333.3hm^2，测产比汕优63增产。适宜湖北及河南省稻瘟病轻病区种植。

栽培技术要点：①播种期，作中稻在4月中下旬至5月上旬播种；作双季晚稻在6月10日前播种，7月20日前移栽。②稀播壮秧，秧田播种量300kg/hm^2左右，带1～2个蘖移栽。株行距17cm×20cm，每穴栽插1～2苗。③科学管理肥水。施纯氮150kg/hm^2左右，追肥时要注意氮、磷、钾配合，特别要施钾肥，施氯化钾150kg/hm^2左右。施肥采取前稳、中控、后补办法，底肥占纯氮总量的80%左右，中期控制氮肥施用量，穗肥酌情补施和巧施。④适时晒田。栽后22d或分蘖数达300万蘖/hm^2左右时及时适度晒田，注意防治稻瘟病。

鄂中3号（Ezhong 3）

品种来源：湖北省宜昌市农业科学研究院以密阳49作母本，桂朝2号作父本有性杂交，经系统选育而成，原代号8471。1995年通过湖北省农作物品种审定委员会审定。

形态特征和生物学特性：属中熟常规中籼稻。感温性强，感光性较弱。基本营养生长期长，全生育期137d，熟期比汕优63长1d。株高113cm，株型较紧凑，株高适中。叶色较浓绿，其生长势、分蘖力均较强，生长整齐，剑叶直立，根系发达，后期转色好。穗数较多，穗中等偏小，谷粒中等大小。有效穗352.5万穗/hm^2，穗实粒90.33粒，结实率较高，千粒重26.5g。

品质特性：经农业部食品质量监督检验测试中心测定，糙米率79.43%，精米率71.49%，整精米率57.44%，糙米长宽比2.8，垩白粒率71%，直链淀粉含量28.04%，胶稠度46mm，蛋白质含量8.35%，米质中等。

抗性：中抗白叶枯病，感稻瘟病。

产量及适宜地区：1992—1993年参加湖北省中稻品种区域试验，两年区域试验平均产量8 181kg/hm^2，比汕优63减产3.73%。1991年在枝江、当阳试种4hm^2，验收单产7 917kg/hm^2，最高产量8 944.5kg/hm^2。1992年在枝江等4县市示范266.7hm^2，其中秭归茅坪镇验收单产8 526kg/hm^2。1993年在宜昌等地示范600hm^2，产量7 500kg/hm^2。适宜湖北省稻瘟病轻病区或无病区作中稻种植。

栽培技术要点：①适时播种，稀播育壮秧。襄阳、随州地区4月下旬播种，宜昌、荆门及孝感地区5月上旬播种，荆州及鄂南地区5月上中旬播种。秧田播种量450kg/hm^2，大田用种量45kg/hm^2。②及时插秧，合理密植。在秧龄30d时插秧，株行距16.7cm×23.3cm，25.5万～30万穴/hm^2。③科学施肥。底肥、分蘖肥比例为7：3。施纯氮165kg/hm^2，氮、磷、钾比例为2：1：1.5。在苗数达到330万～360万苗/hm^2时适度晒田，生长后期田间间歇灌水，保持湿润状态。④病虫害防治。重点防治稻瘟病、螟虫和稻飞虱等病虫害。

鄂中4号（Ezhong 4）

品种来源：湖北省农业科学院粮食作物研究所、荆州市原种场从广东水稻品种胜泰1号群体中选取变异株，经系统选育而成，原代号荆211。2002年通过湖北省农作物品种审定委员会审定，编号为鄂审稻007-2002。

形态特征和生物学特性：属中熟常规中籼稻。感温性较强，感光性较弱。基本营养生长期长，全生育期135.3d，比汕优63长0.8d。株高122.0cm，株型紧凑，株高适中，叶片直立，剑叶挺直上举。分蘖力较强，生长势旺，穗大，后期熟相好，抗倒性较差。有效穗312万穗/hm^2，穗长25.2cm，每穗总粒数152.3粒，实粒数128.1粒，结实率84.1%，谷粒较小，千粒重21.93g。

品质特性：经农业部食品质量监督检验测试中心测定，糙米率77.2%，整精米率66.7%，糙米长宽比3.1，垩白粒率10%，垩白度0.5%，直链淀粉含量15.6%，胶稠度76mm，主要理化指标达到三级国标优质稻谷质量标准。2001年湖北省第2届优质稻米检测评审结果：糙米率、整精米率、垩白率、垩白度、胶稠度、粒长、粒型长宽比等7项指标达国标优质一级；米饭松软，适口性好，食味品质为国标优质二级；总评等级为国标优质三级。

抗性：中感白叶枯病，高感稻瘟病穗颈瘟。

产量及适宜地区：2000—2001年参加湖北省中稻品种区域试验，两年区域试验平均产量8 183.9kg/hm^2，比对照汕优63减产4.55%。2001年在湖北省京山县、洪湖县及潜江市等地试种，表现为稳产性好，产量高，米质好，深受当地农民欢迎。适宜湖北省西南部以外地区稻瘟病无病区或轻病区作中稻种植。

栽培技术要点：①适时播种，稀播育壮秧。襄阳、随州地区4月下旬播种，宜昌、荆门及孝感地区5月上旬播种，荆州及鄂南地区5月中旬播种。秧田播种量150kg/hm^2，大田用种量30kg/hm^2。②及时插秧，合理密植。株行距16.7cm×23.3cm，25.5万～30万穴/hm^2。③科学管理肥水，配方施肥。施足底肥，早追分蘖肥，底肥、分蘖肥比例为7∶3。施纯氮165kg/hm^2，注意增施磷、钾肥；氮、磷、钾比例为1∶0.8∶1。适时排水适度晒田，后期勿断水过早。④病虫害防治。重点防治稻瘟病、螟虫、稻纵卷叶螟和稻飞虱等病虫害。

鄂中5号（Ezhong 5）

品种来源：湖北省农业科学院粮食作物研究所、湖北省优质水稻研究开发中心用从西班牙引进的水稻资源中选择的变异单株，经系谱法选育而成，商品名为润珠537。2004年通过湖北省农作物品种审定委员会审定，编号为鄂审稻2004010。

形态特征和生物学特性：属迟熟常规中籼稻。感温性较强，感光性较弱。基本营养生长期长，全生育期147.9d，比Ⅱ优725长11.9d。株高117.9cm，株型紧凑，分蘖力较强，田间生长势较弱，叶色淡绿，剑叶窄、长、挺。穗型较松散，穗颈节短，有包颈现象；一次枝梗较长，二次枝梗较少，枝梗基部着粒少，上部着粒较密，孕穗期遇低温有颖花退化现象，耐寒性较差。有效穗280.5万穗/hm^2，穗长24.5cm，每穗总粒数140.9粒，实粒数105.3粒，结实率74.7%，千粒重23.99g。

品质特性：经农业部食品质量监督检验测试中心测定，糙米率78.1%，整精米率60.0%，糙米长宽比3.6，垩白粒率0.0%，垩白度0.0%，直链淀粉含量15.1%，胶稠度83mm，主要理化指标达到国标三级优质稻谷质量标准。获得2002年中国（淮安）优质稻米博览交易会十大金奖名牌产品第1名。

抗性：高感稻瘟病穗颈瘟。

产量及适宜地区：2003年参加湖北省中稻品种区域试验，平均产量6 283.7kg/hm^2，比对照Ⅱ优725减产12.31%，减产极显著。适宜湖北省西南山区以外的稻瘟病轻病区或无病区作优质中稻种植。

栽培技术要点：①早播种，育壮秧。湖北中北部4月15日播种，无盘旱育抛秧4月10日播种，荆州及鄂南地区5月上中旬播种。秧田播种量180kg/hm^2，大田用种量22.5kg/hm^2。稀播育壮秧。②适时插秧。秧龄35d以内插秧，株行距16.7cm×23.3cm，25.5万～30万穴/hm^2。③科学管理肥水。施足底肥，早追分蘖肥，底肥、分蘖肥比例约为7∶3。施纯氮165kg/hm^2，氮、磷、钾比例为1∶0.5∶0.8。适时适度晒田。生长后期田间进行湿润管理。④病虫害防治。防治稻瘟病、螟虫、稻纵卷叶螟，后期防治稻飞虱、稻曲病等病虫害。

恩稻5号（Endao 5）

品种来源：湖北省恩施土家族苗族自治州红庙农业科学研究所用短剑叶449（湘州80449的系选群体）作母本，国际所1号作父本，经过有性杂交用系谱法选育而成，原代号894-236。1998年通过湖北省恩施土家族苗族自治州农作物品种审定小组审定。

形态特征和生物学特性：属中熟常规中籼稻。感温性强，感光性较弱。基本营养生长期长，全生育期142.3d，比对照汕优63早熟1.4d。株高90cm，株型松散适中，株高中等偏矮，熟期适宜，剑叶短且直立，叶鞘叶片均为绿色，生长势强，成熟期转色好，综合农艺性状优良。有效穗330万穗/hm^2，每穗总粒115.6粒，实粒95.1粒，结实率82.3%，谷粒金黄，稃尖无色，长圆形，千粒重28g。

品质特性：经湖北省农业科学院测试中心分析，糙米率80.65%，精米率72.59%，整精米率49.23%，碱消值7级，胶稠度25mm，直链淀粉含量27.38%，蛋白质含量10.30%。稻米品质较好。

抗性：高抗稻瘟病。

产量及适宜地区：1992年和1994年参加恩施中稻区域试验。两年区域试验平均产量7 819.5kg/hm^2，比对照汕优63增产14.45%。1993 年天气恶劣时，早熟避灾平均产量达7 005kg/hm^2，比对照汕优63增产39.6%。1994年在利川二高山稻区示范316.7/hm^2，平均产量6 967.5kg/hm^2，比对照汕优63增产7.8%，适宜湖北省恩施二高山稻区种植。

栽培技术要点：①使用三氯异氰尿酸浸种，控制恶苗病的发生。②控制播种量。旱育秧播种量450 ～ 600kg/hm^2，湿润秧播种量187.5kg/hm^{2}左右，旱育塑盘抛秧需秧盘600个/hm^{2}左右。③加强塑膜育秧的管理，控制恶苗病的发生。凡膜内温度超过25℃，需揭膜通风。④施用纯氮量为180kg/hm^2，酌情补施穗肥，保持后期不早衰。⑤冷浸烂泥田不利于水稻群体早发，要增加基本苗，施肥上要增加磷、钾肥的用量，如晒田期仍不能足苗，宜追施尿素45 ～ 60kg/hm^2，促使高位蘖成穗，并在孕穗期喷施磷酸二氢钾2 250 ～ 4 500g/hm^2。⑥病虫害防治。重点防治二化螟、三化螟、稻秆潜蝇和稻飞虱等，要治早治小。

恩稻6号（Endao 6）

品种来源：湖北省恩施土家族苗族自治州红庙农业科学研究所用短剑叶449（湘州80449的系选群体）作母本，密阳48作父本，经有性杂交用系谱法选育而成，原代号895-216。2000年通过湖北省恩施土家族苗族自治州农作物品种审定小组审定。

形态特征和生物学特性：属中熟常规中籼稻。感温性强，感光性较弱。基本营养生长期长，全生育期143d，比对照汕优63早熟2～3d。株高83.3cm，株型适中，植株生长整齐，长势强，分蘖旺，分布松散适中，茎粗中等，叶片绿色，叶鞘、叶耳、叶舌和叶环均无色，叶片直立，后期转色好，茎秆坚韧，不易倒伏。穗数较多，有效穗424.7万穗/hm^2，穗总粒90粒左右，实粒73.6粒，结实率81.7%，千粒重26g。

品质特性：经湖北省农业科学院测试中心分析，糙米率82.1%，精米率73.89%，整精米率66.95%，米粒长5.6mm，糙米长宽比2.3，碱消值7级，胶稠度48mm，直链淀粉含量18.51%，蛋白质含量9.75%，综合评分52分。米质中上等，食味好。

抗性：抗稻瘟病。

产量及适宜地区：1991—1992年参加恩施稻瘟病病区中稻新品种区域试验，两年区域试验平均产量6 249kg/hm^2，比对照汕优63增产12.4%。适宜湖北省恩施海拔1 000～1 200m稻区种植。

栽培技术要点：①种子严格消毒。使用三氯异氰尿酸处理，控制恶苗病的发生。②合理控制播种量。旱育秧播种量450～600kg/hm^2，湿润秧播种量187.5kg/hm^{2}左右，旱育塑盘抛秧需秧盘540～600个/hm^2。③加强塑膜育秧的管理。凡膜内温度超过25℃，需揭膜通风。④施足底肥，早施分蘖肥，酌情补施穗肥。⑤科学管理肥水。冷浸烂泥田不利于水稻群体早发，应适当增加基本苗。晒田时苗不足追施尿素45～60kg/hm^2，促使高位蘖成穗。生长后期保持湿润状态至成熟。⑥重点防治二化螟、三化螟、稻秆潜蝇和稻飞虱等，要治早治小。

鉴真2号（Jianzhen 2）

品种来源：京山县种子公司用引进的珍稻经系统选育而成。2001年通过湖北省农作物品种审定委员会审定，编号为鄂审稻004-2001。

形态特征和生物学特性：属中迟熟常规中籼稻。感温性较强，感光性较弱。基本营养生长期长，全生育期144.2d，比汕优63长9.1d。株高104.2cm，株型紧凑，株高中等偏矮，剑叶挺，生长势较弱，整齐度较差。分蘖力中等，穗数较多，成穗率高，后期转色一般，耐肥，抗倒伏。有效穗349.5万穗/hm^2，穗长21.5cm，每穗总粒数99.5粒，实粒80.5粒，结实率80.9%，稻谷粒形较长，谷粒大小中等，部分谷粒有顶芒，千粒重23.69g。

品质特性：经农业部食品质量监督检验测试中心测定，糙米率79.14%，整精米率64.64%，糙米长宽比3.1，垩白粒率10%，垩白度1.0%，直链淀粉含量15.76%，胶稠度67mm，主要理化指标达到国标优质稻谷质量标准。2000年1月在湖北省首届优质稻米评审中被评为国标一级优质稻米。2001年1月在宜昌市首届优质稻米鉴评会中被评为国标一级优质稻米。

抗性：中抗白叶枯病，中感稻瘟病穗颈瘟。纹枯病中等。

产量及适宜地区：2000年参加湖北省中稻品种区域试验，区域试验平均产量6 424.5kg/hm^2，比对照汕优63减产22.53%，极显著。2000年参加优质中稻品种试验展示，平均单产7 440kg/hm^2。2000年湖北省枝江县问安镇种植37.3hm^2，平均产量7 740kg/hm^2。适宜湖北省中北部丘陵和江汉平原稻瘟病轻病区或无病区作优质中稻种植。

栽培技术要点：①适时早播，培育多蘖壮秧。4月中下旬播种，1叶1心时用15%多效唑1 500g/hm^{2}对水喷施。②适时移栽，合理密植。株行距13.3cm×20.0cm或13.3cm×23.3cm，插30万穴/hm^2，插基本苗195万苗/hm^{2}以上。③科学管理肥水。底肥与追肥比例为7∶3，氮、磷、钾配合使用，三者比例为1∶0.6∶0.9。插秧后5～7d施尿素180kg/hm^{2}作追肥，抽穗期酌情喷施叶面穗肥；苗数达375万苗/hm^{2}时及时晒田，孕穗至抽穗扬花期田间保持水层。抽穗20%～30%时，用15～30g/hm^{2}赤霉素对水喷施，解除包颈。④病虫害防治。重点防治稻瘟病、纹枯病、螟虫、稻飞虱等病虫害。

四喜粘（Sixizhan）

品种来源：湖北省农业科学院以IET2938作母本，桂朝2号作父本，经有性杂交选育而成，原代号4091。1990年通过湖北省农作物品种审定委员会审定。

形态特征和生物学特性：属中熟常规中籼稻。感温性强，感光性较弱。基本营养生长期长，全生育期132d，与桂朝2号相同。株高96cm，株叶形态松散适中，后期转色较好，苗期耐寒性较差，抗倒性较强。分蘖力强，穗大，穗数多，有效穗375万穗/hm^{2}左右，结实率高，谷粒大小中等，长型，稃尖黄白色，千粒重25 ~ 28g。

品质特性：糙米率79.19%，精米率71.73%，整精米率64.61%，米粒油光晶亮，长6.51mm，糙米长宽比3.05，垩白度0.16%，直链淀粉含量14.98%，胶稠度65.83mm。米质优。1985年在全国农产品展览会上被评为优质中籼第5名，1986年被湖北省稻米品质标准验证会列为一级米，米饭口感黏度较强。

抗性：中抗白叶枯病，高感稻瘟病，耐病比桂朝2号强，纹枯病较轻。

产量及适宜地区：1987—1988年参加湖北省中稻品种区域试验，两年区域试验平均产量7 592.25kg/hm^2，比对照朝桂2号减产1.71%，不显著。1987年浙江省温州市农业科学研究所对11个优质稻进行鉴定，四喜粘名列第一，比对照汕优6号增产4.6%。1988年参加河南省信阳地区区试，平均单产8 568kg/hm^2，比对照（密阳23）增产13.7%。1986年云南永胜县涛源乡种植247hm^2，平均单产列当地之首。适宜湖北省稻瘟病无病区或轻病区作优质中稻种植。

栽培技术要点：①适时插秧。中稻在4月20日左右播种，麦茬稻在5月上旬播种。秧田播种量375 ~ 450kg/hm^2，秧龄30 ~ 35d。②适当密植。插37.5万穴/hm^2，株行距13.3cm × 20cm，每穴插大苗壮秧4 ~ 5苗，分蘖壮秧2 ~ 3苗。③科学管理。底肥以有机肥为主，氮、磷、钾配合使用。施足底肥，早施追肥促早发。施纯氮150kg/hm^{2}左右。插秧后及时上水，寸水活蔸，浅水勤灌，适时晒田，后期干干湿湿，注意防治病虫害。

扬稻2号（Yangdao 2）

品种来源：江苏省里下河地区农业科学研究所从引自斯里兰卡的品种BG90-2中系统选育而成，原代号910。湖北省1982年引进，1986年通过湖北省农作物品种审定委员会审定。

形态特征和生物学特性：属中熟常规中籼稻。感温性强，感光性较弱。基本营养生长期长，全生育期140 ~ 145d，比691早熟。株高110cm左右，株型紧凑，株高中等，主茎17叶左右，叶片内卷挺拔，5 ~ 6个节间，叶色淡绿。分蘖力较强，茎蘖粗壮，植株生长整齐，成熟时穗层整齐，耐肥，抗倒伏。最高分蘖数450万蘖/hm^2左右，有效穗270万~ 300万穗/hm^2，成穗率60%以上。穗长26 ~ 27cm，每穗总粒数140粒，穗型大小中等，结实率70%，结实率偏低，千粒重27g。丰产性较好，有较大产量潜力。对温度反应较敏感。

品质特性：米质较优，糙米长宽比3.28。直链淀粉含量24.25%，胶稠度84mm，蛋白质含量9.21%，赖氨酸含量0.348%。

抗性：高抗白叶枯病，中抗稻瘟病和褐飞虱。

产量及适宜地区：湖北省种植产量7 500kg/hm^2左右。适宜湖北省一季中稻产区种植，尤其适宜白叶枯病病区种植。

栽培技术要点：①适时播种，培育壮秧。鄂北4月下旬播种，江汉平原、鄂东等地5月上旬播种，大田用种量15kg/hm^2。播种前用三氯异氰尿酸、咪鲜胺浸种。②适龄移栽，合理密植。秧龄弹性大，秧龄30 ~ 35d移栽均可。大田株行距为16.7cm × 26.7cm，每穴插2苗，栽插30万穴/hm^2以上。③科学管理肥水。底肥施45 %复合肥450kg/hm^2、碳酸氢铵225kg/hm^2，移栽后5 ~ 7d施尿素、氯化钾各75kg/hm^2促分蘖，后期适量追施穗肥。插秧后田间及时上水，寸水活棵，浅水分蘖，苗数达到240万~ 270万苗/hm^2时排水晒田，长势旺盛田块重晒，苗弱、苗数偏少田轻晒。幼穗分化前复水孕穗，孕穗至抽穗扬花期田间保持水层，齐穗后田间保持干湿交替，收割前7d断水。④注意防治稻瘟病、稻曲病、白叶枯病和螟虫、稻飞虱等病虫害。

扬稻6号（Yangdao 6）

品种来源：江苏省里下河地区农业科学研究所用665和3021杂交，其F_1种子用$^{60}C_O$ γ辐射后，经系谱法选育而成。由湖北省种子管理站引进。2001年分别通过湖北省和国家农作物品种审定委员会审定，分别编号为鄂审稻005-2001、国审稻2001002。

形态特征和生物学特性：属中熟常规中籼稻。感温性较强，感光性较弱。基本营养生长期长，全生育期136.2d，比汕优63长0.8d。株高117.0cm，株型松散适中，株高中等，茎秆粗壮，叶色浓绿，叶片宽挺，剑叶挺直，成穗率一般，后期转色好。苗期生长势好，分蘖力中等，植株生长整齐，耐肥，抗倒伏。有效穗较少，但穗大粒多，稳产性好，有效穗231万穗/hm^2，穗长22.2cm，每穗总粒数149.9粒，实粒数129.4粒，结实率86.3%，结实率高，谷粒较长、较大，部分谷粒有顶芒，千粒重30.20g。

品质特性：经农业部食品质量监督检验测试中心测定，糙米率78.57%，整精米率55.54%，糙米长宽比3.1，垩白粒率36%，垩白度10.8%，直链淀粉含量16%，胶稠度59mm，米质较优。

抗性：中抗白叶枯病，高感稻瘟病穗颈瘟。纹枯病重。

产量及适宜地区：1999—2000年参加湖北省中稻品种区域试验，两年区域试验平均产量8 759.6kg/hm^2，比对照汕优63减产0.9%。适宜湖北省西南部以外地区稻瘟病轻病区或无病区作中稻种植。

栽培技术要点：①适时播种，培育多蘖壮秧。鄂北、鄂东4月中旬播种，江汉平原5月中旬播种。秧田播种量为225 ～ 300kg/hm^2。②及时移栽，合理密植。秧龄达30d时插秧，株行距13.3cm × 23.3cm，栽插31.5万穴/hm^2，每穴插3 ～ 4苗。③科学管理肥水。适于肥力水平较高的田块种植，注意施足底肥，适时追肥，底肥与追肥比例为7 ∶ 3，酌施保花肥，在抽穗灌浆期叶面喷施。插秧后及时上水，在茎蘖数达到225万～ 240万蘖/hm^2时排水晒田，在幼穗分化前复水，孕穗期间保持足寸水层，抽穗以后间歇灌水，干干湿湿至成熟。④防治病虫害。重点防治稻瘟病、纹枯病和稻飞虱。

三、晚稻

宝农12（Baonong 12）

品种来源：上海市宝山区农业良种繁育场用82-2/秀水06//紫金糯选育而成。由湖北省种子管理站引进。2001年通过湖北省农作物品种审定委员会审定，编号为鄂审稻016-2001。

形态特征和生物学特性：属中熟偏迟常规晚粳稻。感温性强，感光性强。基本营养生长期短，全生育期128d，比鄂宜105长3d。株高86.6cm，株型适中，株高中等，茎秆粗壮。叶色偏深，叶片挺，剑叶短而直立，直立棒状穗型。苗期生长势旺，分蘖力偏弱，成穗率较高，耐肥，抗倒伏。有效穗361.5万穗/hm^2，穗数适中，穗长16.4cm，每穗总粒数91.8粒，实粒数70.9粒，穗较大，结实率77.2%，结实率中等偏低，谷粒大小中等，千粒重26.10g。

品质特性：经农业部食品质量监督检验测试中心测定，糙米率80.21%，精米率72.19%，整精米率69.61%，粒长5.1mm，糙米长宽比1.9，垩白粒率19%，直链淀粉含量17.22%，胶稠度71mm，主要理化指标达到国标优质稻谷质量标准。

抗性：感白叶枯病，高感稻瘟病穗颈瘟，纹枯病中等。

产量及适宜地区：1998—1999年参加湖北省晚粳品种区域试验，两年区域试验平均产量6 461.6kg/hm^2，比对照鄂宜105增产6.32%。适宜湖北省稻瘟病无病区或轻病区作双季晚稻种植。

栽培技术要点：①适时早播，培育壮秧。播期不迟于6月18日，秧田播种量450kg/hm^2左右，催芽时用三氯异氰尿酸浸种预防恶苗病。在1叶1心至2叶1心时喷施多效唑促分蘖发生。②及时插秧，合理密植，争多穗。秧龄30d栽秧，株行距13.3cm×16.7cm，每穴插3～4苗，基本苗225万苗/hm^2。③合理施肥，科学进行肥水管理。底肥与追肥比例为7∶3，施纯氮150～180kg/hm^2，磷、钾肥配合使用，氮、磷、钾肥比例为1∶0.6∶0.8。插秧后及时上水，深水护苗，寸水活蔸，浅水勤灌促分蘖。苗数达到375万苗/hm^2时排水晒田，苗足田重晒，苗瘦、苗少田则轻晒。在幼穗分化前复水，孕穗期间田间保持足寸水层，齐穗后间歇灌水，田间保持干湿交替至成熟，收割前7～10d断水干田，不宜断水过早。④病虫害防治。秧田防治稻蓟马，大田注意防治螟虫、稻飞虱，重点防治稻瘟病和白叶枯病，抽穗扬花期注意防治叶鞘腐败病和稻曲病。

春江03粳（Chunjiang 03 geng）

品种来源：中国水稻研究所用秀水11作母本，T82-25作父本杂交，经系谱法选育而成。由孝南区农业科学研究所引进。1997年通过湖北省农作物品种审定委员会审定。

形态特征和生物学特性：属中迟熟常规晚粳稻。感温性强，感光性强。基本营养生长期短，全生育期129d，比鄂宜105迟熟5.2d。株高83.3cm，分蘖力强，成穗率高，有效穗421.8万穗/hm^2，穗数偏多，每穗实粒数59.34粒，穗偏小，谷粒偏大，千粒重28.98g。

品质特性：经农业部食品质量监督检验测试中心测定，糙米率80.40%，精米率72.36%，整精米率54%，糙米长宽比1.7，垩白粒率39%，直链淀粉含量16.87%，胶稠度47mm，蛋白质含量8.59%，属部颁二级优质米。

抗性：中抗稻瘟病，成株期抗白叶枯病，纹枯病和稻曲病轻。

产量及适宜地区：1995年参加湖北省晚稻品种区域试验，平均产量6 753kg/hm^2，比对照鄂宜105增产4.28%，达极显著，居第一位。1995年在孝感试种13.3hm^2，平均产量6 921kg/hm^2，1996年孝南区农业科学研究所1.2hm^{2}示范田，产量7 635kg/hm^2，在孝南卧龙乡大区对比试验，产量6 855kg/hm^2。适宜湖北省双季稻区种植。

栽培技术要点：①适时稀播，培育壮秧。作双季晚稻以6月15～20日播种为宜，秧田播种量450～525kg/hm^2，大田用种量75～90kg/hm^2。催芽时用三氯异氰尿酸浸种杀菌预防恶苗病，播种时要求秧田平整，播种均匀。在1叶1心至2叶1心时喷施多效唑促进分蘖发生。②及时栽秧，合理密植。在秧龄25～30d时插秧，株行距为13.3cm × 15.7cm，每穴3～5苗，基本苗225万苗/hm^2。③合理施肥，科学进行肥水管理。重施底肥，早施追肥。底肥与追肥比例为7：3，氮、磷、钾肥配合使用；一般施纯氮150～165kg/hm^2，氮、磷、钾肥比例为1：0.6：0.8。插秧后田间及时上水，深水护苗，寸水活蔸，浅水分蘖。苗数达到390万～420万苗/hm^{2}时排水晒田，在幼穗分化前复水，孕穗期间田间保持足寸水层。抽穗以后间歇灌水，田间保持干湿交替至成熟，在收割前7～10d断水；忌断水过早，以免出现枯蔸、结实率下降影响产量。④病虫害防治。秧田要防治稻蓟马，大田注意预防二化螟、三化螟、稻纵卷叶螟和稻飞虱，在生长后期重点防治纹枯病和稻曲病。

鄂粳912（Egeng 912）

品种来源：湖北省农业科学院粮食作物研究所用鄂晚9号作母本，宝农12作父本杂交，经系谱法选育而成。2010年通过湖北省农作物品种审定委员会审定，编号为鄂审稻2010015。

形态特征和生物学特性：属中熟偏迟常规晚粳稻。感温性强，感光性强。基本营养生长期短，全生育期122.9d，比鄂晚17短0.7d。株高92.4cm，株型适中，茎秆韧性较好，茎节外露。叶色浓绿，剑叶较短，挺直。穗层整齐，半直立穗，着粒较密。脱粒性较好，成熟时转色好。分蘖力中等，生长势较旺。有效穗339万穗/hm^2，穗数偏少，穗长15.6cm，每穗总粒数102.1粒，实粒数88.3粒，穗中等大小，结实率86.5%，谷粒卵圆形，稃尖无色，无芒，谷粒中等大小，千粒重26.06g。

抗性：中感白叶枯病，高感稻瘟病。

品质特性：经农业部食品质量监督检验测试中心测定，糙米率82.5%，整精米率71.4%，垩白粒率14%，垩白度2.0%，直链淀粉含量16.2%，胶稠度82mm，糙米长宽比2.0，主要理化指标达到国标二级优质稻谷质量标准。

产量及适宜地区：2008—2009年参加湖北省晚稻品种区域试验，两年区域试验平均产量7 580.1kg/hm^2，比对照鄂晚17增产5.81%。适宜湖北省稻瘟病无病区或轻病区作双季晚稻种植。

栽培技术要点：①适时播种，培育壮秧。6月18日～20日播种，秧田播种量300kg/hm^2，大田用种量60kg/hm^2。播种前用三氯异氰尿酸浸种消毒。②及时移栽，合理密植。秧龄30d插秧。大田株行距13.3cm×16.7cm，每穴插3～4苗，插足基本苗180万苗/hm^2。③科学管理肥水。底肥一般施复合肥750kg/hm^2，碳酸氢铵375kg/hm^2，移栽后5～6d追施尿素90kg/hm^2，晒田复水后追施氯化钾150kg/hm^2。插秧后田间及时上水，深水护苗，寸水活蔸，浅水勤灌助分蘖；苗数达到375万苗/hm^2时晒田，幼穗分化前复水孕穗，抽穗后田间间歇灌溉，保持干湿交替至成熟；在成熟前7d排水干田，忌断水过早。④注意防治稻瘟病、稻曲病、白叶枯病和螟虫、稻飞虱等病虫害。

鄂粳糯437（Egengnuo 437）

品种来源：湖北省农业科学院粮食作物研究所用鄂糯8号作母本，94114作父本，经系谱法选育而成。2009年通过湖北省农作物品种审定委员会审定，编号为鄂审稻2009015。

形态特征和生物学特性：属中熟偏迟常规晚粳糯稻。感温性较强，感光性强。基本营养生长期短，全生育期125.1d，比鄂晚17长0.3d。株高93.1cm，株型较紧凑，株高适中，茎秆粗细中等，茎节外露。叶鞘无色，叶色较绿，剑叶短而挺直。穗层较整齐，穗较大，着粒密，有两段灌浆现象。成熟期转色较好，较易脱粒。苗期生长势一般，分蘖力中等。有效穗358.5万穗/hm^2，穗数中等偏少，穗长14.4cm，每穗总粒数107.4粒，实粒数90.5粒，穗大小中等，结实率84.3%，谷粒短圆形，稃尖无色，谷粒大小中等，千粒重26.44g。

品质特性：经农业部食品质量监督检验测试中心测定，糙米率82.2%，整精米率61.8%，直链淀粉含量1.5%，胶稠度100mm，糙米长宽比1.8，主要理化指标达到国标优质糯稻谷质量标准。

抗性：感白叶枯病，高感稻瘟病。

产量及适宜地区：2007—2008年参加湖北省晚稻品种区域试验，两年区域试验平均产量7 870.7kg/hm^2，比对照鄂晚17增产7.61%。适宜湖北省稻瘟病无病区或轻病区作双季晚稻种植。

栽培技术要点：①适时播种，培育壮秧。6月18日～20日播种，秧田播种量300kg/hm^2，大田用种量60kg/hm^2。播种前用三氯异氰尿酸浸种消毒。②及时移栽，合理密植。秧龄以不超过30d为宜。大田株行距13.3cm×16.7cm，每穴插3～4苗。③科学管理肥水。底肥一般施复合肥750kg/hm^2，碳酸氢铵375kg/hm^2，移栽后5～6d追施尿素90kg/hm^2，晒田复水后追施氯化钾150kg/hm^2。苗数达到375万苗/hm^2时晒田，后期忌断水过早。④注意防治稻瘟病、稻曲病、白叶枯病和螟虫、稻飞虱等病虫害。

鄂糯10号（Enuo 10）

品种来源：湖北省宜昌市农业科学研究院用香粳Pi作母本，加44作父本杂交，经系谱法选育而成，原代号J8091。商品名为宜优香糯。2005年通过湖北省农作物品种审定委员会审定，编号为鄂审稻2005019。

形态特征和生物学特性：属中熟常规晚粳糯稻。感温性较强，感光性弱。基本营养生长期较长，全生育期123.6d，比鄂粳杂1号短5.8d。株高80.1cm，株型紧凑，植株高度中等，叶色浓绿，剑叶窄短而挺，茎节外露。穗层整齐，穗型半直立，易脱粒，有香味。有效穗382.5万穗/hm^2，穗数中等偏多，穗长14.8cm，每穗总粒数78.8粒，实粒数72.9粒，穗大小中等；结实率92.5%，结实率高；谷粒短圆，有顶芒，颖尖紫红色。谷粒中等偏大，千粒重27.03g。

品质特性：经农业部食品质量监督检验测试中心测定，糙米率84.1%，整精米率65.1%，直链淀粉含量1.3%，胶稠度100mm，糙米长宽比1.7，主要理化指标达到国标优质粳糯稻谷质量标准。

抗性：高感稻瘟病穗颈瘟，感白叶枯病。

产量及适宜地区：2003—2004年参加湖北省晚稻品种区域试验，两年区域试验平均产量7 306.5kg/hm^2，比对照鄂粳杂1号增产1%。适宜湖北省稻瘟病无病区或轻病区作晚稻种植。

栽培技术要点：①适时播种，稀播育壮秧。6月18～22日播种，秧田播种量375kg/hm^2。种子催芽前需进行消毒处理，秧苗1叶1心至2叶1心时用15%多效唑1 500g/hm^2对水450kg喷施，秧田控制施用氮肥，以防秧苗徒长。②及时插秧，合理密植。在秧龄30～35d时移栽。株行距13.3cm×16.7cm，每穴插4～5苗，插足基本苗225万苗/hm^2以上。③加强肥水管理，注意防止倒伏。施足底肥，早施追肥，底肥与追肥比例为7∶3，一般施纯氮180～210kg/hm^2，氮、磷、钾肥比例为1∶0.6∶0.9。插秧后及时上水，寸水活蔸，浅水勤灌；苗数达到375万～390万苗/hm^2时晒田，晒田一般要偏重，预防后期倒伏；在幼穗分化前复水，孕穗至抽穗扬花期田间保持足寸水层，齐穗以后间歇灌水，田间干干湿湿至成熟，在收割前7～10d停止灌水。④病虫害防治。在抽穗期要重点防治稻瘟病穗颈瘟，在苗期及孕穗期注意预防白叶枯病，后期注意防治稻曲病、稻飞虱，分蘖期至抽穗期注意防治螟虫。

鄂糯8号（Enuo 8）

品种来源：湖北省孝感市农业科学研究院和孝南区农业科学研究所从春江03粳中分离的糯性单株，经系统选育而成，原代号608。2001年通过湖北省农作物品种审定委员会审定，编号为鄂审稻015-2001。

形态特征和生物学特性：属中熟偏迟常规双季晚粳糯稻。感温性强，感光性强。基本营养生长期短，全生育期129d，比鄂宜105长4d。株高85.1cm，株型紧凑，植株较矮，茎秆有外露节，较坚韧，叶短而挺，穗颈较短，略外露，穗轴略弯曲，脱粒性好。分蘖力强，苗期耐高温和后期耐寒性好，成熟时熟相好，不早衰，抗倒性较强。有效穗420万穗/hm^2，穗数多，穗长14.1cm，每穗总粒数76.1粒，实粒数62.1粒，穗中等偏小，结实率81.6%，部分谷粒有短芒，千粒重25.2g。

品质特性：经农业部食品质量监督检验测试中心测定，糙米率80.89%，精米率72.85%，整精米率68.15%，粒长4.7mm，糙米长宽比1.8，直链淀粉含量1.27%，胶稠度100mm，主要理化指标达到国标优质粳糯稻谷质量标准。

抗性：感白叶枯病，中抗稻瘟病穗颈瘟，纹枯病较轻。

产量及适宜地区：1998—1999年参加湖北省晚粳品种区域试验，两年区域试验平均产量6 698.7kg/hm^2，比对照鄂宜105增产10.23%。适宜湖北省作双季晚稻种植。

栽培技术要点：①适时早播，培育壮秧。一般在6月15～20日播种，根据茬口尽早播种。播种时要求秧田平整，稀播匀播。秧田播种量450～600kg/hm^2。在1叶1心至2叶1心时喷施多效唑或烯效唑促分蘖育壮秧。②及时栽秧，合理密植。在秧龄30～35d时插秧。株行距13.3cm×16.7cm，基本苗150万～225万苗/hm^2。③合理施肥。施纯氮165～180kg/hm^2，五氧化二磷45～60kg/hm^2，氧化钾75～90kg/hm^2。重施底肥，早施分蘖肥。底肥与追肥比例为7∶3。④科学进行水分管理。插秧后及时上水，深水护苗，寸水返青，浅水勤灌促分蘖；苗数375万苗/hm^{2}时排水晒田，长势旺田块重晒，苗弱、苗数少则轻晒；在孕穗期间田间保持足寸水层，生长后期保持湿润，收割前7～10d停止灌水。⑤病虫害防治。防治白叶枯病、恶苗病、螟虫和稻飞虱，抽穗破口时重点防治稻曲病。

鄂糯9号（Enuo 9）

品种来源：湖北省种子集团公司用D0 424S为母本，荆糯6号作父本杂交，经系谱法选育而成，原代号95-04。商品名为禾盛糯1号。2004年通过湖北省农作物品种审定委员会审定，编号为鄂审稻2004013。

形态特征和生物学特性：属一季常规晚籼糯稻。感温性较强，感光性较强。基本营养生长期较短，全生育期125.8d，比汕优63长1.9d。株高104.7cm，株型紧凑，株高中等偏高，剑叶窄、挺，茎秆较粗壮，韧性好。分蘖力中等，田间生长势一般，后期转色好。穗层欠整齐，籽粒较小，较易落粒，抗倒伏。有效穗315万穗/hm^2，穗数中等偏少，穗长23.3cm，每穗总粒数146.0粒，实粒数122.4粒，穗较大，结实率83.8%，千粒重22.92g。

品质特性：经农业部食品质量监督检验测试中心测定，糙米率77.2%，整精米率67.4%，糙米长宽比2.8，直链淀粉含量1.5%，胶稠度100mm，主要理化指标达到国标优质籼糯稻谷质量标准。

抗性：感稻瘟病，中感白叶枯病。

产量及适宜地区：2001—2002年参加湖北省一季晚稻品种区域试验，两年区域试验平均产量8 485.7kg/hm^2，比对照汕优63增产2.08%。适宜湖北省稻瘟病无病区或轻病区作一季晚稻种植。

栽培技术要点：①适时播种。6月5 ～ 8日播种，秧田播种量300kg/hm^2，秧龄不超过30d。②合理密植。栽插37.5万穴/hm^2，每穴3苗。③合理施肥。施足底肥，早施追肥。追肥应在插秧后7d内一次施完，以施225kg/hm^2尿素为宜，晒田复水后施钾肥75kg/hm^2。④病虫害防治。播种前用药剂浸种，预防稻瘟病，生长期重点防治稻瘟病和螟虫。

鄂晚10号（Ewan 10）

品种来源：黄梅县农业局和华南农业大学用五山香占经提纯繁育而成。商品名为黄梅天然香稻。2001年通过湖北省农作物品种审定委员会审定，编号为鄂审稻013-2001。

形态特征和生物学特性：属迟熟常规晚籼香稻。感温强、感光性较强。基本营养生长期较短，全生育期123d，比汕优64长4d。株高83.9cm，株型适中，植株较矮，茎秆纤细、坚硬，耐肥抗倒。分蘖力强，有效穗多，叶色浓绿，剑叶偏长且上挺。田间茎叶和谷粒均有清香味。有效穗399万穗/hm^2，穗数中等偏多，穗长21.2cm，每穗总粒数103.9粒，实粒数82.6粒，穗中等偏大，结实率79.5%，籽粒细小且着粒稀疏，颖壳稃毛稀疏短小，成熟时颖壳呈棕褐色，部分谷粒有顶芒。谷粒小，千粒重18.14g。

品质特性：经农业部食品质量监督检验测试中心测定，糙米率77.76%，整精米率63.05%，糙米长宽比2.9，垩白粒率8%，垩白度0.8%，直链淀粉含量19.36%，胶稠度63mm，主要理化指标达到国标优质稻谷质量标准。

抗性：中抗白叶枯病及稻瘟病。后期遇低温阴雨，纹枯病中等，易感叶鞘腐败病和稻曲病、稻粒黑粉病等病害。

产量及适宜地区：2000年参加湖北省晚稻品种区域试验，区域试验平均产量5 485.4kg/hm^2，比对照汕优64减产18.67%，极显著。1997—2000年在黄梅作一季晚稻试种，产量6 000kg/hm^2左右；1996—2000年在黄梅、黄州、大冶等地作双季晚稻试种，产量5 250kg/hm^2左右。适宜湖北省黄梅县及周边地区作优质晚稻种植。

栽培技术要点：①适时播种，稀播育壮秧。作一季晚稻5月25日至6月初播种，作双季晚稻6月15日前播种，秧田播种量225kg/hm^2。播种时要求秧田平整，均匀稀播。②适时早插，合理密植。作双季晚稻在7月22日前移栽，株行距13.3cm × 23.3cm，每穴插3 ~ 5苗，基本苗150万苗/hm^2以上。③加强肥水管理，采用保优施肥管理，做到适氮增钾补微肥。施纯氮150 ~ 180kg/hm^2，锌肥15kg/hm^2，晒田复水后追施钾肥112.5kg/hm^2，抽穗期追施钾肥60kg/hm^2，后期喷施2%磷酸二氢钾。④病虫害防治。重点防治稻瘟病、稻曲病、纹枯病和螟虫、稻飞虱等病虫害。

鄂晚11（Ewan 11）

品种来源：孝南区农业局和孝感市优质农产品开发公司从浙江省嘉兴市农业科学研究院引进的迟熟晚粳丙9117中选出的早熟变异单株，经系统选育而成，原代号太子11。2001年通过湖北省农作物品种审定委员会审定，编号为鄂审稻014-2001。

形态特征和生物学特性：属中熟偏迟常规双季晚粳稻。感温性强，感光性强。基本营养生长期短，全生育期128.6d，比鄂宜105长4.7d。株高80.5cm，株型适中，株高中等，剑叶窄短直立，茎秆坚硬，茎节外露。分蘖力强，成穗率高，着粒密度大，后期抗寒性好，成熟时落色好，叶青籽黄。高温条件下，缺钾反应敏感，抗倒性强。有效穗388.5万穗/hm^2，有效穗多，穗长14.7cm，每穗总粒数83.5粒，实粒数63.0粒，结实率75.4%，结实率中等，粒椭圆形，千粒重26.01g。

品质特性：经农业部食品质量监督检验测试中心测定，糙米率83.55%，整精米率67.78%，糙米长宽比1.9，垩白粒率15%，垩白度1.4%，直链淀粉含量16.43%，胶稠度73mm，主要理化指标达到国标优质稻谷质量标准。

抗性：抗白叶枯病，高抗稻瘟病。纹枯病较轻，易感恶苗病。

产量及适宜地区：2000年参加湖北省晚粳品种区域试验，区域试验平均产量6 664.1kg/hm^2，比对照鄂宜105增产6.73%，极显著。适宜湖北省作晚稻种植。

栽培技术要点：①适时播种，培育壮秧。作双季晚稻6月15～20日播种，秧田播种量525kg/hm^2左右，播前用噁苗灵浸种防恶苗病，播种时要求秧田平整，播种均匀。于1叶1心时喷多效唑，促矮壮分蘖。②适时移栽，合理密植。在秧龄35d以内移栽，株行距13.3cm×16.7cm，每穴插5～6苗，基本苗225万苗/hm^2以上。③科学管理肥水。施足底肥，早施追肥；底肥和追肥比例为7∶3，中等肥力田块施纯氮165～180kg/hm^2，并注意增施磷、钾肥，尤其要增施钾肥。插秧后立即上水，深水护苗，寸水活蔸，浅水分蘖。茎蘖数达到375万蘖/hm^2时晒田，苗生长旺盛田块重晒，苗弱田轻晒。幼穗分化前上水，孕穗至抽穗扬花期间保持足寸水层，齐穗后间歇灌水，田间保持干干湿湿至成熟，收割前7～10d停止灌水。④病虫害防治。注意防治二化螟、三化螟、稻纵卷叶螟、稻飞虱等害虫，抽穗破口期重点防治稻瘟病穗颈瘟、稻曲病。

鄂晚12（Ewan 12）

品种来源：湖北省黄冈市农业科学研究所用8802作母本，筑紫晴作父本有性杂交，经系谱法选育而成，原代号96805。2003年通过湖北省农作物品种审定委员会审定，编号为鄂审稻011-2003。

形态特征和生物学特性：属中熟常规双季晚粳稻。感温性较强，感光性强。基本营养生长期短，全生育期124.7d，比鄂宜105长0.2d。株高90.3cm，株型适中，叶色较淡，剑叶宽短斜挺。分蘖力中等，生长势旺，后期转色好，脱粒性好。有效穗355.5万穗/hm^2，穗长16.6cm，每穗总粒数100.9粒，实粒数85.3粒，结实率84.5%，结实率中等偏高，千粒重24.35g。

品质特性：经农业部食品质量监督检验测试中心测定，糙米率82.8%，整精米率73.5%，糙米长宽比1.9，垩白粒率27%，垩白度2.3%，直链淀粉含量15.9%，胶稠度77mm，主要理化指标达到国标优质稻谷质量标准。

抗性：中感白叶枯病和稻瘟病穗颈瘟。

产量及适宜地区：2000—2001年参加湖北省晚稻品种区域试验，两年区域试验平均产量6 489.5kg/hm^2，比对照鄂宜105减产1.28%。适宜湖北省作晚稻种植。

栽培技术要点：①适时播种，培育壮秧。作双季晚稻6月15 ~ 20日播种，秧田播种量450kg/hm^{2}左右，播前用三氯异氰尿酸浸种消毒杀菌防恶苗病，播种时要求秧田平整，播种均匀。于1叶1心时喷多效唑，促矮壮分蘖。②适时移栽，合理密植。在秧龄35d以内移栽，株行距13.3cm × 16.7cm，每穴插5 ~ 6苗，基本苗225万苗/hm^{2}以上。③科学管理肥水。施足底肥，早施追肥，插秧后5 ~ 7d施尿素150kg/hm^{2}作追肥。底肥和追肥比例为7 ：3，中等肥力田块施纯氮165 ~ 180kg/hm^2，并注意增施磷、钾肥，尤其要增施钾肥。氮、磷、钾肥比例为1 ：0.6 ：0.8。插秧后立即上水，深水护苗，寸水活蔸，浅水分蘖。苗数达到375万苗/hm^{2}时排水晒田，生长旺盛田块重晒，苗弱田轻晒。幼穗分化前上水，孕穗抽穗扬花期田间保持足寸水层，齐穗后间歇灌水，田间保持干干湿湿至成熟，收割前7 ~ 10d停止灌水。④病虫害防治。重点防治二化螟、三化螟、稻纵卷叶螟、稻飞虱等害虫。抽穗破口时注意防治稻瘟病穗颈瘟、稻曲病，生长后期应注意加强对稻曲病的防治。

鄂晚13（Ewan 13）

品种来源：湖北省宜昌市农业科学研究院用鄂宜105/89-16作母本，75-1作父本有性杂交，经系谱法选育而成，原代号7393。2003年通过湖北省农作物品种审定委员会审定，编号为鄂审稻012-2003。

形态特征和生物学特性：属中熟常规双季晚粳稻。感温性强，感光性强。基本营养生长期短，全生育期125.5d，比鄂宜105长1.0d。株型适中，株高85.8cm，苗期叶色淡，抽穗后叶色渐深，剑叶挺直。分蘖力中等，生长势旺，茎秆坚韧，耐肥抗倒。结实率高，后期叶青籽黄，转色好，脱粒性好。有效穗334.5万穗/hm^2，穗长17.1cm，每穗总粒数93.3粒，实粒数82.8粒，结实率88.7%，千粒重25.68g。

品质特性：经农业部食品质量监督检验测试中心测定，糙米率83.7%，整精米率68.8%，糙米长宽比1.8，垩白粒率30%，垩白度2.7%，直链淀粉含量17.7%，胶稠度69mm，主要理化指标达到国标优质稻谷质量标准。

抗性：中感白叶枯病和稻瘟病穗颈瘟。

产量及适宜地区：2000—2001年参加湖北省晚稻品种区域试验，两年区域试验平均产量6 901.1kg/hm^2，比对照鄂宜105增产4.98%。在湖北宜昌和荆州多地试种均表现为产量高，适应性强，适宜湖北省白叶枯病、稻瘟病轻病区作双季晚粳稻种植。

栽培技术要点：①适时播种，培育壮秧。作双季晚稻6月15～20日播种，秧田播种量450kg/hm^2左右，播前用三氯异氰尿酸浸种消毒防恶苗病。于1叶1心时喷多效唑，促矮壮分蘖。②适时移栽，合理密植。在秧龄35d以内移栽，株行距13.3cm×16.7cm，每穴插5～6苗，基本苗225万苗/hm^2以上。③合理施肥。施足底肥，早施追肥，插秧后5～7d施尿素150kg/hm^2作追肥。底肥和追肥比例为7∶3，施纯氮165～180kg/hm^2，氮、磷、钾配合使用，三要素比例为1∶0.6∶0.8。④科学进行水分管理。插秧后立即上水，深水护苗，寸水活蔸，浅水分蘖。苗数达到375万/hm^2时排水晒田，苗生长旺田重晒，苗弱、苗数偏少田轻晒，幼穗分化前上水，孕穗至抽穗扬花期田间保持足寸水层，齐穗后间歇灌水，保持干干湿湿至成熟，收割前7～10d停止灌水。⑤病虫害防治。重点防治二化螟、三化螟、稻纵卷叶螟、稻飞虱等害虫。抽穗破口时注意防治稻瘟病穗颈瘟，后期应注意对稻曲病的防治。

鄂晚14（Ewan 14）

品种来源：湖北省农业科学院粮食作物研究所用鄂晚8号作母本，嘉23作父本杂交，经系谱法选育而成，原代号6193。2005年通过湖北省农作物品种审定委员会审定，编号为鄂审稻2005016。

形态特征和生物学特性：属中熟偏迟常规双季晚粳稻。感温性强，感光性强。基本营养生长期短，全生育期128.9d，比鄂宜105长2.5d。株高93.0cm，株型适中，叶片较窄，剑叶斜挺，茎秆较细，茎节微外露。叶上禾，穗层整齐，穗镰刀形，穗颈较长，易脱粒。有效穗372万穗/hm^2，穗数适中；穗长17.6cm，每穗总粒数92.7粒，实粒数80.7粒，穗大小中等。结实率87.1%，谷粒椭圆，有顶芒，稃尖无色，谷粒中等大小，千粒重25.10g。

品质特性：经农业部食品质量监督检验测试中心测定，糙米率83.3%，整精米率72.3%，垩白粒率8%，垩白度0.5%，直链淀粉含量15.3%，胶稠度95mm，糙米长宽比2.2，主要理化指标达到国标一级优质稻谷质量标准。

抗性：高感稻瘟病穗颈瘟，中感白叶枯病。

产量及适宜地区：2002—2003年参加湖北省晚稻品种区域试验，两年区域试验平均产量6 978.5kg/hm^2，比对照鄂宜105增产4.11%。适宜湖北省稻瘟病无病区和轻病区的中等肥力田块作双季晚稻种植。

栽培技术要点：①适时早播，培育带蘖壮秧。6月18 ~ 20日前播种，秧田播种量450kg/hm^2，大田用种量60 ~ 90kg/hm^2。在1叶1心至2叶1心时喷施多效唑或烯效唑促分蘖育壮秧。②及时移栽，合理密植。秧龄30 ~ 35d时移栽。株行距13.3cm × 20cm，每穴插3 ~ 5苗。③加强肥水管理，注意防止倒伏。一般施纯氮150 ~ 165kg/hm^2，重施底肥，增施有机肥和磷、钾肥。浅水勤灌，苗数达到375万苗/hm^2时及时晒田，后期干干湿湿管理，忌断水过早。④注意防治稻瘟病、纹枯病、稻飞虱和螟虫等病虫害。

鄂晚15（Ewan 15）

品种来源：湖北省农业技术推广总站、湖北省种子集团公司和孝感市孝南区农业局用春江糯作母本，9106作父本杂交，经系谱法选育而成，原代号9927。商品名为禾盛粳1号。2005年通过湖北省农作物品种审定委员会审定，编号为鄂审稻2005017。

形态特征和生物学特性：属中熟偏迟常规晚粳稻。感温性强，感光性强。基本营养生长期短，全生育期130.2d，比鄂宜105长3.8d。株高88.5cm，株型紧凑，植株高度中等，叶色浓绿，叶片窄短、挺直。穗层整齐，穗型半直立，脱粒性中等。有效穗360万穗/hm^2，穗数中等偏少，穗长14.7cm，每穗总粒数90.0粒，实粒数77.7粒，穗大小中等，结实率86.3%，结实率偏高。谷粒短圆，有顶芒，颖尖无色，千粒重26.57g。

品质特性：经农业部食品质量监督检验测试中心测定，糙米率83.2%，整精米率65.2%，垩白粒率16%，垩白度1.5%，直链淀粉含量16.7%，胶稠度80mm，糙米长宽比2.1，主要理化指标达到国标二级优质稻谷质量标准。

抗性：高感稻瘟病穗颈瘟，中感白叶枯病，田间恶苗病较重。

产量及适宜地区：2002—2003年参加湖北省晚稻品种区域试验，两年区域试验平均产量7 328.4kg/hm^2，比对照鄂宜105增产9.3%。

栽培技术要点：①适时早播，培育带蘖壮秧。6月15 ~ 18日前播种，秧田播种量375 ~ 450kg/hm^2，大田用种量60 ~ 90kg/hm^2。②及时移栽，合理密植。秧龄30 ~ 35d时移栽。株行距13.3cm × 16.7cm，每穴插5 ~ 6苗。③科学管理肥水。施纯氮180 ~ 195kg/hm^2，注意增施有机肥和磷、钾肥。浅水勤灌，苗数达到375万苗/hm^2时及时晒田，后期干干湿湿管理，忌断水过早。④注意防治稻瘟病、恶苗病、稻飞虱和螟虫等病虫害。

鄂晚16（Ewan 16）

品种来源：湖北省孝感市农业科学研究院用鄂晚8号变异株E8-1作母本，春江03粳作父本杂交，经系谱法选育而成，原代号晚粳042。2005年通过湖北省农作物品种审定委员会审定，编号为鄂审稻2005018。

形态特征和生物学特性：属迟熟常规晚粳稻。感温性强，感光性强。基本营养生长期短，全生育期130.4d，比鄂粳杂1号长1.0d。株型紧凑，株高87.3cm，叶色浓绿，剑叶短小斜挺，茎节外露，穗层整齐，穗型半直立，易脱粒。秧龄弹性大，分蘖力强，转色好。耐肥，抗倒伏，较耐高温和低钾，后期较耐低温。有效穗393万穗/hm^2，穗长14.3cm，每穗总粒数90.3粒，实粒数80.2粒，结实率88.8%，千粒重24.97g。作一季晚稻栽培，株高95～100cm，每穗总粒数130粒左右，结实率90%以上，谷粒椭圆，有顶芒，千粒重26g左右。

品质特性：经农业部食品质量监督检验测试中心测定，糙米率81.3%，整精米率71.9%，垩白粒率1%，垩白度0.1%，直链淀粉含量17.1%，胶稠度82mm，糙米长宽比2.2，主要理化指标达到国标一级优质稻谷标准。

抗性：中感至中抗稻瘟病穗颈瘟，中感至抗白叶枯病，田间恶苗病零星发生。

产量及适宜地区：2003—2004年参加湖北省区域试验，两年平均产量7 362kg/hm^2，比鄂粳杂1号增产2.1%。2003年在孝南区新铺镇作双季晚稻种植1.5hm^2，平均产量6 855kg/hm^2，作一季晚稻种植0.3hm^2，平均产量8 085kg/hm^2。2004年孝南东山头、孝昌周巷试种46.7hm^2，其中一季晚稻种植22.7hm^2，平均产量8 947.5kg/hm^2，双季晚稻种植26.7hm^2，平均产量6 750kg/hm^{2}左右，高产达7 500kg/hm^2。适宜湖北省稻瘟病无病区或轻病区作晚稻种植。

栽培技术要点：①适时早播，培育多蘖壮秧，作双季晚稻6月15日～20日播种，播种量375～450kg/hm^2。②合理密植，加强肥水管理。③注意病虫害防治。

鄂晚17（Ewan 17）

品种来源：湖北省农业技术推广总站、孝感市孝南区农业局和湖北中香米业有限责任公司用春江03粳作母本，香型早熟晚粳品系9505作父本杂交，经系谱法选育而成。商品名为润珠香粳。2006年通过湖北省农作物品种审定委员会审定，编号为鄂审稻2006012。

形态特征和生物学特性：属中熟偏迟常规双季晚粳稻。感温性强，感光性强。基本营养生长期短，全生育期125.2d。株高84.2cm，株型紧凑，植株中等偏矮，茎秆韧性好，茎节部分外露。叶色浓绿，剑叶短小、窄挺。穗层整齐，穗型较小，半直立，脱粒性一般，后期熟色好。有效穗394.5万穗/hm^2，穗数较多，穗长15.0cm，每穗总粒数97.6粒，实粒数83.0粒，结实率85.0%，谷粒卵圆形，无芒，稃尖无色，谷粒较小，千粒重23.24g。

品质特性：经农业部食品质量监督检验测试中心测定，糙米率83.3%，整精米率67.0%，垩白粒率2%，垩白度0.2%，直链淀粉含量17.72%，胶稠度83mm，糙米长宽比1.8，主要理化指标达到国标一级优质稻谷质量标准，有香味。

抗性：高感白叶枯病和稻瘟病穗颈瘟。田间纹枯病较重。

产量及适宜地区：2004—2005年参加湖北省晚稻品种区域试验，两年区域试验平均产量7 074.6kg/hm^2，比对照鄂粳杂1号减产1.61%。适宜湖北省稻瘟病无病区或轻病区作双季晚稻种植。

栽培技术要点：①适时播种，培育带蘖壮秧。6月20日前播种，秧田播种量360kg/hm^2，大田用种量60kg/hm^2。播种前用三氯异氰尿酸浸种防恶苗病。②及时移栽，合理密植。在秧龄35d以内插秧，株行距13.3cm×16.7cm，每穴插3～4苗，基本苗225万苗/hm^2。③科学管理肥水。一般施纯氮180～195kg/hm^2，氮、磷、钾肥比例为1：0.4：0.5，注意前期施足钾肥。插秧后及时上水，深水护苗，寸水活蔸，浅水勤灌，利于分蘖，苗数达375万苗/hm^{2}时晒田，后期干湿交替，以利灌浆和减轻纹枯病，收割前7～10d停止灌水。④注意防治稻瘟病、恶苗病、白叶枯病、纹枯病、螟虫及稻飞虱等病虫害。

鄂晚3号（Ewan 3）

品种来源：湖北省农业科学院粮食作物研究所1970年从沪选19的自然变异株中选育而成。

形态特征和生物学特性：属迟熟偏早常规双季晚粳稻。感温性较弱，感光性强。基本营养生长期短，全生育期130 ~ 135d。株型紧凑，株高85cm。茎秆坚韧，穗茎较粗，穗直立，叶片挺举，分蘖力中等。有效穗数540万穗/hm^2，成穗率69.2%，穗长14.62cm，每穗总粒数64.9粒，结实率80%，千粒重26g。

品质特性：糙米率82%，米质较好。

抗性：抗稻瘟病，较抗黄矮病、小球菌核病。不抗白叶枯病。

产量及适宜地区：1973—1974年参加湖北省区域试验，1973年平均产量5 805kg/hm^2，比对照农垦58增产13.6%，居首位；1974年平均产量6 341.4kg/hm^2，比对照增产12.16%，居首位。适宜在肥力水平较高的地区种植。

栽培技术要点：①播种期宜在6月中旬，安全播种期在6月10 ~ 20日之间，偏北地区应在6月10日前播种。秧龄弹性较大，30 ~ 42d均可插植。②株行距13.3cm × 16.7cm，每穴5 ~ 6苗。③施足底肥，早施分蘖肥，中等肥力田块要施150kg/hm^2纯氮。④注意防治病虫害。

鄂晚4号（Ewan 4）

品种来源：湖北省农业科学院粮食作物研究所1972年以鄂晚3号为母本，东风27为父本杂交，后代以系谱法选育而成，原代号62-2。

形态特征和生物学特性：属中熟常规双季晚粳稻。感温性强，感光性强。基本营养生长期短，生育期120～125d。株型好，株高90～95cm，分蘖力强，结实高，穗中等，谷粒为扁圆形，较厚，护颖淡黄色，无芒，颖尖紫色，谷粒暗黄色，脱粒较难。前期生长势旺，叶色较深，叶鞘、叶缘、叶枕均为淡绿色，茎秆坚韧，叶片挺直，剑叶角度小，抗倒性好。千粒重31～32g。

品质特性：糙米率83.7%，精米率75.8%，米质中等。

抗性：感稻瘟病。

产量及适宜地区：1977—1978年参加湖北省区域试验，两年产量均居首位，1977年平均产量6 227.4kg/hm^2，比对照沪选19增产13.49%；1978年平均产量6 343.8kg/hm^2，比对照鄂宜105增产7.7%。1977—1978年参加国家南方稻区区域试验，1977年平均产量5 850kg/hm^2，比对照南粳33增产17.5%；1978年平均产量5 727.8kg/hm^2，比对照增产9.9%。各地试种表明，产量潜力较大，可在稻瘟病无病区或轻病区种植。

栽培技术要点：①适宜播种期与秧龄。在武汉地区作一季晚稻栽培，应在6月上旬播种，7月上中旬插秧。作二季晚稻栽培，可在6月20～30日播种，秧龄30d左右。②播种量。播种量在750kg/hm^{2}左右即可。③一般施纯氮在150～180kg/hm^{2}即可。

鄂晚5号（Ewan 5）

品种来源：湖北省农业科学院粮食作物研究所用鄂晚3号//四上裕/IPR（美国籼稻品种）杂交，后代通过系谱法选育而成。分别通过湖北省（1984）、湖南省（1987）和国家（1990）农作物品种审定委员会审定。

形态特征和生物学特性：属中熟常规双季晚粳稻。感温性较弱，感光性较强。早熟、高产、抗病、抗倒伏、米质好。基本营养生长期短，全生育期120 ~ 125d，株型松散适中，叶片略披，前期生长旺盛。总叶片数13 ~ 14片，有效穗数600万穗/hm^2，每穗总粒数60 ~ 70粒，结实率85%，易脱粒，不落粒。千粒重24g。

品质特性：米粒外观好，腹白小，适口性好，是生产上的优质推广品种，1985年获农业部优质米金杯奖。

产量及适宜地区：1970—1980年分别参加湖北省区域试验和中国南方稻区区域试验，产量为5 250 ~ 6 000kg/hm^2，比对照品种沪选19增产10% ~ 12%，在湖北省推广种植中，面积最高的年份超过20万hm^2，表现为抗性好，需肥中等，适应性广。长江中下游各省份均可种植。

栽培技术要点：①适宜播种期与秧龄。在武汉地区作一季晚稻栽培，应在6月上旬播种，7月上中旬插秧，秧龄30d左右；作二季晚稻栽培，可在6月20 ~ 30日播种，秧龄25 ~ 35d，最长不超过45d，可根据茬口不同，调节播种期来控制秧龄长短。②播种量。由于千粒重较小，播种量不宜过大，在750kg/hm^2左右即可。③一般施纯氮在135 ~ 150kg/hm^2即可。

鄂晚7号（Ewan 7）

品种来源：湖北省农业科学院粮食作物研究所用鄂晚3号作母本，台南5号作父本有性杂交，用系谱法选育而成，原代号7306。1989年通过湖北省农作物品种审定委员会审定。

形态特征和生物学特性：属中熟常规晚粳稻。感温性较强，感光性强。基本营养生长期短，全生育期122d左右，比鄂宜105早熟2d。株高85cm左右，株型紧凑，植株高度中等，剑叶角度小，成熟时保持上部绿色叶片3片，不易落粒，易脱粒，分蘖力较强，抗倒性较差。有效穗450万穗/hm^2左右，穗数中等，结实率较高，籽粒饱满，稃尖紫色，千粒重26.5g左右。

品质特性：经湖北省农业科学院测试中心分析，糙米率83.37%，精米率74.2%，整精米率为72.44%，糙米长宽比2.3，垩白度0.6%，直链淀粉含量为16.85%，胶稠度70mm，米质优，米饭口感好。

抗性：中抗白背飞虱，感白叶枯病和稻瘟病，对白叶枯病和稻瘟病的田间抗性较强。

产量及适宜地区：1986—1987年参加湖北省晚粳品种区域试验，1986年区域试验平均产量7 020kg/hm^2，比对照鄂宜105减产1.39%，不显著；1987年平均产量5 938.5kg/hm^2，比鄂宜105减产3.76%，极显著。适应性强，适宜湖北省双季稻区稻瘟病轻病区或无病区作二季晚稻种植。

栽培技术要点：①适时播种，培育壮秧。6月20～25日播种，秧田播种量450～600kg/hm^2，秧田控制氮肥使用量。②及时栽秧，合理密植。在秧龄30～35d时插秧，株行距13.3cm×16.7cm。每穴栽插4～5苗为宜。③科学管理肥水。插秧后田间及时上水，深水护苗，寸水活蔸，浅水勤灌促分蘖，苗数达到450万苗/hm^2时晒田，幼穗分化前上水，复水后保持足寸水层孕穗，抽穗后间歇灌水，生长后期田间保持干干湿湿至成熟，收割前7～10d断水。施纯氮120～150kg/hm^2左右。氮、磷、钾肥配合使用，施足底肥，早施追肥。④病虫害防治。大田注意防治螟虫、稻飞虱及稻瘟病、纹枯病等。

鄂晚8号（Ewan 8）

品种来源：湖北省农业科学院用鄂宜105/7763-2//6107（7763-2和6107为籼粳杂交后代）配组杂交，经系谱法选育而成，原代号6213。1993年通过湖北省农作物品种审定委员会审定。

形态特征和生物学特性：属中熟常规晚粳稻。感温性强，感光性强。基本营养生长期短，全生育期127d，比对照长1d。株高85cm，分蘖力强，茎秆粗壮，耐肥抗倒。成穗率与结实率较高，穗长中等，着粒较密，谷粒较大。易脱粒，千粒重30g以上。

品质特性：经农业部食品质量监督检验测试中心测定，糙米率83.95%，精米率75.55%，整米率74.35%，糙米长宽比2.4，垩白粒率22%，直链淀粉含量18.20%，胶稠度79mm，蛋白质含量8.12%，米粒透明，食味佳，属部颁二级优质米。

抗性：感白叶枯病和稻瘟病。

产量及适宜地区：1990—1991年参加湖北省晚稻品种区域试验，两年区域试验平均产量6 502.5kg/hm^2，居第一位，比对照增产7.57%，增产极显著。1991年武汉市东西湖农业科学研究所试种13.3hm^2，平均产量6 000kg/hm^{2}以上，比对照明显增产；汉川麻河镇种植4.7hm^2，产量超过6 000kg/hm^2，比对照明显增产。在荆州市部分县种植亦比推广品种表现增产。适宜在湖北省白叶枯病和稻瘟病轻病区和无病区作双季晚稻种植。

栽培技术要点：①适时播种，培育壮秧。6月20 ~ 25日播种，秧田播种量为450kg/hm^2，1叶1心至2叶1心时喷施多效唑或烯效唑促分蘖育壮秧。②及时栽秧，合理密植。秧龄25 ~ 30d时插秧，秧龄弹性小，秧龄过大插秧可能会降低产量。株行距13.33cm × 16.67cm，插45万穴/hm^2，每穴插5 ~ 6苗。③合理施肥，科学进行田间管理。施纯氮150 ~ 165kg/hm^2，氮、磷、钾肥比例为1 ：0.8 ：0.9，底肥与追肥比例为7 ：3。插秧后田间及时上水，深水护苗，寸水活蔸，浅水分蘖。苗数达至420万苗/hm^{2}时排水晒田，生长势旺的田块重晒，一般田块轻晒，幼穗分化前复水，孕穗至抽穗扬花期保持足寸水层，抽穗后田间保持干干湿湿至成熟。收割前7 ~ 10d停止灌水干田。④病虫害防治。秧田注意防治蓟马，大田要防治二化螟、三化螟及稻纵卷叶螟，注意防治白叶枯病，抽穗破口期重点防治稻瘟病和稻曲病。

鄂晚9号（Ewan 9）

品种来源：湖北省武汉市东西湖农业科学研究所和武汉市种子公司用香血糯作母本，84-125作父本有性杂交，经系谱法选育而成，原代号933156。2001年通过湖北省农作物品种审定委员会审定，编号为鄂审012-2001。

形态特征和生物学特性：属中熟常规双季晚粳稻。感温性强，感光性强。基本营养生长期短，全生育期124d，比鄂宜105短1d。株高102.2cm，株型偏高，茎节外露。叶片窄，微内卷，剑叶挺直。后期转色好，叶青籽黄，抗倒性较差。有效穗379.5万穗/hm^2，穗长17.7cm，每穗总粒数82.4粒，实粒数65.7粒，结实率79.7%，谷粒大小中等，千粒重25.3g。

品质特性：经农业部食品质量监督检验测试中心测定，糙米率82.22%，精米率74.00%，整精米率72.35%，粒长5.0mm，糙米长宽比1.9，垩白度0.3%，垩白粒率7%，直链淀粉含量16.50%，胶稠度73mm，主要理化指标达到国标优质稻谷质量标准。

抗性：感白叶枯病，高感稻瘟病穗颈瘟，纹枯病轻。

产量及适宜地区：1998—1999年参加湖北省晚粳品种区域试验，两年区域试验平均产量6 158.9kg/hm^2，比对照鄂宜105增产1.34%。适宜湖北省稻瘟病无病区或轻病区作双季晚稻种植。

栽培技术要点：①适时播种，培育壮秧。6月20日左右播种，秧田播种量450 ~ 600kg/hm^2，播种前用三氯异氰尿酸浸种消毒，预防恶苗病等病害。在1叶1心至2叶1心时喷施多效唑降低苗高，防旺长。②及时栽秧，合理密植。秧龄30d。株行距13.3cm × 16.7cm，每穴栽4 ~ 5苗，基本苗225万苗/hm^{2}以上。③科学施肥管水。插秧后田间及时上水，深水护苗，寸水活蔸，浅水分蘖。施碳铵600kg/hm^2，尿素225kg/hm^2，过磷酸钙375kg/hm^2。插秧后5 ~ 7d施用追肥，苗数达到375万苗/hm^{2}时排水晒田，晒田一般要求偏重防倒伏。在幼穗分化前复水，孕穗期间保持足寸水层；抽穗后田间间歇灌水，保持干干湿湿至成熟，在成熟前7d停止灌水。④病虫害防治。大田要求防治二化螟、三化螟、稻纵卷叶螟和稻飞虱，在抽穗破口期重点防治稻瘟病穗颈瘟，苗期和孕穗期防治白叶枯病。

鄂香1号（Exiang 1）

品种来源：中国水稻研究所用80-66/矮黑经系谱法选育而成。由湖北省种子管理站和湖北中香米业有限责任公司引进，原代号中国香稻。2002年通过湖北省农作物品种审定委员会审定，编号为鄂审稻015-2002。

形态特征和生物学特性：属迟熟常规单季晚籼稻。感温性较强，感光性较强。基本营养生长期较短，作一季晚稻全生育期129.8d，比汕优63长4.1d。株型紧凑，叶片宽，剑叶长。分蘖力强，生长势旺。后期叶青籽黄，熟相好。田间叶、谷粒有清香味。有效穗363万穗/hm^2，穗数较多，株高116.8cm，植株高度中等偏高，穗长24.3cm，每穗总粒数118.8粒，实粒数79.2粒，结实率66.7%，结实率偏低，谷粒中等偏大，千粒重27.92g。

品质特性：经农业部食品质量监督检验测试中心测定，糙米率80.0%，整精米率57.7%，糙米长宽比3.3，垩白粒率5%，垩白度0.5%，直链淀粉含量15.6%，胶稠度77mm，主要理化指标达到国标优质稻谷质量标准。

抗性：中感白叶枯病，高感稻瘟病。

产量及适宜地区：2000—2001年参加湖北省晚稻品种区域试验，两年区域试验平均产量6 371.7kg/hm^2。适宜湖北省稻瘟病无病区或轻病区作一季晚稻种植。

栽培技术要点：①适时播种，培育壮秧。5月25日至6月5日播种，秧龄30d左右。②合理密植，插足基本苗。该品种分蘖力较强，宜少本密植，栽插25.5万～30万穴/hm^2。③加强肥水管理。重施底肥，早施分蘖肥，酌施穗肥，注意氮、磷、钾肥搭配，后期控制氮肥使用，防倒伏。分蘖盛期适时晒田，控制分蘖，后期勿断水过早。④病虫害防治。重点防治稻瘟病、纹枯病、螟虫和稻飞虱。

鄂宜105（Eyi 105）

品种来源：湖北省宜昌市农业科学研究院从农垦58选出的变异单株经系统选育而成，原代号105。1981年10月由湖北省科学技术委员会、湖北省农业局组织华中农学院及省内相关农业科研院所及农业推广部门的专家组成品种鉴定委员会进行鉴定，认为105可以作为湖北省晚粳当家品种之一，定名鄂宜105。1985年通过国家农作物品种审定委员会审定。

形态特征和生物学特性：属中熟常规晚粳稻。感温性强，感光性弱。基本营养生长期短，分蘖力强，作一季晚稻全生育期140d，作二季晚稻全生育期125d，比沪选19迟3d。作一季晚稻叶片数为19，株高95cm；作二季晚稻叶片数为14 ~ 16，株高65 ~ 85cm。对温光反应较敏感。株型紧凑，叶色淡绿，叶片略长、窄，茎秆坚韧，剑叶狭长，芽鞘、叶鞘、叶耳、叶舌、茎节及芒均为无色。穗颈较短，镰刀形穗，穗枝梗较长，作一季晚稻种植有顶芒，二季晚稻无芒或间有短芒，易脱粒。适应性广，分蘖力强，生长旺盛，成熟转色好。穗长15 ~ 17cm，有效穗438万穗/hm^2，最高可至600万穗/hm^2，系多穗品种，每穗总粒数65 ~ 85粒，穗较小。结实率85%，结实率较高。谷粒短圆，谷粒大小中等，千粒重26 ~ 28g。

品质特性：糙米率80%以上，垩白面积小，米粒外观较好，米质较好，适口性好。

抗性：中抗白叶枯病、稻瘟病穗颈瘟，中感纹枯病、小球菌核病，高感矮缩（普矮、黄矮）病。

产量及适宜地区：1975—1976年参加湖北省晚粳中熟组区域试验，1975年多点汇总产量比对照沪选19增产9.6%，居第一位；1976年试验平均产量12 191.9kg/hm^2，比对照增产12.22%，居第一位。1977年参加南方稻区后季中粳区域试验，平均产量10 926kg/hm^2，居第一位，比南粳33增产11.8%。适宜湖北省稻瘟病轻病区或无病区兼作一季晚稻和双季晚稻种植。

栽培技术要点：①适时早播，培育多蘖壮秧，作双季晚稻栽培，大田用种60kg/hm^2，6月15 ~ 20日播种，秧田播种量375 ~ 450kg/hm^2。苗床施足底肥，1叶1心时放干水，用15%多效唑1 500g/hm^{2}对水450kg，喷施厢面，次日复水后追尿素45 ~ 75kg/hm^2，培育多蘖壮秧。秧龄30 ~ 40d时移栽，移栽前5 ~ 7d追尿素60 ~ 75kg/hm^2。②合理密植，加强肥水管理，株行距13.3cm × 16.7cm，每穴插4 ~ 5苗，基本苗225万 ~ 270万苗/hm^2。施氮肥165 ~ 180kg/hm^2，五氧化二磷45 ~ 60kg/hm^2，氧化钾75 ~ 90kg/hm^2，重施底肥，巧施追肥。前期浅水勤灌，中期及时晒田，后期干干湿湿管理，切忌断水过早。③病虫害防治。播种时，用三氯异氰尿酸浸种防治恶苗病。生长发育期注意农业部门的病虫测报，结合田间实际，预防纹枯病，及时防治螟虫、稻飞虱等。

华粳295（Huageng 295）

品种来源：华中农业大学用宝农34作母本，徐稻3号作父本杂交，经系谱法选育而成。2011年通过湖北省农作物品种审定委员会审定，编号为鄂审稻2011012。

形态特征和生物学特性：属中熟偏迟常规双季晚粳稻。感温性强，感光性强。基本营养生长期短，全生育期124.6d，比鄂晚17短1.3d。株高94.9cm，株型较紧凑，植株较矮，茎秆较粗壮，茎节外露，叶色浓绿，剑叶短小，挺直。穗层整齐，穗较大，半直立穗，禾上穗，着粒较密。苗期分蘖力一般，生长势较旺。有效穗267万穗/hm^2，穗长17.3cm，每穗总粒数144.8粒，实粒数121.9粒，结实率84.2%，谷粒短圆形，稃尖无色，无芒。成熟期转色较好，千粒重25.46g。

品质特性：经农业部食品质量监督检验测试中心（武汉）测定，糙米率83.5%，整精米率74.0%，垩白粒率10%，垩白度0.6%，直链淀粉含量15.0%，胶稠度81mm，糙米长宽比1.9，主要理化指标达到国标一级优质稻谷质量标准。

抗性：高感稻瘟病，感白叶枯病。

产量及适宜地区：2009—2010年参加湖北省双季晚稻品种区域试验，两年区域试验平均产量7 497kg/hm^2，比对照鄂晚17增产8.60%，两年均增产极显著。适宜湖北省稻瘟病轻病区和无病区作双季晚稻种植。

栽培技术要点：①适时播种，培育壮秧。6月20日左右播种，秧田播种量225 ～ 300kg/hm^2，大田用种量60kg/hm^2。播种前用三氯异氰尿酸浸种预防恶苗病。②及时移栽，合理密植。秧龄28 ～ 33d时移栽，株行距13.3cm×16.7cm，每穴插3 ～ 4苗，基本苗180万～ 225万苗/hm^2。③科学管理肥水。施复合肥750kg/hm^2作底肥，返青期施75 ～ 112.5kg/hm^2尿素作分蘖肥，孕穗期施尿素37.5kg/hm^2作花肥。苗数达到330万苗/hm^2时排水晒田，后期忌断水过早。④重点防治稻瘟病、稻曲病，注意防治白叶枯病和螟虫、稻飞虱等病虫害。

晚粳505（Wangeng 505）

品种来源：湖北省农业技术推广总站、孝感市孝南区农业局、湖北中香米业有限公司用春江糯作母本，香粳9505作父本杂交，经系谱法选育而成。2008年通过湖北省农作物品种审定委员会审定，编号为鄂审稻2008011。

形态特征和生物学特性：属中熟常规双季晚粳稻。感温性较强，感光性弱。基本营养生长期短，全生育期123.6d，比鄂粳杂1号短1.2d。株高88.1cm，株型紧凑，株高适中，茎秆较细，韧性好，茎节微外露。叶色绿，剑叶短，挺直。半直立穗，穗层整齐度一般，后期转色好。分蘖力较强。有效穗393万穗/hm^2，有效穗中等偏多。穗长14.7cm，每穗总粒数82.3粒，实粒数71.4粒，穗型较小，着粒均匀。结实率86.8%，谷粒卵圆形，稃尖无色，部分谷粒有短顶芒，谷粒大小中等，千粒重25.78g。

品质特性：经农业部食品质量监督检验测试中心测定，糙米率83.2%，整精米率71.8%，垩白粒率27%，垩白度1.8%，直链淀粉含量17.0%，胶稠度64mm，糙米长宽比2.0，有香味，主要理化指标达到国标三级优质稻谷质量标准。

抗性：高感白叶枯病，高感稻瘟病。

产量及适宜地区：2005—2006年参加湖北省晚稻品种区域试验，两年区域试验平均产量6 872.9kg/hm^2，比对照鄂粳杂1号增产1.02%。适宜湖北省稻瘟病无病区或轻病区作双季晚稻种植。

栽培技术要点：①适时播种，培育壮秧。6月18 ～ 22日播种，秧田播种量375kg/hm^2，大田用种量60kg/hm^2。播种前用药剂浸种防恶苗病。秧苗1叶1心时喷施多效唑，以促秧苗矮壮多发。②及时移栽，合理密植。秧龄不超过35d。株行距13.3cm × 16.7cm，每穴插3 ～ 5苗，基本苗195万～ 225万苗/hm^2。③科学管理肥水。一般施纯氮180 ～ 195kg/hm^2，氮、磷、钾肥按1 ：0.5 ：1配合施用，前期施足钾肥。插秧后田间及时上水，深水护苗，寸水活蔸，浅水勤灌促分蘖；在苗数达到375万苗/hm^2左右时排水晒田，苗足田块重晒，苗弱、苗数少轻晒。在幼穗分化前复水孕穗，孕穗至抽穗扬花期保持足寸水层，齐穗后间歇灌溉，田间保持干干湿湿，在收割前7 ～ 10d排水干田，不宜断水过早。④病虫害防治。抽穗破口防治稻曲病、稻瘟病穗颈瘟，分蘖及孕穗期防治白叶枯病，后期防治纹枯病。大田防治二化螟、三化螟、稻纵卷叶螟及稻飞虱等害虫。

晚籼98（Wanxian 98）

品种来源：湖北省农业科学院粮食作物研究所和武汉市东西湖区农业科学研究所用D0424S作母本，与明恢63、R183等籼型和粳型恢复系杂交，经系谱法选育而成。2009年通过湖北省农作物品种审定委员会审定，编号为鄂审稻2009011。

形态特征和生物学特性：属常规晚籼稻。感温性较强，感光性弱。基本营养生长期较长，全生育期120.6d，比汕优63短0.6d。株高116.2cm，株型适中，茎秆较细，剑叶较短、挺直，穗层较整齐，中等穗，着粒均匀，成熟期转色好。苗期生长势旺，分蘖力较强。有效穗333万穗/hm^2，穗数较多，穗长24.7cm，每穗总粒数152.3粒，实粒数114.4粒，结实率75.1%，结实率中等偏低，谷粒细长形，籽粒饱满，谷壳薄，稃尖无色，谷粒中等偏小，千粒重22.48g。

品质特性：经农业部食品质量监督检验测试中心测定，糙米率79.0%，整精米率65.8%，垩白粒率6%，垩白度0.4%，直链淀粉含量17.0%，胶稠度83mm，糙米长宽比3.3，主要理化指标达到国标一级优质稻谷质量标准。

抗性：中感白叶枯病，高感稻瘟病，田间稻曲病较重。

产量及适宜地区：2006—2007年参加湖北省晚稻品种区域试验，两年区域试验平均产量7 732.8kg/hm^2，比对照汕优63增产2.76%。适宜湖北省江汉平原和鄂东南稻瘟病无病区或轻病区作一季晚稻种植。

栽培技术要点：①适时播种，培育壮秧。6月5～10日播种，秧田播种量360kg/hm^2，大田用种量60kg/hm^2。②及时移栽，合理密植。秧龄不超过30d。株行距13.3cm×16.7cm，每穴插3～4苗，基本苗195万～225万苗/hm^2。③科学管理肥水。一般施纯氮180～195kg/hm^2，氮、磷、钾肥按1：0.5：1配合施用，前期施足钾肥。在苗数达到375万苗/hm^{2}时晒田，生长后期间歇灌溉，田间保持干干湿湿，忌断水过早。④病虫害防治。注意防治二化螟、三化螟、稻纵卷叶螟，重点防治稻瘟病穗颈瘟和稻曲病。

湘晚籼10号（Xiangwanxian 10）

品种来源：湖南省水稻研究所用亲16选/80-66经系谱法选育而成，原代号农香16。由湖北省种子管理站、孝感市农业科学研究所引进。分别通过湖北省（2002）和国家（2003）农作物品种审定委员会审定，编号分别为鄂审稻016-2002和国审稻2003062。

形态特征和生物学特性：属常规双季晚籼稻。感温性较强，感光性较强。基本营养生长期较短，全生育期120.6d，比对照汕优64长1.8d。株型较紧凑，茎秆粗壮且韧性好，耐肥，抗倒伏。剑叶较短且夹角小，着粒较稀，后期落色好。有效穗345万穗/hm^2，株高95.7cm，穗长21.1cm，每穗总粒数92.8粒，实粒数74.4粒，结实率80.2%，千粒重27.93g。

品质特性：经农业部食品质量监督检验测试中心测定，糙米率79.2%，整精米率66.8%，糙米长宽比3.1，垩白粒率9%，垩白度2.1%，直链淀粉含量16.4%，胶稠度70mm，主要理化指标达到国标优质稻谷质量标准。

抗性：高感白叶枯病和稻瘟病。

产量及适宜地区：2000—2001年参加湖北省晚稻品种区域试验，两年区域试验平均产量6 791.1kg/hm^2，比对照汕优64减产4.05%。2001年在湖北省黄冈市、咸宁市部分县市试种表现为米质好，适应性强，适宜湖北南部、江西中南部、湖南中南部以及浙江省南部双季稻稻瘟病轻病区作双季晚稻种植或单季晚稻种植。

栽培技术要点：①适时播种，培育壮秧。6月15 ～ 18日播种。秧田播种量为225kg/hm^2，大田用种量为37.5 ～ 45kg/hm^2。②及时插秧，合理密植。秧龄30d移栽，基本苗150万～ 180万苗/hm^2。③加强肥水管理。重施底肥，早施追肥，增施钾肥，底肥与追肥比例为7 ：3，施纯氮195 ～ 210kg/hm^2。氮、磷、钾肥比例为1 ：0.6 ：0.8。适时晒田。在幼穗分化前复水孕穗，孕穗期间保持足寸水层，齐穗后间歇灌水，田间保持湿润状态，切忌断水过早。④大田防治螟虫及稻飞虱等害虫，重点防治白叶枯病和稻瘟病。

湘晚籼9号（Xiangwanxian 9）

品种来源：湖南省岳阳市农业科学研究所用晚籼圭巴作母本，翻秋茬湘早籼8号作父本有性杂交，经系谱法选育而成。由湖北省种子管理站引进。2001年通过湖北省农作物品种审定委员会审定，编号为鄂审稻017-2001。

形态特征和生物学特性：属中熟偏迟常规晚籼稻。感温性较强，感光性较强。基本营养生长期较短，全生育期126d，比对照汕优64长7d。株高93.9cm，株型适中，株高中等，茎叶细长，剑叶挺直，茎秆韧性好。根系发达，生长势强，前中期叶色淡绿，后期落色好，抗倒伏。有效穗330万穗/hm^2，穗数中等，穗长23.4cm，每穗总粒数105.3粒，实粒数86.2粒，穗中等偏大，结实率81.9%，结实率较高。谷粒细长，稃尖无色，部分谷粒有短顶芒，谷粒中等偏小，千粒重23.11g。

品质特性：经农业部食品质量监督检验测试中心测定，糙米率76.07%，整精米率58.49%，糙米长宽比3.1，垩白粒率14%，垩白度1.9%，直链淀粉含量15.74%，胶稠度73mm，主要理化指标达到国标优质稻谷质量标准。

抗性：中抗白叶枯病，高感稻瘟病穗颈瘟。后期遇低温阴雨，纹枯病、稻粒黑粉病较重，易感紫秆病和叶鞘腐败病。

产量及适宜地区：2000年参加湖北省晚稻品种区域试验，区域试验平均产量6 284.6kg/hm^2，比对照汕优64减产6.81%，极显著。适宜湖北省稻瘟病无病区或轻病区作双季晚稻种植，不宜在丘陵山区和低洼田块种植。

栽培技术要点：①适时早播，培育壮秧。预防寒露风早来影响结实率，宜早播种，在6月15日前播种，9月10日前齐穗。秧田播种量为225 ~ 300kg/hm^2，大田用种量为37.5 ~ 45kg/hm^2。②及时移栽，合理密植。在秧龄35d以内插秧，秧龄过迟易造成早穗影响产量。插足基本苗，株行距13.3cm×20.0cm，每穴插4 ~ 5苗。注意浅插，争取低位分蘖，提高成穗率。③合理施肥，科学管水。移栽后7 ~ 10d追尿素150kg/hm^2，钾肥120 ~ 225kg/hm^2。④病虫害防治。重点防治稻瘟病、纹枯病、稻粒黑粉病、紫秆病、叶鞘腐败病等。

秀水13（Xiushui 13）

品种来源：浙江省嘉兴市农业科学研究院用秀水47作母本，丙89111///秀水02/秀水27//祥湖47/c.p作父本杂交，经系谱法选育而成，原代号丙95-13。由湖北省种子管理站引进。分别通过湖北省（2002）和国家（2003）农作物品种审定委员会审定，编号分别为鄂审稻021-2002和国审稻2003008。

形态特征和生物学特性：属迟熟常规晚粳稻。感温性较强，感光性强。基本营养生长期短，全生育期130.0d，比对照鄂宜105长5.5d。株高79.0cm，株型紧凑，株高中等偏矮，叶片大小适中，叶色淡，剑叶挺直。分蘖力较强，后期转色好，易脱粒。成穗率高，有效穗415.5万穗/hm^2，穗数较多，穗长14.0cm，每穗总粒数85.0粒，实粒数68.7粒，穗偏小，结实率80.7%，结实率中等，谷粒大小中等，千粒重25.08g。

品质特性：经农业部食品质量监督检验测试中心测定，糙米率83.5%，整精米率68.4%，糙米长宽比1.9，垩白粒率15%，垩白度1.3%，直链淀粉含量16.4%，胶稠度70mm，主要理化指标达到国标优质稻谷质量标准。

抗性：中抗白叶枯病和稻瘟病穗颈瘟。

产量及适宜地区：2000—2001年参加湖北省晚稻品种区域试验，两年区域试验平均产量7 158.3kg/hm^2，比对照鄂宜105增产8.89%。适宜湖北省作双季晚稻或单季晚稻种植，也适于安徽、浙江、江苏、上海市等长江流域稻瘟病轻病区作单季稻种植。

栽培技术要点：①适时播种、培育壮秧。6月18日前播种，秧田播种量600kg/hm^2，播种时要求秧田平整，播种均匀。②及时栽秧，合理密植。在秧龄30d左右插秧，株行距13.33cm×16.67cm，每穴插4～5苗。③科学进行肥水管理。底肥与追肥比例为7：3，采用配方施肥，氮、磷、钾肥配合使用，三要素比例为1：0.6：0.8。后期看苗酌施穗肥争大穗。插秧后及时上水，深水护苗，寸水活蔸，浅水促蘖，苗数达到375万苗/hm^2时晒田，幼穗分化前复水，孕穗期间田间保持足寸水层，齐穗以后田间间歇灌水，保持干湿交替至成熟，后期忌断水过早。④病虫害防治。重点防治二化螟、三化螟、稻纵卷叶螟和稻飞虱等害虫，生长后期注意防治稻曲病、纹枯病。

第二节 杂交稻

一、早稻

W两优3418（W liangyou 3418）

品种来源：湖北省农业科学院粮食作物研究所用W9834S作母本，鄂早18作父本配组选育而成。2008年通过湖北省农作物品种审定委员会审定，编号为鄂审稻2008001。

形态特征和生物学特性：属中熟两系杂交双季早籼稻。感温性较强，感光性弱。基本营养生长期长，全生育期107.4d，比嘉育948长1.4d。株高84.4cm，株型松散适中，株高适中，生长势较旺，分蘖力较强。茎秆较细，茎节外露。叶色绿，叶片中长，剑叶窄挺。穗层较整齐，穗数适中，穗中等偏大，谷粒长形，无芒，稃尖无色，着粒均匀，有两段灌浆现象。成熟时叶青籽黄，熟相好，抗倒性较差。有效穗370.5万穗/hm^2，穗长19.5cm，每穗总粒数100.0粒，实粒数77.3粒，结实率77.3%，千粒重27.22g。

品质特性：经农业部食品质量监督检验测试中心测定，糙米率81.0%，整精米率52.8%，垩白粒率70%，垩白度8.4%，直链淀粉含量16.4%，胶稠度77mm，糙米长宽比3.2。米饭口感好。

抗性：感白叶枯病，高感稻瘟病。

产量及适宜地区：2005—2006年参加湖北省早稻品种区域试验，平均产量7 074.9kg/hm^2，比对照嘉育948增产5.23%。2007年在武穴大金镇种植0.6hm^2，实收产量达8 280kg/hm^2。适宜湖北省稻瘟病无病区或轻病区作早稻种植。

栽培技术要点：①适时播种。3月底播种，秧田播种量187.5kg/hm^2，大田用种量37.5kg/hm^2，秧龄不超过30d。②插足基本苗。株行距13.3cm×20.0cm，每穴插2～3苗，插基本苗150万苗/hm^2。③加强肥水管理，注意增施磷、钾肥。底肥施复合肥450～600kg/hm^2；插秧后5～6d追施尿素120～150kg/hm^2，后期不宜追施氮肥。适时晒田，生长后期田间湿润管理，不宜断水过早。④注意防治稻瘟病、纹枯病、稻蓟马和螟虫等病虫害。

博优湛19（Boyouzhan 19）

品种来源：广东省湛江市杂优种子联合公司用博A与湛19配组育成，由湖北省种子管理站、湖北省种子集团公司引进。1998年通过湖北省农作物品种审定委员会审定。

形态特征和生物学特性：属中迟熟三系杂交双季早籼稻。感温性较强，感光性较弱。基本营养生长期较长，全生育期113.4d，比鄂早6号早熟0.9d。株高81.1cm，株型紧凑，株叶形态好，株高适中。生长势旺盛，分蘖力强，成穗率高。根系发达，熟相好。穗数适中，穗中等偏大，谷粒较小。苗期耐寒性较好，大田耐高温性好。有效穗376.5万穗/hm^2，每穗总粒数104.2粒，结实率76.3%，千粒重23.4g。

品质特性：经农业部食品质量监督检验测试中心测定，糙米率81.45%，精米率73.30%，整精米率43.34%，糙米长宽比2.5，垩白粒率90%，直链淀粉含量22.93%，胶稠度30mm，米质与对照鄂早6号相当。

抗性：中感白叶枯病，中感稻瘟病。

产量及适宜地区：1995—1996年参加湖北省杂交早稻品种区域试验，两年区域试验平均产量6 432.8kg/hm^2，比鄂早6号增产9.15%。1995—1997年在浠水、大冶、石首、监利、武穴、京山等地试种，比常规早稻增产10%以上。适宜湖北省作早稻种植。

栽培技术要点：①适时播种，培育壮秧。在湖北省及邻近省份相同生态区作早稻种植，3月下旬至4月上旬播种，秧田播种量不超过450kg/hm^2，用农用薄膜保温育秧，秧田与大田面积比为1 ：（8 ～ 10），秧龄控制在30d以内。②适时移栽，合理密植。插足基本苗，株行距13.3cm × 20.0cm或13.3cm × 23.3cm，每穴2苗。③科学管理肥水。施用纯氮180kg/hm^2，氮、磷、钾用量比例为1.0 ：0.6 ：0.8，重施底肥（氮肥70%作底肥，30%作追肥），增施多效锌肥，早施分蘖肥，因苗酌情少量施用孕穗保花肥。苗数达到375万苗/hm^{2}左右时或5月20 ～ 25日晒田。有水孕穗，湿润灌浆，在收割前7 ～ 10d停止灌水，不要断水过早。④病虫草害防治。及时防病、治虫、除草。注意对稻瘟病、白叶枯病、纹枯病、螟虫及稻飞虱等的防治。

华两优103 (Hualiangyou 103)

品种来源：华中农业大学用华M102S作母本，T1007作父本配组育成，原代号两优103。2004年通过湖北省农作物品种审定委员会审定，编号为鄂审稻2004001。

形态特征和生物学特性：属中熟两系杂交双季早籼稻。感温性强，感光性较弱。基本营养生长期较长，全生育期112.6d，比金优402短5.5d。株高91.2cm，株型紧凑，植株较高。叶片挺立，苗期和分蘖期叶色浓绿，穗层整齐，后期转色较好。穗中等偏大，穗数较少，结实好，谷粒中等大小。有效穗330万穗/hm^2，穗长21.2cm，每穗总粒数108.4粒，实粒数90.2粒，结实率83.2%，千粒重25.64g。

品质特性：糙米率80.5%，整精米率65.8%，糙米长宽比3.4，垩白粒率14%，垩白度2.2%，直链淀粉含量22.4%，胶稠度80mm，主要理化指标达到国标二级优质稻谷质量标准。米饭松软可口。

抗性：感稻瘟病，感白叶枯病。

产量及适宜地区：2002—2003年参加湖北省早稻品种区域试验，两年区域试验平均产量6 588.8kg/hm^2，比对照金优402减产7.21%。适宜湖北省稻瘟病无病区或轻病区作早稻种植。

栽培技术要点：①适时早播，培育壮秧。选好茬口，早播种并使用保温育秧，避开抽穗扬花期的高温危害，3月20～30日播种，茬口早可在3月25日前播种。播种时秧田要平整，播种要均匀，薄泥塌谷，用竹弓尼龙薄膜秧床保温。②合理密植，施足底肥。株行距13.3cm×20cm或10cm×23.3cm，每穴插2苗，基本苗150万～180万苗/hm^2。适宜中等偏高的肥力田块栽种，施纯氮112.5～135kg/hm^2，五氧化二磷75～90kg/hm^2，氧化钾75～90kg/hm^2，重施底肥，底肥量占总用肥量的85%。③科学管理肥水。早管理，科学管水促早发，插秧后田间立即上水，深水护蔸，寸水活苗，浅水勤灌促分蘖。移栽后7d内追肥，施尿素60～75kg/hm^2或复合肥150kg/hm^2，并及时中耕除草，要求茎蘖数达330万～375万蘖/hm^2时或5月20～25日晒田，保证有效穗能达345万穗/hm^2左右，苗足田重晒，苗弱、苗数偏少田轻晒。在孕穗及抽穗扬花期田间保持一定水层，以利幼穗分化和抽穗扬花。④加强后期管理。齐穗至成熟期田间采取间歇灌水，田间保持湿润，干干湿湿至成熟以利稻株养根保叶增粒重。⑤病虫害防治。秧田防治稻蓟马，大田要防治二化螟、三化螟及稻纵卷叶螟和稻飞虱，在抽穗破口时防治稻瘟病穗颈瘟。注意防治白叶枯病、纹枯病、叶鞘腐败病。

金优1176（Jinyou 1176）

品种来源：湖北省咸宁市农业科学研究院用不育系金23A与恢复系1176配组育成。2002年通过湖北省农作物品种审定委员会审定，编号为鄂审稻004-2002。

形态特征和生物学特性：属迟熟三系杂交双季早籼稻。感温性强，感光性较弱。基本营养生长期较长，全生育期114.5d，比博优湛19长2.5d。株高86.4cm，株型较紧凑，茎秆粗壮，剑叶较宽，挺直。叶鞘稃尖紫色。分蘖力强，生长势旺，穗大粒多，谷粒较大，抽穗整齐，后期转色好。有效穗357万穗/hm^2，穗长20.3cm，每穗总粒数114.5粒，实粒数80.5粒，结实率70.3%，千粒重26.58g。

品质特性：经农业部食品质量监督检验测试中心测定，糙米率80.2%，精米率72.2%，整精米率41.7%，糙米长宽比3.3，垩白粒率59%，直链淀粉含量21.3%，胶稠度45mm，蛋白质含量9.9%。

抗性：感白叶枯病，高感稻瘟病。

产量及适宜地区：1999—2000年参加湖北省早稻品种区域试验，两年区域试验平均产量6 849.5kg/hm^2，比对照博优湛19增产2.14%。1999年咸安区横沟镇示范种植约20hm^2，平均产量7 090.5kg/hm^2，比博优湛19增产4.7%。适宜湖北省稻瘟病无病区或轻病区作早稻种植。

栽培技术要点：①适时播种，培育壮秧。3月25 ~ 30日播种，地膜保温育秧。秧田播种量187.5kg/hm^2，大田用种量30 ~ 37.5kg/hm^2，播种时要求秧田平整，播种均匀，在秧苗3 ~ 4叶期注意灌水保温，防止冷害。在秧龄不超过30d或5.5叶以前栽秧。②合理密植。株行距13.3cm × 20.0cm，每穴插2 ~ 3苗。③科学管理肥水。栽秧后深水护苗，寸水活蔸，浅水分蘖，插秧后1周内施追肥225kg/hm^2尿素，底肥与追肥的比例为7 : 3，要求前期施足底肥，大田施复合肥450 ~ 600kg/hm^2，平衡施肥。忌后期氮肥过多。一般在5月20日左右排水晒田，苗足田重晒，苗弱、苗数偏少田轻晒。幼穗分化前复水，孕穗至抽穗期间不能断水，生长后期田间湿润管理，不能断水过早。④病虫害防治。抽穗破口时防治稻瘟病，大田防治二化螟及三化螟，后期重点防治纹枯病。

金优152（Jinyou 152）

品种来源：湖北省黄冈市农业科学研究所用不育系金23A与恢复系冈恢152配组选育而成。2002年通过湖北省农作物品种审定委员会审定，编号为鄂审稻005-2002。

形态特征和生物学特性：属迟熟三系杂交双季早籼稻。感温性强，感光性较弱。基本营养生长期较长，全生育期116d，比博优湛19长4d。株高82.1cm，株型较紧凑，茎秆粗壮，剑叶较宽，挺直上举，长度30cm。叶鞘、稃尖紫色。苗期分蘖力较强，生长势旺，长势繁茂，后期抽穗整齐，转色好，成熟时叶青籽黄，不早衰。有效穗375万穗/hm^2，穗长20.8cm，每穗总粒数115.7粒，实粒数82.6粒，结实率71.4%，谷粒大小中等，千粒重25.40g。

品质特性：经农业部食品质量监督检验测试中心测定，糙米率78.3%，精米率70.4%，整精米率49.5%，糙米长宽比3.3，垩白粒率26%，直链淀粉含量21.2%，胶稠度43mm，蛋白质含量9.0%。

抗性：感白叶枯病，高感稻瘟病穗颈瘟。

产量及适宜地区：1998年湖北省早稻区域试验产量6 763.5kg/hm^2，比对照博优湛19增产21.9%，增产达极显著水平。1999—2000年参加湖北省早稻品种区域试验，两年区域试验平均产量6 898.7kg/hm^2，比对照博优湛19增产2.88%。2001年在黄冈市武穴大金镇种植油菜茬田11.3hm^2，4月2日播种，5月14日移栽，7月23日左右成熟，平均产量8 100kg/hm^2，比对照金优402增产75kg/hm^2。2002年湖北省阳新县种植面积15.3hm^2，“前三田”（空白田、草籽田、其他绿肥田）平均产量7 875kg/hm^2，比金优402增产4.76%。2010年湖北天门、京山、黄冈等地共种植1万hm^2，平均产量7 500kg/hm^2。适宜鄂东南稻瘟病无病区或轻病区“前三田”作早稻种植。

栽培技术要点：①适时播种，培育壮秧。“前三田”3月25～30日播种，“后三田”在清明节左右播种，地膜育秧。“前三田”的秧田播种量为375kg/hm^2；“后三田”的秧田播种量为225kg/hm^2。大田用种量一般为37.5kg/hm^2。在1叶1心至2叶1心时喷施多效唑促进秧苗分蘖。②及时移栽，合理密植。秧龄不超过30d，株行距13.3cm×20.0cm，每穴插2苗，插足基本苗225万苗/hm^2。③合理施肥。基肥与追肥比例为7∶3，施纯氮165～180kg/hm^2，增施磷、钾肥，控制后期施用氮肥，适合中等肥力地区栽培。④科学管理，注意防治病虫害。栽秧后深水护苗，寸水活蔸，浅水分蘖，适时晒田。防治螟虫、稻飞虱，重点防治稻瘟病、纹枯病。

荆楚优42（Jingchuyou 42）

品种来源：湖北省荆楚种业股份有限公司用不育系荆楚15A与恢复系R42配组育成，2006年通过湖北省农作物品种审定委员会审定，编号为鄂审稻2006001。

形态特征和生物学特性：属迟熟三系杂交双季早籼稻。感温性较强，感光性弱。基本营养生长期较长，全生育期113d，与金优402相同。株高94.7cm，株型紧凑，株高偏高。茎秆粗壮，生长势旺。叶色绿，叶面平展，剑叶宽长。穗层整齐，穗数偏少，穗大，有效穗312万穗/hm^2，穗长19.4cm，每穗总粒数128.3粒，实粒数95.0粒，结实率74.0%，谷粒椭圆形，偏大，稃尖紫色。千粒重28.89g。

品质特性：经农业部食品质量监督检验测试中心测定，糙米率81.4%，整精米率52.5%，垩白粒率72%，垩白度17.8%，直链淀粉含量25.23%，胶稠度49mm，糙米长宽比2.6。

抗性：高感稻瘟病穗颈瘟，中感白叶枯病。

产量及适宜地区：2004—2005年参加湖北省早稻品种区域试验，两年区域试验平均产量7 620.5kg/hm^2，比对照金优402增产6.16%。适宜湖北省稻瘟病无病区或轻病区作双季早稻种植。

栽培技术要点：①适时稀播，培育壮秧。3月25 ~ 30日播种，农用薄膜覆盖保温育秧，秧田播种量不超过180kg/hm^2，大田用种量37.5kg/hm^2。播种时要求秧田平整，均匀稀播。②及时移栽，合理密植。在秧龄30d左右时移栽，宽窄行栽插，株行距10cm × 26cm或13cm × 23cm，每穴插2苗，基本苗195万苗/hm^2。③合理施肥，科学管水。底肥与追肥比例为7 ∶ 3，氮、磷、钾配合施用，施纯氮150kg/hm^2，氮、磷、钾比例为1 ∶ 0.8 ∶ 0.9，适当施用锌肥。插秧后及时灌水，深水护苗，寸水返青，浅水分蘖，一般在5月20日或达375万苗/hm^{2}时晒田。在幼穗分化前灌溉复水，要求有水孕穗，活水扬花，湿润灌浆，后期勤灌跑马水，忌断水过早。④病虫害防治。抽穗破口时注意防治稻瘟病，生长后期防治纹枯病。根据虫情预测及时防治螟虫及稻飞虱。

两优1号（Liangyou 1）

品种来源：湖北大学生命科学学院和湖北省种子集团公司用HD9802S作母本，中组1号作父本组配选育而成。2007年通过湖北省农作物品种审定委员会审定，编号为鄂审稻2007004。

形态特征和生物学特性：属中熟两系杂交双季早籼稻。感温性较强，感光性弱。基本营养生长期较长，全生育期106.9d，比金优402短6.0d。株高72.7cm，株型适中，植株较矮，叶色淡绿，剑叶短小挺直。分蘖力较强，生长势一般，穗数适中，穗较大，穗层整齐。谷粒大小中等，椭圆形，稃尖无色，有包颈现象。有效穗379.5万穗/hm^2，穗长18.6cm，每穗总粒数95.9粒，实粒数79.4粒，结实率82.8%，千粒重26.31g。

品质特性：经农业部食品质量监督检验测试中心测定，糙米率80.2%，整精米率53.9%，垩白粒率68%，垩白度8.2%，直链淀粉含量19.5%，胶稠度58mm，糙米长宽比2.6。

抗性：感白叶枯病，高感稻瘟病穗颈瘟。

产量及适宜地区：2004—2005年参加湖北省早稻品种区域试验，两年区域试验平均产量7 291.8kg/hm^2，比对照金优402增产4.38%。适宜湖北省稻瘟病无病区或轻病区作早稻种植。

栽培技术要点：①适时早播，培育壮秧。3月底至4月初播种，秧田播种量187.5kg/hm^2，大田用种量37.5kg/hm^2。②适时移栽，合理密植。秧龄不超过30d插秧。株行距13.3cm× 20.0cm，每穴插2 ～ 3苗，基本苗150万苗/hm^2。③肥水管理。底肥和追肥比例为7 ：3。底肥施复合肥450 ～ 600kg/hm^2、过磷酸钙450 ～ 600kg/hm^2；插秧后5 ～ 7d施尿素120 ～ 150kg/hm^2，12 ～ 15d施氯化钾120 ～ 150kg/hm^2，后期不宜追施氮肥。插秧后立即上水，深水护苗，寸水活蔸，浅水分蘖，在苗数达到450万苗/hm^{2}时或5月20 ～ 25日晒田，苗足田块重晒，苗稀、苗偏弱轻晒，在幼穗分化前复水，幼穗分化至抽穗扬花期不宜断水，生长后期田间间歇灌水，保持干湿交替，忌断水过早。④病虫害防治。秧田注意防治稻蓟马，大田注意防治稻瘟病、纹枯病和螟虫等。

两优17（Liangyou 17）

品种来源：湖北大学生命科学学院用HD9802S作母本，R17作父本配组育成。2007年通过湖北省农作物品种审定委员会审定，编号为鄂审稻2007003。

形态特征和生物学特性：属中熟偏迟两系杂交双季早籼稻。感温性较强，感光性弱。基本营养生长期较长，全生育期108.6d，比金优402短4.3d。株高85.3cm，株型适中，叶色淡绿，剑叶中长挺直。分蘖力一般，生长势较旺，穗大，穗数偏少，穗层较整齐。谷粒较大，长型，稃尖无色，有早衰现象。有效穗346.5万穗/hm^2，穗长20.4cm，每穗总粒数105.7粒，实粒数81.2粒，结实率76.8%，千粒重26.66g。

品质特性：经农业部食品质量监督检验测试中心测定，糙米率80.5%，整精米率58.0%，垩白粒率16%，垩白度2.9%，直链淀粉含量20.7%，胶稠度74mm，糙米长宽比3.3，主要理化指标达到国标二级优质稻谷质量标准。米饭松软适中，适口性较好。

抗性：中感白叶枯病，高感稻瘟病穗颈瘟。

产量及适宜地区：2004—2005年参加湖北省早稻品种区域试验，两年区域试验平均产量6 823.4kg/hm^2，比对照金优402减产2.33%。适宜湖北省稻瘟病无病区或轻病区作早稻种植。

栽培技术要点：①适时播种，培育壮秧。3月底至4月初播种，秧田播种量187.5kg/hm^2，大田用种量37.5kg/hm^2，播种时要求秧田平整，播种均匀。采取竹弓尼龙薄膜覆盖秧厢保温育秧。②适时移栽，插足基本苗。秧田要控制秧龄，移栽时秧龄不超过30d。株行距13.3cm × 20.0cm，每穴插2 ~ 3苗，基本苗150万苗/hm^2。③加强肥水管理，注意增施磷、钾肥。底肥一般施复合肥450 ~ 600kg/hm^2、过磷酸钙450 ~ 600kg/hm^2；插秧后5 ~ 6d施尿素120 ~ 150kg/hm^2，12 ~ 15d施氯化钾120 ~ 150kg/hm^2，后期不宜追施氮肥。苗数达到450万苗/hm^{2}时排水晒田，晒田原则为苗足不等时、时到不等苗，苗长势旺田重晒，苗弱、苗少田轻晒。抽穗以后田间采取间歇灌水，干湿交替，不宜断水过早。④注意防治稻瘟病、纹枯病、稻蓟马和螟虫等。

两优25 (Liangyou 25)

品种来源：湖北大学生命科学学院和湖北省种子集团公司用HD9802S作母本，R25作父本配组选育而成，2007年通过湖北省农作物品种审定委员会审定，编号为鄂2007002。

形态特征和生物学特性：属中熟两系杂交双季早籼稻。感温性较强，感光性弱。基本营养生长期较长，全生育期109.1d，比金优402短5.2d，株高81.3cm。株型适中，植株较矮，叶色淡绿，剑叶中长挺直。分蘖力较弱，生长势中等，穗较大，穗数偏少，穗层较整齐。谷粒长型，稃尖无色。有效穗331.5万穗/hm^2，穗长19.4cm，每穗总粒数109.3粒，实粒数88.2粒，结实率80.7%，千粒重25.55g。

品质特性：经农业部食品质量监督检验测试中心测定，糙米率80.2%，整精米率65.1%，垩白粒率8%，垩白度1.0%，直链淀粉含量20.0%，胶稠度68mm，糙米长宽比3.3，主要理化指标达到国标一级优质稻谷质量标准。米饭外观晶莹，松软适中，适口性好。

抗性：感白叶枯病，高感稻瘟病穗颈瘟。

产量及适宜地区：2003—2005年参加湖北省早稻品种区域试验，三年区域试验平均产量6 850.1kg/hm^2，比对照金优402减产3.18%。适宜湖北省稻瘟病无病区或轻病区作早稻种植。

栽培技术要点：①适时播种，培育壮秧。3月下旬播种，播种时要求秧田平整，播种均匀，秧田播种量225 ~ 300kg/hm^2，大田用种量30 ~ 37.5kg/hm^2。覆盖竹弓尼龙薄膜保温育秧，播种至立针期前湿润管理，秧厢面上不能有明水，2叶1心时施60 ~ 75kg/hm^2“断奶”追肥，栽秧前5 ~ 7d施45 ~ 60kg/hm^2“送嫁肥”。②适时移栽，合理密植。在秧龄30d左右时移栽插秧，株行距13.2cm×19.8cm，每穴插2 ~ 3苗，基本苗120万苗/hm^2。③加强肥水管理。以中等偏上施肥水平栽培为宜，底肥占施肥总量的70% ~ 80%，插秧后7d追施尿素105 ~ 120kg/hm^2，并浅耕耘田一次。在达到375万 ~ 450万苗/hm^2时排水晒田。晒田掌握的标准为苗到不等时、时到不等苗，旺田重晒，苗弱田轻晒。抽穗后采取湿润灌溉管理。④注意防治稻瘟病、纹枯病和螟虫等病虫害。

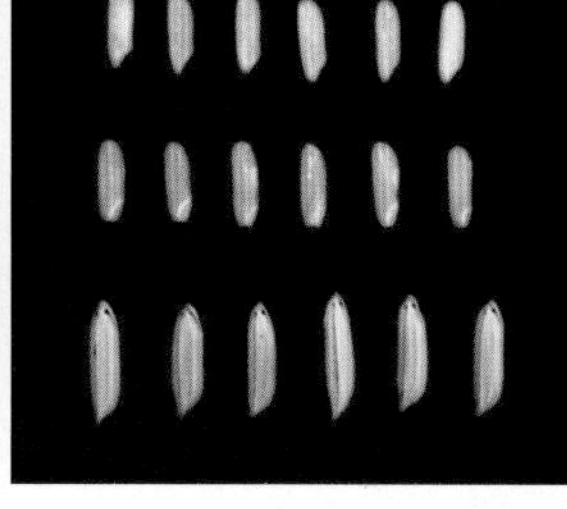

两优287（Liangyou 287）

品种来源：湖北大学生命科学学院用HD9802S作母本，R287作父本配组选育而成。2005年通过湖北省农作物品种审定委员会审定，编号为鄂审稻2005001。

形态特征和生物学特性：属中熟两系杂交双季早籼稻。感温性较强，感光性弱。基本营养生长期较长，全生育期113.0d，比金优402短4.0d。株高85.5cm，株型适中，株高较高，茎秆较粗壮，叶色浓绿，剑叶短挺微内卷。分蘖力中等，生长势较旺，穗层较整齐，有少量包颈和轻微露节现象。穗较大，穗数偏少。谷粒细长，谷壳较薄，稃尖无色，成熟时叶青籽黄，不早衰。有效穗318万穗/hm^2，穗长19.3cm，每穗总粒数110 ~ 138粒，实粒数84 ~ 113粒，结实率79.3%，千粒重25.31g。

品质特性：经农业部食品质量监督检验测试中心测定，糙米率80.4%，整精米率65.3%，垩白粒率10%，垩白度1.0%，直链淀粉含量19.5%，胶稠度61mm，糙米长宽比3.5，主要理化指标达到国标一级优质稻谷质量标准。米饭松软适中，适口性好。

产量及适宜地区：2003—2004年参加湖北省早稻品种区域试验，两年区域试验平均产量6 874.1kg/hm^2，比对照金优402减产2.21%。适宜湖北省稻瘟病无病区或轻病区作早稻种植。

栽培技术要点：①早播，育壮秧。一般在3月底至4月初播种，根据茬口情况，争取早播种。一般秧田播种量187.5kg/hm^2，大田用种量37.5kg/hm^2。早播种用竹弓尼龙薄膜覆盖保温促进秧苗生长。②适时插秧，合理密植。在秧龄30d以内插秧，株行距13.3cm × 20.0cm，每穴插2 ~ 3苗，基本苗150万苗/hm^2。③肥水管理。注意增施磷、钾肥。底肥施复合肥450 ~ 600kg/hm^2、过磷酸钙450 ~ 600kg/hm^2；插秧后5 ~ 7d施尿素120 ~ 150kg/hm^2，12 ~ 15d施氯化钾120 ~ 150kg/hm^2，后期不宜追施氮肥。插秧后及时上水，寸水活蔸，浅水分蘖，苗数达到450万苗/hm^{2}时排水晒田，后期干湿交替，忌断水过早。④病虫害防治。注意防治稻瘟病、纹枯病、稻蓟马和螟虫等。

两优302（Liangyou 302）

品种来源：湖北大学生命科学学院用HD9802S作母本，R302作父本配组选育而成。2005年通过湖北省农作物品种审定委员会审定，编号为鄂审稻2011001。

形态特征和生物学特性：属中熟偏迟两系杂交早籼稻。感温性较强，感光性弱。基本营养生长期较长，全生育期115.9d，比两优287长0.7d。株高92.6cm，株型适中，株高较高，茎秆较粗壮，分蘖力中等，生长势较旺。叶色浓绿，剑叶较短、挺直。穗层整齐，中等偏大穗，着粒均匀，穗顶部有少量颖花退化。谷粒长型，稃尖无色。成熟时转色好。有效穗304.5万穗/hm^2，穗长20.9cm，每穗总粒数125.5粒，实粒数103.0粒，结实率82.1%，千粒重25.06g。

品质特性：经农业部食品质量监督检验测试中心（武汉）测定，糙米率78.9%，整精米率60.5%，垩白粒率30%，垩白度3.6%，直链淀粉含量20.6%，胶稠度60mm，糙米长宽比3.5，主要理化指标达到国标三级优质稻谷质量标准。

抗性：高感稻瘟病，中感白叶枯病。

产量及适宜地区：2009—2010年参加湖北省早稻品种区域试验，两年区域试验平均产量7 399.5kg/hm^2，比对照两优287增产5.38%。适宜湖北省稻瘟病无病区或轻病区作早稻种植。

栽培技术要点：①适时播种，培育壮秧。3月底至4月初播种，秧田播种量187.5 ~ 195kg/hm^2，大田用种量37.5kg/hm^2，播种前用三氯异氰尿酸或咪鲜胺浸种。采用竹弓尼龙地膜保温育秧，播种至秧苗立针期厢面湿润无明水，2叶1心时施“断奶”追肥60 ~ 75kg/hm^2，移栽前5 ~ 7d施30 ~ 45kg/hm^2“送嫁肥”。②合理密植，插足本苗。秧龄30d以内移栽插秧。株行距13.3cm × 20.0cm，每穴插2苗，插足基本苗120万 ~ 150万苗/hm^2。③科学管理肥水。一般施纯氮165 ~ 180kg/hm^2，氮、磷、钾肥配合施用。适时晒田，苗数420万 ~ 450万苗/hm^2时或在5月20 ~ 25日晒田，苗足田重晒，苗少、苗弱田轻晒。幼穗分化前上水，孕穗至抽穗扬花期不能断水，生长后期田间湿润管理，不能断水过早。④病虫害防治。重点防治稻瘟病，注意防治纹枯病、白叶枯病和稻蓟马、螟虫等。

两优42（Liangyou 42）

品种来源：湖北大学生命科学学院用HD9802S作母本，R42作父本配组选育而成。2007年通过湖北省农作物品种审定委员会审定，编号为鄂审稻2007001。

形态特征和生物学特性：属中熟两系杂交双季早籼稻。感温性较强，感光性弱。基本营养生长期较长，全生育期平均108.9d，比对照浙733迟熟1.4d。株高87.7cm，株型紧凑，株高适中，叶色浓绿，叶姿挺直，生长势较强，分蘖力较弱。穗较大，穗数较少。有效穗数322.5万穗/hm^2，穗长19.4cm，每穗总粒数115.2粒，结实率83.8%，谷粒大小中等，千粒重24.7g。

品质特性：整精米率61.8%，糙米长宽比3.4，垩白粒率20%，垩白度2.9%，胶稠度58mm，直链淀粉含量20.7%，达到国家优质稻谷标准二级。

抗性：高感稻瘟病，中感白叶枯病。

产量及适宜地区：2004年参加长江中下游早籼早中熟组品种区域试验，平均产量7 085.9kg/hm^2，比对照浙733增产4.23%（极显著）；2005年续试，平均产量7 674.9kg/hm^2，比对照浙733增产8.15%（极显著）；两年区域试验平均产量7 380.5kg/hm^2，比对照浙733增产6.19%。2005年生产试验，平均产量7 577.9kg/hm^2，比对照浙733增产12.13%。适宜在湖北省稻瘟病、白叶枯病轻病区双季稻区作早稻种植。

栽培技术要点：①适时播种，培育壮秧。3月底至4月初播种，地膜覆盖水育秧，秧田播种量225～300kg/hm^2，大田用种量30～37.5kg/hm^2。②适时移栽，合理密植。秧龄30d移栽，株行距13.3cm×20cm，基本苗120万苗/hm^2。③科学管理肥水。适宜中等偏上施肥水平栽培，插秧7d后追施尿素105～120kg/hm^2。苗数达到420万～450万苗/hm^{2}时或在5月20～25日晒田，苗旺田块重晒，苗弱田块轻晒。抽穗之后田间以湿润管理为主，干干湿湿，间歇灌水至成熟，不宜断水过早。④病虫害防治。秧田防治蓟马，大田防治二化螟、三化螟、稻飞虱，在抽穗破口期防治稻瘟病，要及时防治白叶枯病、纹枯病。

两优9168（Liangyou 9168）

品种来源：湖北荆楚种业股份有限公司用HD9802S与恢复系R168配组育成，2010年通过湖北省农作物品种审定委员会审定，编号为鄂审稻2010001。

形态特征和生物学特性：属中熟两系杂交双季早籼稻。感温性较强，感光性弱。基本营养生长期较长，全生育期112.4d，比对照两优287长0.2d。株高87.7cm，株型适中，株高中等，分蘖力较强，生长势较旺，叶色浓绿，剑叶短斜挺，穗层整齐，穗中等偏大，着粒均匀，成熟时转色好。有效穗数320万穗/hm^2，穗长19.5cm，每穗总粒数121.6粒，每穗实粒数103.4粒，结实率85.0%，谷粒长型，稃尖无色无芒。千粒重25.2g。

品质特性：经农业部食品质量监督检验测试中心（武汉）测定，糙米率80.6%，整精米率67.0%，垩白粒率20%，垩白度2.2%，直链淀粉含量21.2%，胶稠度52mm，糙米长宽比3.4，主要理化指标达到国标二级标准。

抗性：高感稻瘟病，感白叶枯病。

产量及适宜地区：2008—2009年参加湖北省早稻区域试验，两年区试平均产量7 740kg/hm^2，比对照两优287增产3.80%。适宜在湖北省稻瘟病无病区和轻病区种植。

栽培技术要点：①适时播种，培育壮秧。3月25 ~ 30日播种。秧田播种量225kg/hm^2，采用竹弓农用薄膜保温育秧，秧田与大田面积比为1 ：（6 ~ 8）。②适时插秧，合理密植。秧龄30d以内插秧，株行距13.3cm×20.0cm或13.3cm×23.3cm，栽插30万～37.5万穴/hm^2，每穴2苗，基本苗150万苗/hm^2。③科学进行肥水管理。底肥与追肥比例为7 ：3，氮、磷、钾配合使用，增施多效锌肥。施用纯氮180kg/hm^2，氮、磷、钾用量比例为1 ：0.6 ：0.8。插秧后及时灌水，深水护苗，寸水返青，浅水分蘖。插秧后5 ~ 7d施180kg/hm^{2}尿素作追肥。苗数达到375万苗/hm^{2}时或5月20 ~ 25日晒田。生长后期间歇灌水，田间保持湿润，收割前7 ~ 10d停止灌水，不要断水过早。④病虫害防治。根据虫情预测，及时防虫除草。注意防治稻瘟病、白叶枯病、纹枯病。

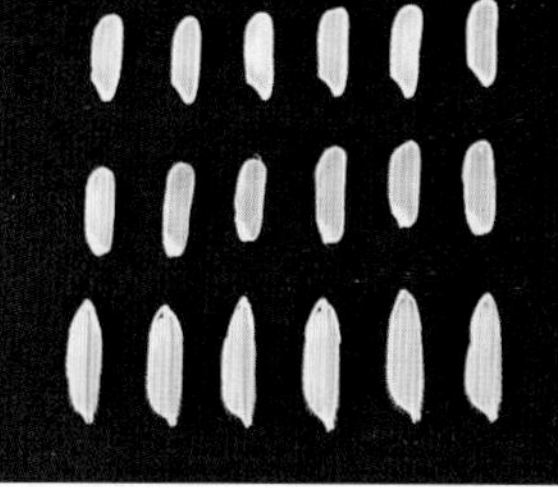

陆两优211（Luliangyou 211）

品种来源：湖南亚华种业科学研究院用陆18S作母本，华211作父本配组育成。2009年通过湖北省农作物品种审定委员会审定，编号为鄂审稻2009001。

形态特征和生物学特性：属中熟两系杂交双季早籼稻。感温性较强，感光性弱。基本营养生长期较长，全生育期107.4d，比嘉育948长1.4d。株高85.4cm，株型偏松散，株高适中，生长势较旺，分蘖力一般。部分茎节外露，抗倒性一般。叶鞘紫色，叶色浓绿，剑叶较短且大小不一致，斜挺。叶下禾，穗层欠整齐，穗数适中，穗中等偏大，着粒均匀。谷粒较大，长型，籽粒饱满，稃尖紫色无芒。有效穗357万穗/hm^2，穗长19.3cm，每穗总粒数101.6粒，实粒数84.8粒，结实率83.5%，千粒重27.03g。

品质特性：经农业部食品质量监督检验测试中心测定，糙米率79.9%，整精米率53.6%，垩白粒率68%，垩白度8.2%，直链淀粉含量20.4%，胶稠度53mm，糙米长宽比3.1。

抗性：感白叶枯病，高感稻瘟病。

产量及适宜地区：2005—2006年参加湖北省早稻品种区域试验，两年区域试验平均产量7 224.2kg/hm^2，比对照嘉育948增产7.42%。适宜湖北省稻瘟病无病区或轻病区作早稻种植。

栽培技术要点：①适时播种，培育壮秧。3月下旬至4月上旬播种，秧田播量不超过187.5kg/hm^2，用农用薄膜保温育秧，秧田与大田面积比为1 ：（6 ~ 8），秧田要肥，底肥要足，秧龄控制在30d以内。②适时移栽，合理密植。插足基本苗，株行距13.3cm × 20.0cm或13.3cm × 23.3cm，插30万 ~ 37.5万穴/hm^2，每穴2苗，基本苗不低于150万苗/hm^2。③科学管理肥水。施用纯氮180kg/hm^2，氮、磷、钾用量比例为1.0 ： 0.6 ： 0.8，重施底肥（氮肥70%作底肥，30%作追肥），增施多效锌肥，早施分蘖肥，因苗酌情少量施用孕穗保花肥。插秧后田间及时上水，寸水活蔸，浅水分蘖，够苗及时晒田。苗数达到375万苗/hm^{2}左右时或5月20 ~ 25日开始晒田。复水后有水孕穗，湿润灌浆，不要断水过早。④病虫害防治。注意对稻瘟病、白叶枯病、纹枯病、螟虫等的防治。

马协18（Maxie 18）

品种来源：湖北大学用马协A作母本，118-2作父本配组连续回交选育而成，原代号马协118-2。1999年通过湖北省农作物品种审定委员会审定，编号为鄂审稻001-1999。

形态特征和生物学特性：属迟熟三系杂交双季早籼稻。感温性较强，感光性较弱。基本营养生长期较长，全生育期116.0d，比汕优7023早熟2.4d，比鄂早6号迟熟1.7d。株高84.85cm，株型松散适中，生长势强，分蘖力中等，后期转色好，苗期耐寒性好。穗较大，穗数适中。谷粒较小。有效穗389.1万穗/hm^2，每穗总粒数98.89粒，结实率73.46%，千粒重23.82g。

品质特性：经农业部食品质量监督检验测试中心测定，糙米率81.17%，精米率73.05%，整精米率44.61%，糙米长宽比2.6，垩白粒率56%，直链淀粉含量16.81%，胶稠度30mm，蛋白质含量11.57%，为部颁二级优质米。米质较好，米饭松软适中，适口性较好。

抗性：中抗白叶枯病，中感稻瘟病，纹枯病较轻。

产量及适宜地区：1995—1996年参加湖北省杂交早稻品种区域试验，两年平均产量6 327kg/hm^2，比汕优7023增产8.64%，比鄂早6号增产7.36%。1995—1997年在孝感、黄州、崇阳、武汉等地试种，比鄂早6号增产。适宜湖北省黄冈市、咸宁市等温度、水源条件比较充足的双季稻区作早稻种植。

栽培技术要点：①适时早播，培育壮秧。避开抽穗扬花期的高温，3月20～30日播种，播种时要求秧田平整，播种均匀，薄泥塌谷，用竹弓尼龙薄膜秧床保温。②适时移栽，合理密植。株行距13.3cm×20cm或10cm×23.3cm，每穴插2苗，栽插150万～180万苗/hm^2。适宜在中等偏高的肥力水平田块栽种，施纯氮112.5～135kg/hm^2，五氧化二磷75～90kg/hm^2，氧化钾75～90kg/hm^2，重施底肥，要求底肥量占总用肥量的85%。③科学管理。插秧后深水护蔸，寸水活苗，勤灌浅灌促分蘖。移栽后7d内追肥，施尿素60～75kg/hm^2或复合肥150kg/hm^2，并及时中耕除草，最高苗数达450万苗/hm^2时或在5月20日晒田。抽穗期间田间不能断水，以利抽穗扬花。齐穗至成熟期以湿润管理为主，干干湿湿，养根保叶增粒重。④秧田防治蓟马，大田防治二化螟、三化螟及稻飞虱，抽穗时防治稻瘟病穗颈瘟，生长后期防治纹枯病。

汕优45（Shanyou 45）

品种来源：湖北省咸宁市农业科学研究院用珍汕97A与45-10配组育成，原代号汕优45-10。1999年通过湖北省农作物品种审定委员会审定，编号为鄂审稻002-1999。

形态特征和生物学特性：属中熟三系杂交双季早籼稻。感温性较强，感光性较弱。基本营养生长期较长，全生育期110.5d，比汕优7023早7.9d，比鄂早6号早熟3.8d。株高75.9cm，株型松散适中。叶鞘紫色，叶色深绿，茎秆坚韧，分蘖力强，生长势旺。穗数偏少，穗较大，谷粒大小中等。有效穗354万穗/hm^2，每穗总粒数98.1粒，结实率72.9%，千粒重24.5g。

品质特性：经农业部食品质量监督检验测试中心测定，糙米率81.4%，精米率73.3%，整精米率59.8%，糙米长宽比2.6，垩白粒率81%，直链淀粉含量18.1%，胶稠度30mm，蛋白质含量11.7%。米饭洁白，松散适宜，软硬适中，口感好，达到农业部二级优质米标准，比博优湛19高1个等级。

抗性：中感白叶枯病，高感稻瘟病，纹枯病较重，对稻曲病抗性强。

产量及适宜地区：1995—1996年参加湖北省杂交早稻品种区域试验，两年区域试验平均产量5 784kg/hm^2，比对照汕优7023减产0.7%，比鄂早6号减产0.3%，均不显著。1997—1999年在咸宁、通山等县（市）生产示范，比中86-44等常规早稻增产12.9%～14.9%。适宜湖北省稻瘟病、白叶枯病无病或轻病区作早稻种植。

栽培技术要点：①3月20～30日播种，播种要求秧田平整，匀播、稀播，秧田播种量150～225kg/hm^2，秧龄30d左右。②株行距13.3cm×20cm，每穴插2苗，基本苗150万～180万苗/hm^2。③科学用肥，合理管水。以有机肥为主，底肥与追肥比例为7∶3，施纯氮150～180kg/hm^2，磷、钾配合使用。插秧后深水护苗，寸水返青，浅水分蘖，要求苗数达到450万苗/hm^2时或5月20～25日晒田控苗，苗旺盛田块重晒，苗弱、苗少田轻晒。幼穗分化前复水，孕穗至抽穗扬花期田间不能断水，生长后期田间湿润管理。④破口抽穗期重点防治稻瘟病穗颈瘟，大田注意防治螟虫及纹枯病。

汕优7023（Shanyou 7023）

品种来源：湖北省京山县种子公司从测64-7中选出的一个早熟变异株与珍汕97A配组育成。1992年通过湖北省农作物品种审定委员会审定。

形态特征和生物学特性：属迟熟三系杂交早籼稻。感温性较强，感光性较弱。基本营养生长期较长，全生育期118d，较鄂早6号长2～3d，与威优49相当。株高80cm，株型紧凑，秧苗假茎基部呈紫红色，生长势旺，分蘖力强。主茎14叶，穗较大，穗长20cm左右，每穗总粒数100粒，结实率80%。谷粒中长形，千粒重26g。

品质特性：糙米率80%左右，整精米率55%，垩白较小，蛋白质含量8.12%，米质中等。

抗性：中抗白叶枯病，中感稻瘟病。

产量及适宜地区：1989—1990年参加湖北省杂交早稻区域试验，两年区域试验平均产量为7 204.2kg/hm^2。比对照鄂早6号增产6.0%，比威优49增产1.73%。1987年，京山县种植14.3hm^2，平均产量8 572.5kg/hm^2，比威优49增产8%；1988年天门种植166.7hm^2，产量8 463kg/hm^2，比威优49增产1 500kg/hm^2；1988年京山、天门、江陵、石首等县（市）示范0.12万hm^2，表现出明显的增产优势和很好的适应性。适宜湖北省双季稻区白叶枯病、稻瘟病轻病或无病区作迟熟早稻种植。

栽培技术要点：①适时播种，培育壮秧，掌握好秧龄。3月25～30日播种，播种量750～900kg/hm^2，秧龄30d。②适时移栽，合理密植。株行距10cm×16.5cm，每穴5～7苗，基本苗360万苗/hm^2。③合理施肥。适合在中等肥力偏上的田块种植。总用氮量150kg/hm^{2}左右，氮、磷、钾配合比例为2∶1∶0.5。④加强管理，确保高产。适时晒田，在平均苗数525万～600万苗/hm^{2}时或在5月20日左右晒田，幼穗分化前复水，田间保持干干湿湿至成熟。⑤病虫害防治。秧田生长后期防治稻蓟马，大田防治螟虫及稻飞虱，注意防治稻瘟病穗颈瘟，后期防治纹枯病。

中9优547（Zhong 9 you 547）

品种来源：湖北省黄冈市农业科学院用不育系中9A与恢复系R547配组育成。2010年通过湖北省农作物品种审定委员会审定，编号为鄂审稻2010002。

形态特征和生物学特性：属中熟偏迟三系杂交双季早籼稻。感温性较强，感光性弱。基本营养生长期较长，全生育期109.5d，比两优287长0.2d。株高94.5cm，株型适中，株高中等，分蘖力中等，生长势较旺。茎秆粗壮，叶色浓绿。剑叶长，挺直。叶下禾，一次枝梗较长，着粒均匀，穗顶部有颖花退化。谷粒长型，稃尖无色。成熟后期剑叶枯尖，熟相一般，抗倒性较强。有效穗309万穗/hm^2，穗数较多。穗长21.8cm，每穗总粒数138.6粒，实粒数110.8粒，穗较大，结实率79.9%，结实率较高，千粒重26.12g。

品质特性：经农业部食品质量监督检验测试中心测定，糙米率80.6%，整精米率56.4%，垩白粒率29%，垩白度2.6%，直链淀粉含量20.6%，胶稠度71mm，糙米长宽比3.4，主要理化指标达到国标三级优质稻谷质量标准。米饭松软适中，可口。

抗性：高感白叶枯病，高感稻瘟病。

产量及适宜地区：2007—2008年参加湖北省早稻品种区域试验，两年区域试验平均产量7 692kg/hm^2，比对照两优287增产3.90%。

栽培技术要点：①3月底至4月初播种，播种时要求秧田平整，均匀播种，秧田播种量为225kg/hm^2，大田用种量45 ~ 75kg/hm^2。②适时插秧，合理栽插。秧龄30d插秧，合理密植，插足基本苗105万 ~ 135万苗/hm^2。每穴插2苗。③科学管水，合理施肥。重施底肥，早施分蘖肥，后期酌施穗肥。氮、磷、钾配合使用，三者比例为1 ∶ 0.8 ∶ 0.5。栽秧后立即上水，在5月中旬或苗数达375万苗/hm^{2}时排水晒田，苗生长旺盛田块重晒，苗长势弱田则轻晒。在幼穗分化前复水，孕穗至抽穗扬花期田间不宜断水，生长后期田间湿润管理，干干湿湿至成熟，在收割前7 ~ 10d断水干田，不宜断水过早。④病虫害防治。重点防治螟虫、稻飞虱和稻瘟病。

二、中稻

6两优9366（6 Liangyou 9366）

品种来源：南京神州种业有限公司用6311S作母本，9366作父本配组育成。2010年通过湖北省农作物品种审定委员会审定，编号为鄂审稻2010006。

形态特征和生物学特性：属中熟两系杂交中籼稻。感温性较强，感光性弱。基本营养生长期长，全生育期130.7d，比扬两优6号短9.1d。株高120.0cm，株型适中，株高中等，茎秆较粗，韧性较好，部分茎节外露。叶色绿，剑叶长宽适中、挺直，芽鞘紫色。穗层整齐度一般，苗期生长势较旺，分蘖力较强，有两段灌浆现象。成熟时叶青籽黄，熟相好，抗倒性较好。有效穗234万穗/hm^2，穗长24.7cm，每穗总粒数183.9粒，实粒数147.9粒，穗中等偏大，结实率80.4%，谷粒长型，颖尖紫色，部分谷粒有短顶芒。谷粒大小中等，千粒重28.76g。

品质特性：经农业部食品质量监督检验测试中心测定，糙米率81.0%，整精米率65.4%，垩白粒率24%，垩白度2.6%，直链淀粉含量15.0%，胶稠度86mm，糙米长宽比3.1，主要理化指标达到国标三级优质稻谷质量标准。

抗性：感白叶枯病，高感稻瘟病，田间有稻曲病发生。

产量及适宜地区：2007—2008年参加湖北省中稻品种区域试验，两年区域试验平均产量9 045.6kg/hm^2，比对照扬两优6号增产3.90%。适宜湖北省西南部以外的稻瘟病无病区或轻病区作中稻种植。

栽培技术要点：①适时播种，培育壮秧。鄂北4月下旬播种，江汉平原、鄂东等地5月上旬播种，大田用种量15kg/hm^2。播种前用三氯异氰尿酸或咪鲜胺浸种，秧苗1叶1心至2叶1心期适量喷施多效唑，培育带蘖壮秧。②适龄移栽，合理密植。秧龄不超过35d。株行距为16.7cm×26.7cm，每穴插2苗。③科学管理肥水。底肥一般施45%的复合肥450kg/hm^2、碳酸氢铵225kg/hm^2，移栽后5～7d施尿素、氯化钾各75kg/hm^2促分蘖，后期酌情适量追施穗肥。插秧后田间及时上水，寸水活棵，浅水分蘖，苗数达到240万～270万苗/hm^2时排水晒田，长势旺盛田块重晒，苗弱田轻晒。幼穗分化前复水。孕穗至抽穗扬花期田间不能断水，生长后期田间保持干湿交替，收割前1周断水。④注意防治稻瘟病、稻曲病、白叶枯病和螟虫、稻飞虱等病虫害。

II 优1104（II you 1104）

品种来源：定远双丰农业科学研究中心用不育系II-32A与恢复系R1104配组选育而成，2009年通过湖北省农作物品种审定委员会审定，编号为鄂审稻2009003。

形态特征和生物学特性：属迟熟三系杂交中籼稻。感温性较强，感光性弱。基本营养生长期长，全生育期134.7d，比两优培九短2.2d。株高123.6cm，株型较紧凑，株高适中，田间长势较旺，分蘖力较强。茎秆较粗壮，叶色绿，剑叶中长，较宽，斜挺。穗层较整齐，穗较大，着粒较密。成熟期转色较好。有效穗252万穗/hm²，穗长22.3cm，每穗总粒数164.1粒，实粒数137.8粒，结实性能好，结实率84.0%，谷粒中长型，稃尖紫色，无芒，千粒重27.75g。

品质特性：经农业部食品质量监督检验测试中心测定，糙米率80.7%，整精米率61.5%，垩白粒率58%，垩白度7.0%，直链淀粉含量24.8%，胶稠度45mm，糙米长宽比2.3。

抗性：高感白叶枯病，高感稻瘟病，田间纹枯病重。

产量及适宜地区：2006—2007年参加湖北省中稻品种区域试验，两年区域试验平均产量9 056.7kg/hm²，比对照两优培九增产7.80%。适宜湖北省西南以外稻瘟病无病区或轻病区作中稻种植。

栽培技术要点：①适时早播，采用塑膜育秧、旱育秧或塑盘旱育抛秧，稀播结合喷施多效唑培育带蘖壮秧，栽插33万～36万穴/hm²，每穴2苗，成穗330万穗/hm²以上。②科学管水，提高成穗率。插秧后及时上水，寸水活蔸，浅水分蘖，苗数达270万苗/hm²时晒田，幼穗分化前复水，孕穗至抽穗扬花期田间不能断水，生长后期间歇灌水，田间保持湿润状态至成熟，防止过早脱水。③合理施肥。适当施用促花肥，注意使用保花肥，酌情施用粒肥，提高粒数和粒重。施氮量150～165kg/hm²，氮、磷、钾比例以1 ： 0.6 ： 1.2为宜。④病虫害防治。注意防治稻瘟病和纹枯病，防治稻飞虱、螟虫、稻秆蝇等害虫，要治早治小。

Ⅱ优132（Ⅱ you 132）

品种来源：湖北省恩施土家族苗族自治州红庙农业科学研究所用恩恢132与Ⅱ-32A配组选育而成。2006年通过湖北省农作物品种审定委员会审定，编号为鄂审稻2006011。

形态特征和生物学特性：属中熟三系籼型杂交中稻。感温性较强，后期耐低温能力较强，感光性弱。基本营养生长期长，全生育期158.9d，比恩恢58短1d。株高96.5cm，株型适中，叶鞘紫色，叶片宽厚，茎秆粗壮，耐肥抗倒，分蘖力中等，穗大粒多，着粒密，成熟后易落粒，米质优，植株整齐，后期转色较好。有效穗249.75万穗/hm^2，成穗率52.2%，穗长23cm，每穗总粒数161.2粒，实粒数119.9粒，结实率74.4%。籽粒稃尖紫色，谷粒椭圆形，无芒，千粒重24.0g。

品质特性：经农业部食品质量监督检验测试中心（武汉）测定，糙米率80.0%，整精米率52.8%，垩白粒率12%，垩白度1.4%，透明度3级，胶稠度52mm，直链淀粉含量21.62%，粒长5.9mm，糙米长宽比2.4，达部颁二级优质米标准。加工、外观品质及食味均极显著优于对照恩优58和福优195，糙米米皮为红色。

抗性：抗稻瘟病，高感纹枯病。

产量及适宜地区：2004—2005年参加湖北省恩施早中熟中稻品种区域试验，平均产量7 384kg/hm^2，比对照恩优58增产6.62%。适宜在恩施海拔900m以下稻区及州外同类型生态地区种植。

栽培技术要点：①适时早播，培育壮秧。在恩施海拔900m以下稻区种植，播种期以3月下旬至4月中旬为宜，采用两段育秧，撒播型塑膜保温育秧，旱育秧或旱育抛秧，秧龄30～35d，稀播结合喷施多效唑或烯效唑，培育带蘖壮秧。②合理密植，科学管水。插植密度30万穴/hm^2左右，每穴1～2苗。适时晒田，控制无效分蘖，幼穗分化前复水，防止过早脱水。③合理施肥。一般施纯氮120～150kg/hm^2左右。施足底肥，早施追肥。后期水分管理干干湿湿。④注意防治病虫害。

Ⅱ优162（Ⅱ you 162）

品种来源：四川农业大学水稻研究所用不育系Ⅱ-32A与恢复系蜀恢162配组育成。由湖北省种子管理站引进。分别通过湖北省（2001）和国家（2000）农作物品种审定委员会审定，编号分别为鄂审稻008-2001和国审稻2000003。

形态特征和生物学特性：属中熟三系杂交中籼稻。感温性较强，感光性较弱。基本营养生长期长，全生育期133.5d，比汕优63长3.9d。株高124.4cm，株型紧凑，株高中等偏高，叶色深绿，叶片直立，植株繁茂，成熟时转色好。苗期生长势旺，分蘖力较强，成穗率较高。有效穗288万穗/hm^2，穗数多，穗长24.2cm，每穗总粒数156.1粒，实粒数123.0粒，穗中等大小，结实率78.7%，谷粒中等偏大，千粒重28.83g。

品质特性：经农业部食品质量监督检验测试中心测定，糙米率80.90%，精米率72.81%，整精米率59.46%，粒长6.0mm，糙米长宽比2.4，垩白粒率70%，直链淀粉含量22.29%，胶稠度43mm，蛋白质含量8.21%。

抗性：高感白叶枯病，中感稻瘟病穗颈瘟。抽穗扬花期遇阴雨纹枯病、稻曲病、叶鞘腐败病较重。

产量及适宜地区：1997—1998年参加湖北省中稻品种区域试验，两年区域试验平均产量9 110.1kg/hm^2，比对照汕优63增产7.50%。适宜湖北省稻瘟病和白叶枯病轻病区作中稻种植。

栽培技术要点：①适时播种，培育壮秧。鄂北4月中下旬播种，鄂东南及江汉平原5月上中旬播种，尽量避开抽穗扬花期的高温。秧田播种量225kg/hm^2，大田用种量18.75kg/hm^2。②及时插秧，合理密植。在秧龄30d左右时栽秧，要求插足基本苗，基本苗150万苗/hm^{2}以上。③合理施肥，科学进行田间管理。底肥以有机肥为主，底肥与追肥比例为7∶3，氮、磷、钾肥配合使用，三要素比例为1∶0.8∶0.9，施纯氮195kg/hm^2。插秧后田间及时上水，寸水活蔸，浅水勤灌促分蘖。苗数达到270万苗/hm^{2}时晒田，在幼穗分化前复水。④病虫害防治。重点防治白叶枯病和纹枯病，抽穗扬花期注意防治叶鞘腐败病、稻曲病等，大田注意防治螟虫、稻飞虱等。

Ⅱ优264（Ⅱ you 264）

品种来源：湖北省恩施土家族苗族自治州农业科学院水稻油菜研究所用Ⅱ-32A与恩恢264配组选育而成，分别通过湖北省（2006）和国家（2009）农作物品种审定委员会审定，编号分别为鄂审稻2006017和国审稻2009035。

形态特征和生物学特性：属中熟三系杂交中籼稻。感温性较强，后期耐低温能力较强，感光性弱。基本营养生长期长，全生育期156.0d，比Ⅱ优58长1.5d。株高115.3cm，植株整齐，株高适中，叶片绿色，株叶形态适中，叶鞘紫色，无芒，禾下穗，后期转色好。有效穗258.9万穗/hm^2，穗大粒多，穗长23.8cm，每穗总粒数130.4粒，实粒数111.9粒，结实率85.8%，谷粒长椭圆形，稃尖紫色，千粒重28.2g。

品质特性：经农业部食品质量监督检验测试中心测定，糙米率79.2%，整精米率57.6%，垩白粒率47%，垩白度9.4%，直链淀粉含量22.86%，胶稠度52mm，糙米长宽比2.5。

抗性：中抗稻瘟病，感纹枯病。

产量及适宜地区：2004—2005年参加湖北省恩施水稻品种区域试验，两年区域试验平均产量9 056.9kg/hm^2，比对照Ⅱ优58增产4.85%。适宜湖北省恩施海拔800m以下稻区种植。

栽培技术要点：①适时早播，培育壮秧。采用塑膜育秧、旱育秧或塑盘旱育抛秧，稀播结合喷施多效唑培育带蘖壮秧。②适时移栽，合理密植。秧龄35d插秧，栽插33万～36万穴/hm^2，每穴2苗。③科学管理肥水。插秧后及时上水，寸水活蔸，浅水分蘖，苗数达270万～300万苗/hm^2排水晒田，控制无效分蘖。苗旺田重晒，苗弱、苗少田轻晒。幼穗分化前复水，孕穗至抽穗扬花期田间不能断水，生长后期田间间歇灌水，保持湿润，不宜过早脱水。底肥与追肥比例为7：3，总用氮量以150～165kg/hm^2为宜，氮、磷、钾比例以1：0.6：1.2为宜。插秧后5～7d施尿素225kg/hm^2作追肥，后期依苗情酌施穗肥。④病虫害防治。注意防治稻瘟病和纹枯病，害虫主要是稻飞虱、螟虫、稻秆蝇等，要治早治小。

Ⅱ优325（Ⅱ you 325）

品种来源：湖北省恩施土家族苗族自治州红庙农业科学研究所用恩恢325与Ⅱ-32A配组选育而成。2000年通过湖北省恩施土家族苗族自治州农作物品种审定小组审定。

形态特征和生物学特性：属迟熟三系杂交中籼稻。感温性强，感光性较弱。基本营养生长期长，全生育期139～150d，比汕优46迟2～4d。株高110cm，株型适中，株高中等，茎秆粗壮，叶鞘紫色，叶片宽厚，植株整齐，成熟时落色好。苗期长势旺，苗期耐寒性强，耐肥、抗倒力强。分蘖力强，穗长23cm左右，有效穗300万穗/hm^{2}左右，穗总粒数130～140粒，穗实粒数110粒左右，穗较大、粒多。结实率80%左右，籽粒稃尖紫色，无芒，长粒形，谷粒中等偏大，千粒重27～28g。

品质特性：经湖北省农业科学院测试中心分析，糙米率81.3%，精米率73.17%，米粒长5.6mm，糙米长宽比2.2，直链淀粉含量23.87%，胶稠度44mm，蛋白质含量6.71%，综合评定为部标二级米。

抗性：中抗稻瘟病，纹枯病中等。

产量及适宜地区：1997—1998年参加恩施水稻品种（组合）区域试验，1997年区域试验平均产量8 235.6kg/hm^2，比汕优46增产5.34%，1998年区域试验平均产量8 034.3kg/hm^2，比汕优46增产9.26%。1999年生产试验平均产量11 001kg/hm^2，比对照增产2.8%。适宜湖北省恩施海拔900m以下稻区种植。

栽培技术要点：①适时播种，培育壮秧。早播，稀播，结合喷施多效唑培育带蘖壮秧。②及时插秧，合理密植。栽插22.5万～27万穴/hm^2，每穴1～2苗，基本苗150万苗/hm^2。③科学管理肥水。秧龄35d插秧，苗数达240万苗/hm^{2}时排水搁田，至幼穗分化前复水，孕穗至抽穗扬花期田间保持水层，生长后期田间间歇灌水，保持湿润状态至成熟。适当施用促花肥，注意保花肥，酌情施粒肥，提高总粒数、结实率和粒重。总氮量以150～165kg/hm^{2}为宜，氮、磷、钾以1∶0.6∶1.2为宜。④病虫害防治。注意稻瘟病和纹枯病的防治，主要防治稻飞虱、螟虫、稻秆蝇等害虫，治早治小。

Ⅱ优501（Ⅱ you 501）

品种来源：四川省绵阳市农业科学研究所、绵阳农业专科学校用Ⅱ-32-8A与绵恢501配组而成。由湖北省种子管理站、随州市种子公司引进。1998年通过湖北省农作物品种审定委员会审定。

形态特征和生物学特性：属中熟三系杂交中籼稻。感温性强，感光性较弱。基本营养生长期长，全生育期136.7d，比对照汕优63长1.8d。株高122.4cm，株型松散适中，叶色深绿，熟相好。穗较大，每穗总粒数157.9粒，实粒数134.05粒。结实率81%，千粒重26.7g。

品质特性：经农业部食品质量监督检验测试中心测定，糙米率79.40%，精米率71.46%，整精米率64.70%，糙米长宽比2.6，垩白粒率23%，直链淀粉含量21.05%，胶稠度50mm，蛋白质含量9.25%。

抗性：高感白叶枯病和稻瘟病。

产量及适宜地区：1996—1997年参加湖北省杂交中稻品种区域试验，两年区域试验平均产量8 929.7kg/hm^2，比汕优63增产5.0%。适宜湖北省白叶枯病和稻瘟病轻病区作中稻种植。

栽培技术要点：①适时播种，培育多蘖壮秧。在鄂北、鄂东4月中旬播种，江汉平原4月下旬至5月上中旬播种，秧田播种量为225kg/hm^2，大田用种量22.5kg/hm^2，在1叶1心至2叶1心期喷施多效唑或烯效唑促分蘖育壮秧。②及时栽秧，合理密植。株行距15.6cm×19.8cm。栽插30万穴/hm^2，基本苗180万苗/hm^{2}以上。③合理施肥，科学进行田间管理。采用促蘖保花施肥法施肥，即底肥占50%，分蘖肥占30%，保花肥占20%，磷、钾肥作底肥一次性施入。氮、磷、钾肥比例为1 ∶ 0.8 ∶ 0.9。插秧后田间及时上水，深水护苗，寸水活蔸，浅水勤灌促分蘖。苗数达到240万～270万苗/hm^{2}时晒田，苗足重晒或分两次晒田，苗弱、苗数偏少田轻晒。幼穗分化前复水，孕穗期间保持足寸水层。抽穗后采取间歇灌水，田间保持干湿交替状态至成熟，收割前7～10d断水干田，不宜断水过早。④病虫害防治。注意防治白叶枯病、稻瘟病。

Ⅱ优58（Ⅱ you 58）

品种来源：湖北省恩施土家族苗族自治州红庙农业科学研究所以恩恢58与Ⅱ-32A配组选育而成。1996年通过湖北省恩施土家族苗族自治州农作物品种审定小组审定。

形态特征和生物学特性：属迟熟三系杂交中籼稻。感温性强，感光性较弱。基本营养生长期较长，全生育期162d，总积温3687℃。主茎总叶数17叶，株高110cm，株型较紧凑，株型适中。叶鞘紫色，叶片宽大略披，分蘖力强，长势旺。对氮肥较敏感，苗期耐寒性强。植株生长整齐，成熟时落色好。穗大粒多，穗长23cm，有效穗300万穗/hm^2左右，穗总粒数130～140粒，穗实粒数100～110粒，结实率80%，籽粒稃尖紫色，呈椭圆形，千粒重27～28g。

品质特性：经湖北省农业科学院测试中心分析，糙米率80.58%，精米率72.52%，整精米率56.83%，米粒长6.0mm，糙米长宽比2.4，碱消值7级，直链淀粉含量23.22%，胶稠度28mm，蛋白质含量7.0%。

抗性：抗稻瘟病，中抗纹枯病。

产量及适宜地区：1993年品比试验产量7 546.5kg/hm^2，比汕优63增产33.5%，1994—1995年参加恩施水稻品种（组合）区域试验，两年平均产量7 655.4kg/hm^2，比汕优63增产12.11%。适宜湖北省恩施海拔800m以下稻区种植。

栽培技术要点：①适时播种，培育壮秧。旱育秧在气温稳定通过8℃以后落谷，采用拱架膜与平铺膜相结合的双膜覆盖。要稀播匀播，冬闲田的秧床播量为500kg/hm^2，早春田为350～400kg/hm^2，水田稀播，结合喷施多效唑培育带蘖壮秧。②及时插秧，合理密植。秧龄35d插秧，栽插22.5万～30万穴/hm^2，每穴2苗。③科学管理肥水。底肥与追肥比例为7∶3，底肥以有机肥为主，氮、磷、钾配合使用，三者比例为1∶0.6∶1.2，插秧后5～7d施尿素180kg/hm^2作追肥，孕穗时酌情慎施穗肥，穗肥以钾肥为主，氮肥配合使用。插秧后及时上水，深水返青，浅水分蘖，适时晒田，苗数达270万～300万苗/hm^2时晒田，苗足田重晒或分两次晒田，苗弱、苗数偏少田轻晒。孕穗至抽穗扬花期田间不能断水，生长后期保持湿润状态。④病虫害防治。做好秧田的病、虫、草、鼠害防治工作，综合防治螟虫、稻飞虱、稻曲病等。

Ⅱ优69（Ⅱ you 69）

品种来源：湖北省恩施土家族苗族自治州农业科学院水稻油菜研究所用恢复系恩恢69与不育系Ⅱ-32A配组选育而成。2005年通过湖北省农作物品种审定委员会审定，编号为鄂审稻2005012。

形态特征和生物学特性：属迟熟三系杂交中籼稻。感温性较强，感光性弱。基本营养生长期长，全生育期157.4d，比恩优58长9.3d。植株生长整齐，株叶形态适中，叶鞘紫色，叶片宽厚，株高110.7cm。穗长23.9cm，每穗总粒数150.9粒，实粒数120.2粒，结实率79.6%，后期耐低温能力较强。谷粒椭圆形，稃尖紫色，无芒。千粒重28.2g。

品质特性：经农业部食品质量监督检验测试中心测定，糙米率79.9%，整精米率55.1%，垩白粒率55%，垩白度16.5%，直链淀粉含量21.27%，胶稠度75mm，糙米长宽比2.5。

抗性：中抗稻瘟病，田间稻曲病轻。

产量及适宜地区：2002—2003年参加湖北省恩施水稻品种区域试验，两年平均产量8 712.5kg/hm^2，比对照恩优58增产5.39%。2004年生产试验平均产量8 775kg/hm^2，比Ⅱ优58增产6.43%。适宜湖北省恩施海拔800m以下稻区种植。

栽培技术要点：①适时早播，采用塑膜育秧、旱育秧或塑盘旱育抛秧，稀播结合喷施多效唑培育带蘖壮秧，栽插37.5万穴/hm^2，每穴2苗。②控制无效分蘖，提高成穗率。在苗数达270万苗/hm^{2}时排水搁田，至幼穗分化前复水，防止过早脱水。③适当施用促花肥，注意保花肥，酌情施粒肥，提高粒数和粒重。总氮量以150 ～ 165kg/hm^{2}为宜，氮、磷、钾比例以1 ∶ 0.6 ∶ 1.2为宜。④病虫害防治。注意防治稻瘟病和纹枯病，害虫主要是稻飞虱、螟虫、稻秆蝇等，要治早治小。

Ⅱ优718（Ⅱ you 718）

品种来源：四川省原子核应用技术研究所、四川省种子站和成都南方杂交水稻研究所用不育系Ⅱ-32A与恢复系FUK718配组育成。由湖北省种子管理站引进。分别通过湖北省（2002）和国家（2003）农作物品种审定委员会审定，编号分别为鄂审稻012-2002和国审稻2003007。

形态特征和生物学特性：属中熟三系杂交中籼稻。感温性较强，感光性较弱，基本营养生长期较长，全生育期137.3d，比汕优63长2.7d。株高124.3cm，植株高大，茎秆粗壮，叶色深绿，剑叶较挺，节间紫色。分蘖力中等，秧田前期生长势稍弱，大田生长势较强，后期转色好，抗倒性较强。穗大粒多。有效穗253.5万穗/hm^2，穗长25.0cm，每穗总粒数141.7粒，实粒数124.5粒，结实率87.9%，谷粒大，千粒重30.39g。

品质特性：经农业部食品质量监督检验测试中心（武汉）测定，糙米率79.6%，整精米率66.1%，糙米长宽比2.3，垩白粒率51%，垩白度11.8%，直链淀粉含量20.6%，胶稠度66mm。

抗性：感白叶枯病和稻瘟病穗颈瘟。

产量及适宜地区：2000—2001年参加湖北省中稻品种区域试验，两年区域试验平均产量8 953.4kg/hm^2，比对照汕优63增产3.31%。适宜湖北、四川、重庆、湖南、浙江、江西、安徽、上海、江苏的长江流域（武陵山区除外）和云南、贵州海拔1 100m以下地区以及河南信阳、陕西汉中地区白叶枯病、稻瘟病轻病区和无病区作中稻种植。

栽培技术要点：①适时播种，培育壮秧。鄂北4月中旬播种，江汉平原、鄂东5月中旬播种，避开苗期低温和抽穗扬花期的高温。播种量225kg/hm^2，大田用种量18.75～22.5kg/hm^2。②及时插秧，合理密植。秧龄30d栽秧，株行距18cm×28cm，每穴2苗。③加强肥水管理。底肥与追肥比例为7∶3，底肥以有机肥为主，氮、磷、钾肥配合使用，三者比例为1∶0.8∶0.9。抽穗期喷施穗肥。插秧后及时上水，深水护苗，寸水活蔸，浅水勤灌促分蘖，苗数达240万～270万苗/hm^2时晒田，苗足田重晒或分两次晒田，苗弱、苗数偏少田轻晒。齐穗后田间间歇灌水，保持湿润状态至成熟。④重点防治稻瘟病和纹枯病。

Ⅱ优725（Ⅱ you 725）

品种来源：四川省绵阳市农业科学研究所用不育系Ⅱ-32-8A与恢复系绵恢725配组育成。由湖北省种子管理站、随州市种子公司引进。分别通过湖北省（2001）和国家（2001）农作物品种审定委员会审定，编号分别为鄂审稻007-2001和国审稻2001003。

形态特征和生物学特性：属中迟熟三系杂交中籼稻。感温性较强，感光性较弱。基本营养生长期长，全生育期135.9d，比汕优63长4.1d。株高123.2cm，株型较紧凑，株高中等偏高，剑叶略宽，斜上举，成穗率一般，但穗大粒多，后期转色好。易制种。苗期生长势旺，分蘖力较强，有效穗258万穗/hm^2，穗长25.3cm，每穗总粒数162.2粒，实粒数136.4粒，结实率84.0%，抽穗扬花期遇高温结实率明显下降。千粒重27.26g。

品质特性：经农业部食品质量监督检验测试中心测定，糙米率80.64%，精米率72.58%，整精米率53.93%，粒长5.8mm，糙米长宽比2.4，垩白粒率53%，直链淀粉含量18.11%，胶稠度49mm，蛋白质含量8.40%。

抗性：高感白叶枯病和稻瘟病穗颈瘟，纹枯病较重。抽穗扬花期遇阴雨稻曲病、叶鞘腐败病较重。

产量及适宜地区：1997—1999年参加湖北省中稻品种区域试验，3年区域试验平均产量9 092.7kg/hm^2，比对照汕优63增产4.33%。适宜湖北省西南部以外地区的白叶枯病、稻瘟病轻病区和无病区作中稻种植。

栽培技术要点：①适时播种，鄂北、鄂东4月中旬播种，江汉平原5月中下旬播种，以避开苗期低温和抽穗扬花期的高温。②及时移栽，插足基本苗。栽插22.5万穴/hm^{2}以上。③配方施肥，农家肥占总肥量的50%。底肥占50%～60%，分蘖肥占20%～30%，穗肥占（在抽穗前10d施下）20%。④科学管水，控制无效分蘖。苗数达240万苗/hm^{2}时晒田，抽穗以后间歇灌水，田间保持干干湿湿到成熟。⑤重点防治白叶枯病和稻瘟病穗颈瘟，抽穗扬花期防治叶鞘腐败病、稻曲病等病害。

Ⅱ优80（Ⅱ you 80）

品种来源：湖北省恩施土家族苗族自治州农业科学院用不育系Ⅱ-32A与恢复系恩恢80配组育成。商品名为清江4号。2005年通过湖北省农作物品种审定委员会审定，编号为鄂审稻2005011。

形态特征和生物学特性：属迟熟三系杂交中籼稻。感温性较强，感光性弱。基本营养生长期较长，全生育期147.8d，比汕优63短1.2d。株高108.4cm，株叶形态适中，植株生长整齐，苗期生长势旺，分蘖力强，叶鞘紫色，叶片宽厚，成熟期转色一般。穗长24.1cm，每穗总粒数147.4粒，穗中等大小，实粒数123.7粒，结实率83.9%，谷粒长椭圆形，稃尖紫色，无芒，谷粒中等偏大，千粒重27.9g。

品质特性：经农业部食品质量监督检验测试中心测定，糙米率81.5%，整精米率52.3%，垩白粒率38%，垩白度9.5%，直链淀粉含量20.55%，胶稠度80mm，糙米长宽比2.2。

抗性：中感稻瘟病穗颈瘟和纹枯病。

产量及适宜地区：2001—2002年参加湖北省恩施水稻品种区域试验，两年平均产量9 226.5kg/hm^2，比对照汕优63增产4.3%。适宜湖北省恩施海拔1 000m以下稻区种植。

栽培技术要点：①适时播种，培育壮秧。3月底至4月初播种，采用旱育秧技术，培育多蘖壮秧。②及时插秧，合理密植。栽插30万穴/hm^2，每穴2苗。③科学施肥。施足底肥，早施苗肥，巧施穗肥，酌情补施粒肥，底肥与追肥比例为7 ∶ 3，氮、磷、钾比例为1 ∶ 0.9 ∶ 0.8。④合理管水。控制无效分蘖。插秧后及时上水，深水护苗，寸水活棵，浅水分蘖，苗数达到345万～375万苗/hm^{2}时晒田，苗足田块重晒或采取二次晒田，苗弱、苗数偏少田轻晒。幼穗分化前复水，孕穗至抽穗扬花期田间保持水层，生长后期间歇灌水，田间保持湿润，干干湿湿至成熟，收割前7～10d停止灌水。⑤病虫害防治。注意防治二化螟、三化螟及稻纵卷叶螟，抽穗期防治稻瘟病穗颈瘟，生长后期防治纹枯病。

Ⅱ优87（Ⅱ you 87）

品种来源：湖北荆楚种业股份有限公司用不育系Ⅱ-32A与恢复系R87配组育成。商品名为楚丰一号。2004年通过湖北省农作物品种审定委员会审定，编号为鄂审稻2004004。

形态特征和生物学特性：属中熟三系杂交中籼稻。感温性强，感光性较弱，基本营养生长期较长，全生育期137.6d，比汕优63长1.7d。株高114.9cm。株型适中，植株高度适中，叶片宽、略披，分蘖力及田间生长势中等，后期转色一般，抗倒性较强。区域试验中有效穗数262.5万穗/hm^2，穗数较多；穗长25.5cm，每穗总粒数141.5粒，实粒数115.3粒，穗大小中等；结实率81.4%，结实性能较好；谷粒中等偏大，千粒重29.61g。

品质特性：经农业部食品质量监督检验测试中心测定，糙米率81.1%，整精米率56.9%，糙米长宽比2.4，垩白粒率33%，垩白度14.8%，直链淀粉含量21.2%，胶稠度51mm。

抗性：高感穗颈稻瘟病和白叶枯病。

产量及适宜地区：2002—2003年参加湖北省中稻品种区域试验，两年区域试验平均产量8 392.05kg/hm^2，比对照汕优63增产4.43%。适宜湖北西南山区以外的地区作中稻种植。

栽培技术要点：①适时播种，培育壮秧。一般将抽穗扬花期安排在8月中旬，避开高温为宜。4月底至5月初播种，秧田播种量一般在187.5kg/hm^2。②及时栽秧，合理密植。秧龄在35～40d插秧，插27万～30万穴/hm^2，每穴栽插2苗。③科学管理肥水。插秧后及时上水，深水护苗，寸水活蔸，浅水分蘖；在幼穗分化前复水，孕穗期间保持足寸水层，齐穗后采取间歇灌水，田间保持干干湿湿至成熟，忌断水过早。施纯氮180kg/hm^2，氮、磷、钾配合施用，重施底肥，早施分蘖肥，因苗酌情施用孕穗保花肥。④防治病虫害，在抽穗破口期注意防治穗颈稻瘟病，在苗期及孕穗期均需防治白叶枯病。大田要注意防治二化螟、三化螟及稻纵卷叶螟和稻飞虱的为害，生长后期注意防治纹枯病。

Ⅱ优898（Ⅱ you 898）

品种来源：湖北省江汉平原农业高科技研究发展中心用不育系Ⅱ-32A与恢复系恢898配组选育而成。2005年通过湖北省农作物品种审定委员会审定，编号为鄂审稻2005002。

形态特征和生物学特性：属迟熟三系杂交中籼稻。感温性较强，感光性弱。基本营养生长期长，全生育期139.9d，比Ⅱ优725短0.3d。株高119.8cm，株型适中，叶型前披后挺，剑叶较宽长，叶鞘、颖尖紫色。分蘖力及田间生长势较强。穗层整齐，基部颖花有退化现象，二次灌浆现象较明显。有效穗265.5万穗/hm^2，穗长24.6cm，每穗总粒数157.6粒，实粒数131.3粒，结实率83.3%，少数谷粒有短顶芒，千粒重27.0g。

品质特性：经农业部食品质量监督检验测试中心测定，糙米率81.0%，整精米率62.2%，垩白粒率22%，垩白度3.4%，直链淀粉含量20.9%，胶稠度54mm，糙米长宽比2.6。

抗性：高感稻瘟病穗颈瘟，中抗白叶枯病，田间稻曲病较重。

产量及适宜地区：2003—2004年参加湖北省中稻品种区域试验，两年区域试验平均产量8 674.5kg/hm^2，比对照Ⅱ优725增产9.11%。适宜湖北省西南山区以外的地区作中稻种植。

栽培技术要点：①适时播种，培育壮秧。鄂北4月中旬播种，江汉平原、鄂东4月下旬至5月上旬播种。秧田施底肥375kg/hm^2，播种时要求秧田平整，均匀播种，秧田播种量为225kg/hm^2。播种至立针前秧田湿润管理，要求厢面无水，厢沟有水。②及时移栽，合理密植。在秧龄30d左右时移栽。株行距13.3cm×26.7cm，每穴插2苗，基本苗150万～180万苗/hm^2。③科学管理肥水，底肥与追肥比例为7∶3，氮、磷、钾配合使用，三者比例为1∶0.8∶1。注意增施有机肥。早施追肥，酌施穗肥，喷施粒肥，增施锌肥和硼肥。插秧后要求及时上水，寸水活蔸，浅水勤灌，在苗数达到255万～270万苗/hm^{2}时排水晒田，苗旺田重晒或两次晒田，苗少、苗弱田轻晒；幼穗分化前复水，孕穗至抽穗期田间保持水层，抽穗后间歇灌水，生长后期忌断水过早。④注意防治稻瘟病、稻曲病、纹枯病和螟虫等病虫害。

C两优513（C liangyou 513）

品种来源：湖南农业大学用C815S作母本，513作父本配组选育而成。2008年通过湖北省农作物品种审定委员会审定，编号为鄂审稻2008006。

形态特征和生物学特性：属中熟两系杂交中籼稻。感温性较强，感光性弱。基本营养生长期长，全生育期132.6d，比两优培九短4.4d。株高107.9cm，株型紧凑，植株较矮，茎秆较细，不露节。叶色绿，叶片中长、挺直，穗层整齐，穗型较松散。苗期生长势旺，分蘖力较强，后期转色好。有效穗300万穗/hm^2，穗长23.1cm，每穗总粒数152.5粒，实粒数128.8粒，穗大小中等。结实率84.5%，谷粒细长型，稃尖紫色无芒，谷粒偏小，千粒重23.89g。

品质特性：经农业部食品质量监督检验测试中心测定，糙米率80.0%，整精米率52.8%，垩白粒率28%，垩白度2.8%，直链淀粉含量20.3%，胶稠度67mm，糙米长宽比3.4，主要理化指标达到国家三级优质稻谷质量标准。

抗性：感白叶枯病，高感稻瘟病，田间稻曲病重。

产量及适宜地区：2006—2007年参加湖北省中稻品种区域试验，两年区域试验平均产量8 746.05kg/hm^2，比对照两优培九增产6.29%。适宜湖北省西南部以外的稻瘟病无病区或轻病区作中稻种植。

栽培技术要点：①适时播种，培育壮秧。鄂北4月中旬播种，江汉平原和鄂东5月中旬播种。秧田播种量120 ～ 135kg/hm^2，大田用种量15kg/hm^2。②适时移栽，插足基本苗。秧龄不超过35d。株行距20cm × 26.7cm，每穴插1 ～ 2苗，基本苗120万～ 135万苗/hm^2。③科学管理肥水。施足底肥，底肥一般施碳酸氢铵525kg/hm^2、过磷酸钙525kg/hm^2。早施追肥，插秧后5 ～ 7d施尿素105kg/hm^2、氯化钾150kg/hm^2。中后期视苗情酌施追肥，注意氮、磷、钾肥配合施用。前期浅水勤灌，够苗晒田，后期干湿交替，忌断水过早。④注意防治稻瘟病、白叶枯病、稻曲病和稻飞虱、螟虫等病虫害。

D优33（D you 33）

品种来源：湖北省荆楚种业股份有限公司用不育系荆楚D8A与恢复系R9-33配组选育而成。2006年通过湖北省农作物品种审定委员会审定，编号为鄂审稻2006002。

形态特征和生物学特性：属中熟三系杂交中籼稻。感温性较强，感光性弱。基本营养生长期长，全生育期138.2d，比Ⅱ优725短1.3d。株高122.4cm，株型偏松散，株高适中，茎秆较细，中上部节间外露，少数茎节外拐，叶片略宽长，叶色浓绿，剑叶挺直，叶鞘无色。穗层较整齐，分蘖力较强，生长势较旺，后期转色一般，有穗发芽现象，耐寒性较差。有效穗258万穗/hm^2，穗数较多，穗长24.7cm，每穗总粒数161.8粒，实粒数131.1粒，穗中等偏大，结实率81.0%，谷粒偏大，长型，谷壳较薄，稃尖无色，部分谷粒有短顶芒。千粒重28.81g。

品质特性：经农业部食品质量监督检验测试中心测定，糙米率80.2%，整精米率61.9%，垩白粒率18%，垩白度2.1%，直链淀粉含量16.68%，胶稠度77mm，糙米长宽比3.1，主要理化指标达到国家二级优质稻谷质量标准。米粒外观较好，米饭口感好。

抗性：高感稻瘟病穗颈瘟，中感白叶枯病，易感纹枯病。

产量及适宜地区：2004—2005年参加湖北省中稻品种区域试验，两年区域试验平均产量8 996.4kg/hm^2，比对照Ⅱ优725增产6.22%。适宜湖北省稻瘟病轻发区作中稻种植。

栽培技术要点：①适时稀播，培育壮秧。鄂北4月中旬播种，江汉平原、鄂东4月底至5月初播期，秧田播种量187.5kg/hm^2。②及时移栽，合理密植。秧龄一般30～35d，株行距13.3cm×26.7cm，每穴插2苗，基本苗120万～180万苗/hm^2。③科学管理肥水。施纯氮150kg/hm^2，注意增施磷、钾肥。冷浸田适量施用锌肥。生长后期控制施氮肥，晒田要偏重。④病虫害防治。防治稻瘟病、纹枯病、稻曲病、螟虫及稻飞虱等。

Q优18（Q you 18）

品种来源：重庆中一种业有限公司与重庆市农业科学院水稻研究所用不育系Q3A与恢复系R1018配组育成。2010年通过湖北省农作物品种审定委员会审定，编号为鄂审稻2010023。

形态特征和生物学特性：属迟熟三系杂交中籼稻。感温性较强，感光性弱，基本营养生长期长，全生育期145.6d，比Ⅱ优58早3.2d。株高112.7cm。株型适中。茎秆粗壮，剑叶直立，叶色绿色，叶鞘、叶枕、叶耳紫色。后期转色好。区域试验中有效穗数257.1万穗/hm^2，穗数多，成穗率67.1%，穗长24.7cm，穗总粒140.0粒，穗实粒113.8粒，穗大粒多，结实率81.3%，结实率较高，谷粒长形，有短顶芒，稃尖紫色，千粒重30.1g。

抗性：感稻瘟病。

品质特性：经农业部稻米及制品质量监督检验测试中心测定，糙米率82.5%，整精米率71.0%，垩白粒率20%，垩白度3.8%，直链淀粉含量21.5%，透明度1级，胶稠度58mm，粒长7.8mm，糙米长宽比3.1，主要理化指标达到国标三级优质稻谷质量标准。

产量及适宜地区：2008—2009年参加恩施迟熟中稻品种区域试验，两年区域试验平均产量8 411.25kg/hm^2，比对照Ⅱ优58增产7.72%。其中2008年产量8 643kg/hm^2，比Ⅱ优58增产6.86%，显著；2009年产量8 179.35kg/hm^2，比Ⅱ优58增产8.64%，极显著。适宜湖北省恩施海拔900m以下稻瘟病无病区或轻病区种植。

栽培技术要点：①适时播种，培育壮秧。以3月底至4月上中旬播种为宜，用旱育秧或地膜覆盖湿润育秧，稀播匀播，注意苗期防寒保暖。②栽插密度。插22.5万～30万穴/hm^2，每穴栽插2苗。③合理运筹肥料，科学进行肥水管理。施纯氮150kg/hm^2、五氧化二磷75kg/hm^2、氧化钾90kg/hm^2。磷肥全作底肥；氮肥60%作底肥，30%作追肥，10%作穗粒肥；钾肥50%作底肥，50%作穗粒肥。插秧后及即时上水，寸水活蔸、浅水勤灌促分蘖；当苗数达到270万苗/hm^2时晒田，生长旺盛田块重晒，苗弱、苗数偏少田轻搁，在幼穗分化前复水孕穗，抽穗以后田间采取间歇灌水，保持湿润状态到成熟，成熟前7d断水。④病虫害防治。注意加强对稻瘟病、纹枯病和螟虫、稻秆蝇等主要病虫害的综合防治。

苯两优639（Benliangyou 639）

品种来源：湖北省长江屯玉种业有限公司用苯63S作母本，赛恢9号作父本配组选育而成。2008年通过湖北省农作物品种审定委员会审定，编号为鄂审稻2008007。

形态特征和生物学特性：属两系中熟两系杂交中籼稻。感温性较强，感光性弱。基本营养生长期长，全生育期137.3d，比Ⅱ优725d短0.3d。株高120.8cm，株型紧凑，株高适中，田间生长势较旺，分蘖力较强。叶色浓绿，剑叶挺直。穗层整齐，有两段灌浆和颖花退化现象，成熟时落色好。有效穗277.5万穗/hm^2，穗长23.5cm，穗大粒多，着粒密。每穗总粒数166.7粒，实粒数134.1粒，结实率80.4%，谷粒长型，稃尖紫色无芒。千粒重25.45g。

品质特性：经农业部食品质量监督检验测试中心测定，糙米率80.0%，整精米率57.6%，垩白粒率30%，垩白度4.0%，直链淀粉含量22.0%，胶稠度63mm，糙米长宽比3.1，主要理化指标达到国标三级优质稻谷质量标准。

抗性：感白叶枯病，高感稻瘟病，田间稻曲病较重。

产量及适宜地区：2005—2006年参加湖北省中稻品种区域试验，两年区域试验平均产量8 773.8kg/hm^2，比对照Ⅱ优725增产6.09%。适宜湖北省西南以外的稻瘟病无病区或轻病区作中稻种植。

栽培技术要点：①适时播种。鄂北4月底至5月初播种，江汉平原、鄂东5月上中旬播种。秧田播种量150～225kg/hm^2，大田用种量22.5kg/hm^2。②插足基本苗。秧龄35d左右移栽。株行距16.7cm×23.3cm，每穴插2苗，基本苗120万～150万苗/hm^2。③科学管理肥水。底肥一般施饼肥750kg/hm^2、碳酸氢铵750kg/hm^2、过磷酸钙375kg/hm^2、氯化钾225kg/hm^2、硫酸锌22.5kg/hm^2，分蘖期追施尿素112.5kg/hm^2。插秧后田间及时上水，寸水活棵、浅水分蘖，苗数达到300万苗/hm^{2}时排水晒田。晒田复水后视苗情可追施尿素45kg/hm^2、氯化钾75kg/hm^{2}作穗肥。后期干干湿湿，忌断水过早。④注意防治稻瘟病、稻曲病、白叶枯病和螟虫等病虫害。

苯两优9号（Benliangyou 9）

品种来源：湖北省长江屯玉种业有限公司用苯88S作母本，赛恢9号作父本配组选育而成。2006年通过湖北省农作物品种审定委员会审定，编号为鄂审稻2006006。

形态特征和生物学特性：属中熟两系杂交中籼稻。感温性较强，感光性弱。基本营养生长期长，全生育期138.1d，比Ⅱ优725短1.2d。株高121.4cm，株型紧凑，植株较高，茎秆粗壮，上部茎节外露，微弯曲。叶色浓绿，叶片较长，剑叶宽长、挺直，叶鞘无色。穗大粒多，穗颈较长，分蘖力中等，生长势强，二次灌浆现象明显，后期转色一般。有效穗256.5万穗/hm^2，穗长24.7cm，每穗总粒数162.5粒，实粒数128.5粒，结实率79.1%，谷粒细长，稃尖无色，有短顶芒。谷粒中等偏大，千粒重28.72g。

品质特性：经农业部食品质量监督检验测试中心测定，糙米率80.0%，整精米率57.6%，垩白粒率30%，垩白度4.0%，直链淀粉含量22.0%，胶稠度63mm，糙米长宽比3.1，主要理化指标达到国家三级优质稻谷质量标准。

抗性：中感白叶枯病，高感稻瘟病穗颈瘟。

产量及适宜地区：2005—2006年参加湖北省中稻品种区域试验，两年区域试验平均产量比对照Ⅱ优725增产7.24%。适宜湖北省西南山区以外的地区作中稻种植。

栽培技术要点：①适时播种。鄂北4月底至5月初播种，江汉平原、鄂东5月上中旬播种。秧田播种量150～225kg/hm^2，大田用种量22.5kg/hm^2。②插足基本苗。秧龄35d左右移栽。株行距16.7cm×23.3cm，每穴插2苗，基本苗120万～150万苗/hm^2。③科学管理肥水。底肥一般施饼肥750kg/hm^2、碳酸氢铵750kg/hm^2、过磷酸钙375kg/hm^2、氯化钾225kg/hm^2、硫酸锌22.5kg/hm^2；分蘖期追施尿素112.5kg/hm^2，生长后期控制氮肥使用。插秧后田间及时上水，寸水活棵，浅水分蘖，苗数达到255万苗/hm^{2}时排水晒田。孕穗至抽穗扬花期田间不能缺水，生长后期干干湿湿，忌断水过早。④注意防治稻瘟病、稻曲病、白叶枯病和螟虫等病虫害。

恩禾优291（Enheyou 291）

品种来源：恩施禾壮植保科技有限责任公司用不育系恩禾28A与恢复系R291配组育成。2010年通过湖北省农作物品种审定委员会审定，编号为鄂审稻2010026。

形态特征和生物学特性：属迟熟三系杂交中籼稻。感温性较强，感光性弱，基本营养生长期长，全生育期149d，比Ⅱ优58早0.6d。株高112cm。株叶形态适中，植株高度适中，叶片浓绿色，剑叶细长，叶鞘、叶枕、叶耳紫色。穗大粒多，着粒较密。后期落色好。区域试验中有效穗数275.4万穗/hm^2，穗长23.5cm，每穗粒数134.6粒，实粒数109.9粒，穗大小中等；结实率81.7%；谷粒细长，无芒，稃尖紫色，千粒重28.8g。

品质特性：经农业部食品质量监督检验测试中心测定，糙米率79.5%，整精米率44.0%，垩白粒率36%，垩白度5.5%，直链淀粉含量23.0%，透明度1级，胶稠度61mm，糙米粒长7.8mm，糙米长宽比3.4。

抗性：中抗稻瘟病。

产量及适宜地区：2007—2008年参加恩施迟熟中稻品种区域试验，两年区域试验平均产量8 111.7kg/hm^2，比对照Ⅱ优58增产3.19%。其中2007年产量7 737.15kg/hm^2，比Ⅱ优58增产1.36%，不显著；2008年产量8 486.1kg/hm^2，比Ⅱ优58增产4.92%，显著。适宜湖北省恩施海拔800m以下稻区种植。

栽培技术要点：①适时播种，合理稀播，培育多蘖壮秧。3月下旬至4月上旬播种，采用旱育旱发和旱育抛秧等技术，如用水田育秧需采取保温措施。②及时栽秧，合理密植。在秧龄达到30～35d时插秧，每穴栽插2苗，插足基本苗150万苗/hm^{2}以上。③科学管理肥水。插秧后田间立即上水，寸水活蔸，浅水分蘖。要求施足底肥，在插秧后5～7d追施分蘖肥，在孕穗期视苗情巧施穗肥，抽穗后酌情补施粒肥，特别注意氮、磷、钾肥与锌、硼等微肥的配合施用。适时晒田，当苗数达到300万苗/hm^{2}时晒田，生长势旺重晒，苗弱、苗少田轻搁。抽穗以后间歇灌水、田间保持干湿交替，在收割前7～10d断水，不宜断水过早。④大田重点防治二化螟、三化螟及稻纵卷叶螟及稻秆蝇，在抽穗破口时防治稻瘟病，生长后期注意防治纹枯病及稻飞虱的为害。

恩优325（Enyou 325）

品种来源：湖北省恩施土家族苗族自治州红庙农业科学研究所以恩恢325与恩A配组选育而成。2000年通过湖北省恩施土家族苗族自治州农作物品种审定小组审定。

形态特征和生物学特性：属迟熟三系杂交中籼稻。感温性强，感光性较弱。基本营养生长期长，全生育期132 ~ 157d，比汕优63早2 ~ 3d。株高105cm左右，株型适中。株高中等，叶鞘紫色，叶片宽厚，植株整齐，前期生长势好，分蘖力强，落色好，苗期耐寒性强。穗大粒多，有效穗300万穗/hm^2左右，穗长23cm左右，穗粒数130粒左右，穗实粒数110粒左右，结实率85%左右，籽粒稃尖紫色，无芒，椭圆形，千粒重27 ~ 28g。

品质特性：经湖北省农业科学院测试中心分析，糙米率81.5%，精米率73.4%，米粒长5.8mm，糙米长宽比2.4，碱消值6级，直链淀粉含量24.1%，胶稠度44mm，蛋白质含量6.6%，色泽和气味好。

抗性：抗稻瘟病，纹枯病中抗。

产量及适宜地区：1997—1998年参加恩施水稻品种（组合）区域试验，1997年区域试验平均产量8 091.9kg/hm^2，比汕优46增产3.4%，1998年区域试验平均产量7 975.8kg/hm^2，比汕优63增产3.61%。1997年在杂交水稻展示中产量9 225kg/hm^2，比汕优63增产4.2%，比汕优46增产10.8%。适宜湖北省恩施海拔900m以下稻区种植。

栽培技术要点：①适时早播，培育壮秧。3月下旬播种，秧田播种量为225kg/hm^2，栽插22.5万 ~ 30万穴/hm^2，每穴1 ~ 2苗，最高苗数控制在525万 ~ 600万苗/hm^2，成穗270万 ~ 300万穗/hm^2。②控制无效分蘖，提高成穗率。当茎蘖数达到计划数的80%（216万 ~ 240万蘖/hm^2）时，排水搁田，至幼穗分化前复水，防止过早脱水。③适当施用促花肥，注意施保花肥，酌情施粒肥，提高总粒数、结实率和粒重。总用氮量以150 ~ 165kg/hm^2为宜，氮、磷、钾比例以1 : 0.6 : 1.2为宜。④病虫害防治。注意稻瘟病和纹枯病的防治，害虫主要是稻飞虱、螟虫、稻秆蝇等，要治早治小。

恩优58（Enyou 58）

品种来源：湖北省恩施土家族苗族自治州红庙农业科学研究所以恩恢58与恩A配组选育而成。1998年通过湖北省恩施土家族苗族自治州农作物品种审定小组审定。

形态特征和生物学特性：属中迟熟三系杂交中籼稻。感温性强，感光性较弱。基本营养生长期较长，全生育期143d左右，比汕优63早4d。总积温3 386℃，主茎16～17叶，株高105cm，株型适中，株高中等偏矮。叶鞘紫色，叶片宽厚。苗期长势旺，分蘖力较强，植株整齐，成熟时落色好，苗期耐寒性强。有效穗300万穗/hm^2，穗长22cm，穗总粒数130粒，穗实粒数110粒，结实率85%。谷粒稃尖紫色，呈椭圆形，谷粒中等偏大，千粒重27g。

品质特性：外观米质中上等，糙米率81%左右，米粒半透明，垩白小，加工品质较好，食味较佳。

抗性：抗稻瘟病，中抗纹枯病。

产量及适宜地区：1995—1996年参加恩施水稻品种（组合）区域试验，1995年区域试验平均产量7 867.5kg/hm^2，比汕优63增产34.43%，1996年区域试验平均产量7 614.9kg/hm^2，比汕优63增产9.14%。适宜湖北省恩施海拔900m以下稻区种植。

栽培技术要点：①适时早播，培育壮秧。4月初播种，播种量为225kg/hm^2，在1叶1心至2叶1心时喷施多效唑或烯效唑促进分蘖。②及时插秧，合理密植。在秧龄达30d时插秧，栽插22.5万～30万穴/hm^2，每穴2苗。③科学进行田间管理，合理施肥。底肥与追肥比例为7∶3，总氮量以150～165kg/hm^{2}为宜，氮、磷、钾配合使用，三者比例为1∶0.6∶1.2。适当施用促花肥，注意保花肥，酌情施粒肥，提高粒数和粒重。插秧后田间及时上水，寸水活蔸，浅水分蘖，苗数达300万苗/hm^{2}时晒田，长势旺盛田块重晒，苗弱、苗数偏少田轻晒，在幼穗分化前复水。孕穗至抽穗扬花期田间保持水层，生长后期田间间歇灌水，湿润管理，干干湿湿至成熟。④防治二化螟、三化螟、稻飞虱及稻秆蝇，要治早治小；注意防治稻瘟病和纹枯病。

恩优80（Enyou 80）

品种来源：湖北省恩施土家族苗族自治州红庙农业科学研究所以恩恢80与恩A配组选育而成。2000年通过湖北省恩施土家族苗族自治州农作物品种审定小组审定。

形态特征和生物学特性：属迟熟三系杂交中籼稻。感温性强，感光性较弱。基本营养生长期长，全生育期151d，比恩稻3号迟3d。株高92cm，株叶形态适中，株高中等偏矮，植株生长整齐，苗期长势旺，分蘖力强。叶鞘紫色，叶片直立，叶色绿，落色好，苗期耐寒性强。有效穗270万穗/hm^{2}左右，穗数中等偏多，穗大小中等，穗长21cm，穗总粒数130粒左右，结实率80%左右，籽粒稃尖紫色，无芒，椭圆形，谷粒中等偏大，千粒重27 ~ 28g。

品质特性：经湖北省农业科学院测试中心分析，糙米率81.6%，精米率73.5%，米粒长5.7mm，糙米长宽比2.3，碱消值7级，直链淀粉含量24.5%，胶稠度42mm，蛋白质含量6.66%，色泽和食味好。

抗性：高抗稻瘟病，纹枯病和稻曲病亦轻。

产量及适宜地区：1998—1999年参加恩施水稻品种（组合）区域试验，1998年区域试验平均产量7 279.5kg/hm^2，比恩稻3号增产11.3%，1999年区域试验平均产量7 968kg/hm^2，比恩稻3号增产17.4%。1999年生产试验产量7 800kg/hm^2，比D优162增产14.3%。适宜湖北省恩施海拔1 000m左右稻区种植。

栽培技术要点：①适时早播，采用塑膜育秧、旱育秧或塑盘旱育抛秧，4月上中旬播种，稀播结合喷施多效唑培育带蘖壮秧，栽插33万 ~ 36万穴/hm^2，每穴2苗，基本苗150万苗/hm^2。②科学管水，提高成穗率。插秧后及时上水，寸水活棵，浅水分蘖，苗数达到270万 ~ 300万苗/hm^{2}时晒田，至幼穗分化前复水，孕穗至抽穗扬花期田间不能断水，生长后期田间保持湿润，防止过早脱水。③适当施用促花肥，注意施保花肥，酌情施粒肥，提高粒数和粒重。总用氮量以150 ~ 165kg/hm^{2}为宜，氮、磷、钾施用比例1 ： 0.6 ： 1.2。④注意防治稻瘟病和纹枯病，害虫主要是飞虱、螟虫、稻秆蝇等，要治早治小。

恩优995（Enyou 995）

品种来源：湖北省恩施土家族苗族自治州红庙农业科学研究所以恩恢995与恩A配组选育而成。2000年通过湖北省恩施土家族苗族自治州农作物品种审定小组审定。

形态特征和生物学特性：属中熟三系杂交中籼稻。感温性强，感光性较弱。基本营养生长期长，在海拔745 ~ 1 070m稻区种植全生育期147 ~ 152d，比温优3号迟4 ~ 7d，比汕优63早6d左右。株高97cm左右，株型适中。叶鞘紫色，叶片宽厚，植株整齐，落色好。穗长22cm左右，穗总粒数110 ~ 120粒。分蘖力强，有效穗300万穗/hm^2左右，结实率80%左右。苗期耐寒性强，长势旺。籽粒稃尖紫色，无芒，长粒形，千粒重27 ~ 28g。

品质特性：经湖北省农业科学院测试中心分析，糙米率80.98%，精米率72.88%，米粒长5.9mm，糙米长宽比2.4，碱消值6级，直链淀粉含量23.53%，胶稠度45mm，蛋白质含量6.25%，色泽及气味好。

抗性：中抗稻瘟病。

产量及适宜地区：1995—1996年参加恩施水稻品种（组合）区域试验，1995年区域试验平均产量7 671.2kg/hm^2，比温优3号增产37.8%，1996年区域试验平均产量7 767kg/hm^2，比温优3号增产14.1%。1996年恩施联试平均产量8 049kg/hm^2，比汕优46增产38.1%，比温优3号增产65.9%。适宜湖北省恩施海拔900m左右稻区种植。

栽培技术要点：①适时早播，采用塑膜育秧、旱育秧或塑盘旱育抛秧，在1叶1心至2叶1心时喷施多效唑培育带蘖壮秧。②及时插秧，在秧龄达到35d左右时插秧。栽插33万 ~ 36万穴/hm^2，每穴2苗，成穗300万穗/hm^2以上。控制无效分蘖，提高成穗率。当茎蘖数达到计划数的80%（264万 ~ 288万蘖/hm^2）时，排水搁田，至幼穗分化前复水，防止过早脱水。③适当施用促花肥，注意施保花肥，酌情施粒肥，提高总粒数、结实率和粒重。总用氮量150 ~ 165kg/hm^2为宜，氮、磷、钾比例以1 ∶ 0.6 ∶ 1.2为宜。④注意防治稻瘟病和纹枯病，害虫主要是飞虱、螟虫、稻秆蝇等，要治早治小。

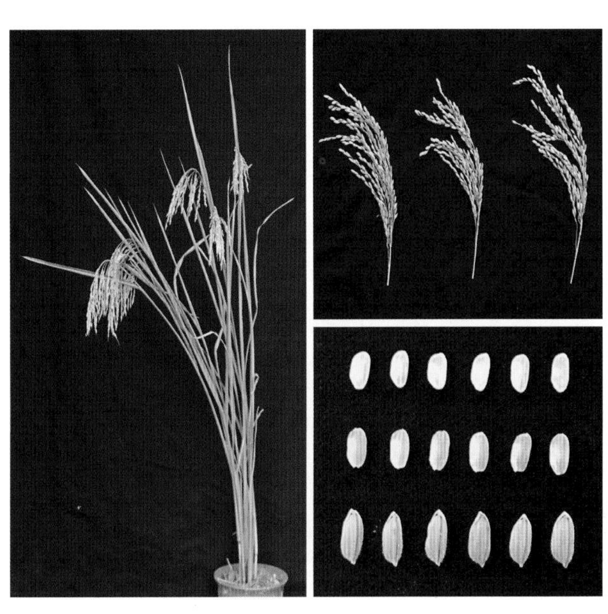

福优195（Fuyou 195）

品种来源：湖北省清江种业有限责任公司用福伊A作母本，泸恢195作父本配组育成。2001年通过湖北省恩施土家族苗族自治州农作物品种审定小组审定，编号为恩审稻002-2001。

形态特征和生物学特性：属迟熟三系杂交中籼稻。感温性较强，感光性较弱。基本营养生长期长，全生育期153.3d，比恩稻3号长5 ～ 6d。株高95 ～ 98cm，株型中等偏散，株高中等偏矮，茎秆较粗，韧性强。苗期生长势强，分蘖力强，植株整齐，成熟时叶青籽黄，转色好。有效穗249万～ 292.5万穗/hm^2，穗数中等偏多，穗长19.8cm，每穗总粒数132.1粒，实粒数113.1粒，穗大小中等，结实率85.6%，谷粒大小中等，千粒重26.7g。

品质特性：经农业部食品质量监督检验测试中心测定，糙米率80.72%，整精米率60.78%，直链淀粉含量20.89%，胶稠度40mm。

抗性：抗稻瘟病，纹枯病及稻曲病发病轻，前期遇高温恶苗病较重。

产量及适宜地区：1998—1999年参加恩施水稻品种区域试验，两年区域试验平均产量7 546.5kg/hm^2，比对照恩稻3号增产11.1%。1999年生产试验平均产量7 138.5kg/hm^2，比恩稻3号增产12.0%。适宜湖北省恩施海拔1 100m以下稻区种植。

栽培技术要点：①种子包衣或用三氯异氰尿酸对水浸种消毒杀菌催芽，可用旱育早发等技术育秧。播种期以3月下旬至4月中旬为宜，水田播种，秧龄30 ～ 35d。播种至秧苗立针前秧田厢面保持湿润，无明水，厢沟保持浅水层。在1叶1心到2叶1心期喷施多效唑促进分蘖发生。②及时移栽，合理密植。栽插30万穴/hm^2，每穴2苗。③在插秧后5 ～ 7d内施150 ～ 225kg/hm^{2}尿素作追肥，苗数达到240万～ 270万苗/hm^{2}时排水晒田。底肥与追肥比例为7 ：3，纯氮使用量180kg/hm^2，氮、磷、钾使用比例为1 ：1 ：0.8。齐穗后田间采取湿润管理，间歇灌水，干干湿湿至成熟，收割前7 ～ 10d停止灌水。④重点防治稻瘟病和纹枯病，注意防治二化螟、三化螟、稻飞虱及稻秆蝇，要治早治小。

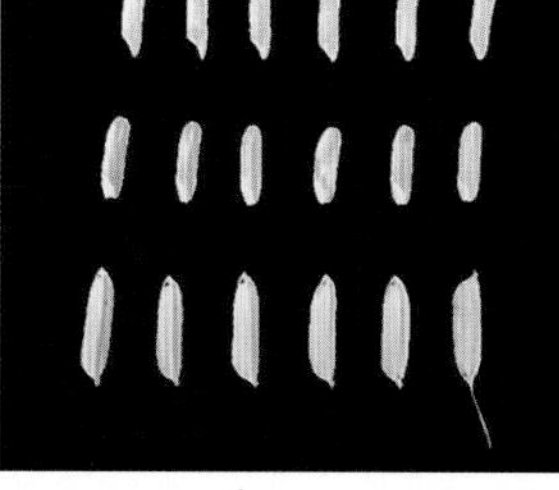

福优325（Fuyou 325）

品种来源：湖北省恩施土家族苗族自治州红庙农业科学研究所用福伊A作母本，恩恢325作父本配组育成。2001年通过湖北省恩施土家族苗族自治州农作物品种审定小组审定，编号为恩审稻004-2001。2003年通过国家农作物品种审定委员会审定，编号为国审稻2003070。

形态特征和生物学特性：属迟熟三系杂交中籼稻。感温性较强，感光性较弱。基本营养生长期长，全生育期146.1d，比汕优63长0.7d，比恩优58长3.1d。株高109cm，株型中等偏散，株高中等偏矮。苗期生长势强，分蘖力较强，植株生长整齐，分蘖成穗率高，成熟时转色好。有效穗268.5万～292.5万穗/hm^2，穗数偏多，穗长23.1cm，每穗总粒数127.1粒，实粒数112.2粒，穗大小中等，结实率88.3%，谷粒中等偏大，千粒重28.1g。

品质特性：经农业部食品质量监督检验测试中心测定，糙米率79.2%，直链淀粉含量20.1%，胶稠度50mm。

抗性：抗稻瘟病，纹枯病及稻曲病轻，前期遇高温则恶苗病较重。

产量及适宜地区：1998—1999年参加恩施水稻品种区域试验，两年区域试验平均产量8 620.5kg/hm^2，比对照汕优63增产7.5%，比恩优58增产9.5%。适宜湖北、湖南、贵州及重庆武陵山区海拔800m以下地区作中稻种植。

栽培技术要点：①适时早播，培育壮秧。可用旱育早发等技术育秧。播种期以3月下旬至4月中旬为宜，水田播种，秧龄30～35d，在1叶1心到2叶1心期喷施多效唑或烯效唑促进分蘖发生。②及时移栽，合理密植。栽插30万穴/hm^2，每穴2苗。③科学管水，合理施肥。在插秧后5～7d内施150～225kg/hm^2尿素作追肥，苗数达到240万～270万苗/hm^2时排水晒田，孕穗至抽穗扬花期田间保持足寸水层。齐穗后田间采取湿润管理，干干湿湿至成熟，不宜断水过早。④病虫害防治。稻瘟病常发区和气候异常年份注意防治稻瘟病和纹枯病。大田要防治二化螟、三化螟、稻飞虱及稻秆蝇，要治早治小。

福优527（Fuyou 527）

品种来源：福建省农业科学院稻麦研究所和湖北省清江种业有限责任公司用福伊A作母本，蜀恢527作父本配组育成。2002年通过湖北省恩施土家族苗族自治州农作物品种审定小组审定，编号为恩审稻002-2002。

形态特征和生物学特性：属迟熟三系杂交中籼稻。感温性较强，感光性较弱。基本营养生长期长，全生育期151.5d，比汕优63长2.5d，比恩优58长6d。株高108cm，株型松散适中，株高适中，结实率高，后期转色好。生长势强，分蘖力强，植株整齐，有效穗265.5万穗/hm^2，穗数偏多，穗长23.8cm，每穗总粒数149.1粒，实粒数128.4粒，穗较大，结实率86.1%，谷粒偏大，千粒重29.4g。

品质特性：经农业部食品质量监督检验测试中心测定，糙米率80.8%，整精米率64.6%，垩白粒率33%，垩白度3.5%，直链淀粉含量22.6%，胶稠度42mm。

抗性：抗稻瘟病，感纹枯病，易发恶苗病。

产量及适宜地区：2001—2002年参加恩施水稻品种区域试验，两年区域试验平均产量9 546kg/hm^2，比对照汕优63增产7.9%，比恩优58增产6.7%。适宜湖北省恩施海拔800m以下稻区种植。

栽培技术要点：①适时早播，培育壮秧。可用旱育早发等技术育秧。种子包衣或苗床施药防治恶苗病。播种期以3月下旬至4月中旬为宜，水田播种，秧龄30 ~ 35d为宜，在1叶1心到2叶1心期喷施多效唑或烯效唑促进分蘖。②及时移栽，合理密植。栽插30万穴/hm^2，每穴2苗。③科学管水，合理施肥。在插秧后5 ~ 7d施150 ~ 225kg/hm^{2}尿素作追肥，苗数达到240万 ~ 255万苗/hm^{2}时排水晒田，孕穗期间田间保持足寸水层，抽穗后田间采取湿润管理，间歇灌水，干干湿湿至成熟，不宜断水过早。④在栽培条件较好的地区，稻瘟病常发区和气候异常年份注意防治稻瘟病和纹枯病；大田防治二化螟、三化螟、稻飞虱及稻秆蝇，要治早治小。

福优58（Fuyou 58）

品种来源：湖北省恩施土家族苗族自治州红庙农业科学研究所用福伊A作母本，恩恢58作父本配组育成。2001年通过湖北省恩施土家族苗族自治州农作物品种审定小组审定，编号为恩审稻003-2001。

形态特征和生物学特性：属迟熟三系杂交中籼稻。感温性较强，感光性较弱。基本营养生长期长，全生育期144.3 ~ 147d，比汕优63短1 ~ 2d。株高106 ~ 108cm，株型松散适中。苗期生长势旺，分蘖力强，植株生长整齐，后期转色好。有效穗264万~ 301.5万穗/hm^2，穗长22.3cm，每穗总粒数124.4粒，实粒数103.0粒，结实率82.8%，千粒重27.2g。

品质特性：经农业部食品质量监督检验测试中心测定，糙米率79.3%，直链淀粉含量20.2%，胶稠度42mm。

抗性：抗稻瘟病，纹枯病及稻曲病较轻，前期遇高温则恶苗病较重。

产量及适宜地区：1998—2001年参加恩施水稻品种区域试验，1998年区域试验平均产量7 225.5kg/hm^2，比对照汕优63增产0.2%，比恩优58增产3.1%；1999年区域试验平均产量9 639.0kg/hm^2，比汕优63增产14.1%，比恩优58增产10.4%。2001年生产试验平均产量9 442.5kg/hm^2，比汕优63增产10.3%，比恩优58增产6.2%。适宜湖北省恩施海拔900m以下稻区种植。

栽培技术要点：①适时早播，培育壮秧。种子包衣或用三氯异氰尿酸对水浸种杀菌催芽，可用旱育早发等技术育秧。②及时移栽，合理密植。栽插30万穴/hm^2，每穴2苗。③科学管水，合理施肥。在插秧后5 ~ 7d内施150 ~ 225kg/hm^2尿素作追肥，在苗数达到240万~ 270万苗/hm^2时排水晒田。底肥与追肥比例为7 ∶ 3，使用纯氮180kg/hm^2，氮、磷、钾比例为1 ∶ 1 ∶ 0.8。抽穗后田间采取湿润管理，间歇灌水，干干湿湿至成熟，收割前7 ~ 10d停止灌水。④重点防治稻瘟病和纹枯病；注意防治二化螟、三化螟、稻飞虱及稻秆蝇，要治早治小。

福优80（Fuyou 80）

品种来源：湖北省恩施土家族苗族自治州红庙农业科学研究所以恩恢80与福伊A配组选育而成。2000年通过湖北省恩施土家族苗族自治州农作物品种审定小组审定。

形态特征和生物学特性：属迟熟三系杂交中籼稻。感温性强，感光性较弱。基本营养生长期长，全生育期152d左右，比恩稻3号长4 ～ 5d。株高92cm左右，株叶形态适中。株高中等偏矮，植株生长整齐，苗期长势旺，分蘖力强。叶鞘紫色，叶片略披，叶色浓绿，成熟时落色好，苗期耐寒性强。穗粒数多，穗长21cm左右，每穗总粒数130粒。有效穗255万穗/hm^2左右，结实率80%以上。谷粒稃尖紫色，无芒，椭圆形，千粒重27 ～ 28g。

品质特性：外观米质中上等，糙米率81.5%，米粒半透明，垩白粒率中等偏小。

抗性：高抗稻瘟病，纹枯病中等，稻曲病轻。

产量及适宜地区：1998—1999年参加湖北省恩施水稻品种区域试验，1998年区域试验平均产量7 354.5kg/hm^2，比恩稻3号增产29.0%；1999年区域试验平均产量8 349kg/hm^2，比恩稻3号增产23.0%。1999年生产试验产量7 800kg/hm^2，比D优162增产14.3%。适宜湖北省恩施海拔1 000m左右稻区种植。

栽培技术要点：①适时早播，培育壮秧。4月上中旬播种，采用塑膜育秧、旱育秧或塑盘旱育抛秧，稀播。②及时栽秧，合理密植。栽插33万～ 36万穴/hm^2，每穴2苗。③科学管理肥水。栽秧后及时上水，深水护苗，浅水分蘖。幼穗分化前复水，孕穗至抽穗扬花期不能断水，生长后期田间间歇灌水，保持干干湿湿至成熟，在成熟前7 ～ 10d停止灌水。合理施肥，底肥与追肥比例为7 ∶ 3。总用氮量以150 ～ 165kg/hm^2为宜，氮、磷、钾配合使用，三者比例为1 ∶ 0.6 ∶ 1.2。在栽秧后5 ～ 7d追施180kg/hm^2尿素作分蘖肥，适当施用促花肥，注意施用保花肥，酌情施粒肥，提高粒数和粒重。④病虫害防治。注意防治稻瘟病和纹枯病；注意防治稻飞虱、二化螟、三化螟及稻纵卷叶螟、稻秆蝇等害虫，治虫要治早治小。

福优86（Fuyou 86）

品种来源：福建省农业科学院稻麦研究所用明恢86与福伊A配组选育而成。由湖北省恩施土家族苗族自治州咸丰县种子公司引进。2000年通过湖北省恩施土家族苗族自治州农作物品种审定小组审定，2001年湖北省恩施土家族苗族自治州红庙农业科学研究所申请引种重庆市武陵山区适宜区域作一季中稻种植。编号为渝引稻2001017。

形态特征和生物学特性：属迟熟三系杂交中籼稻。感温性强，感光性较弱。基本营养生长期长，全生育期148d左右。株高95～105cm，主茎18～19叶。株型较好，株高中等，上部叶片宽大，苗期生长势好，叶片略披，分蘖力强，后期转色好。穗长23cm左右，有效穗300万穗/hm^{2}左右，穗大粒多，每穗粒数137.2粒，每穗实粒数119.6粒，结实率87.2%，谷粒较大，千粒重28.2g。

品质特性：米质中上等，糙米率80.5%，食味佳。

抗性：高抗稻瘟病。

产量及适宜地区：1997—1999年参加湖北省恩施水稻品种区域试验，1997年区域试验产量9 235.2kg/hm^2，比汕优46增产18.01%，比Ⅱ优58增产10.67%；1999年区域试验产量9 471kg/hm^2，比汕优63增产12.7%，比恩优58增产10.8%。适宜湖北省恩施海拔900m以下稻区种植。

栽培技术要点：①适时早播，采用塑膜育秧、旱育秧或塑盘旱育抛秧，均播。在1叶1心至2叶1心时喷施多效唑培育带蘖壮秧。②及时栽秧，合理密植。栽插33万～36万穴/hm^2，每穴2苗。③科学管理肥水。栽秧后田间及时上水，深水护苗，返青后浅水勤灌促分蘖。苗数达到270万苗/hm^{2}时排水搁田，生长旺盛田块重晒，苗弱、苗数偏少田轻晒，在幼穗分化前复水，孕穗至抽穗扬花期田间保持足寸水层。抽穗后间歇灌水，田间保持干干湿湿至成熟，收割前7～10d停止灌水。底肥与追肥比例为7：3，底肥以有机肥为主，氮、磷、钾配合使用，三者比例为1：0.6：1.2，施氮量150～165kg/hm^2。栽秧后5～7d追施分蘖肥，注意施促花肥，适当施用保花肥，酌情补施粒肥，提高粒数和粒重。④病虫害防治。大田防治稻飞虱、二化螟、三化螟及稻纵卷叶螟、稻秆蝇，要求早预防，治早治小，后期注意防治纹枯病。

福优98-5（Fuyou 98-5）

品种来源：湖北省清江种业有限责任公司用不育系福伊A与恢复系98-5配组育成。商品名清江5号。2005年通过湖北省农作物品种审定委员会审定，编号为鄂审稻2005013。

形态特征和生物学特性：属迟熟三系杂交中籼稻。感温性较强，感光性弱，基本营养生长期长，全生育期156.3d，比Ⅱ优58短0.5d。株高108.6cm，株叶形态适中，植株高度中等，叶片宽厚，叶鞘紫色，植株生长整齐，无芒。穗长23.1cm，每穗总粒数139.1粒，实粒数113.8粒，穗大小中等。结实率81.8%，谷粒椭圆形，稃尖紫色，谷粒大小中等，千粒重26.9g。

品质特性：经农业部食品质量监督检验测试中心测定，糙米率80.2%，整精米率49.2%，垩白粒率76%，垩白度11.4%，直链淀粉含量20.05%，胶稠度50mm，糙米长宽比2.6。

抗性：中抗稻瘟病穗颈瘟，高感纹枯病。

产量及适宜地区：2003—2004年参加湖北省恩施水稻品种区域试验，两年平均产量8 768.4kg/hm^2，比对照Ⅱ优58增产5.06%。适宜湖北省恩施海拔800m以下稻区种植。

栽培技术要点：①适时播种，培育壮秧。3月中下旬播种，育秧采取地膜覆盖保温，亦可采用旱育秧等技术。②及时插秧，合理密植。秧龄35d栽秧，株行距15.7cm×19.8cm，栽插30万穴/hm^2，每穴1～2苗。③科学施肥。底肥以有机肥为主，底肥与追肥比例为7∶3，氮、磷、钾配合使用，三者比例为1∶0.8∶0.9。施足底肥，早施苗肥，巧施穗肥，酌情补施粒肥。④科学进行水分管理。插秧后田间及时上水，深水护苗，寸水活棵，浅水勤灌促分蘖，足苗适时晒田，湿润壮秆。⑤病虫害防治。种子包衣结合苗床喷施杀菌剂防治恶苗病，大田重点防治纹枯病。

福优995（Fuyou 995）

品种来源：湖北省恩施土家族苗族自治州红庙农业科学研究所用福伊A作母本，恩恢995作父本配组育成。2001年通过湖北省恩施土家族苗族自治州农作物品种审定小组审定，编号为恩审稻005-2001。

形态特征和生物学特性：属迟熟三系杂交中籼稻。感温性较强。感光性较弱，基本营养生长期长，全生育期132～152d，比汕优63短3～5d。株高108cm，株叶形态松散适中，生长势强，分蘖力较强，成穗率高，整齐度高，后期转色好。穗长21.9cm，每穗总粒数112.1粒，实粒数91.4粒，结实率81.5%，千粒重27g。

品质特性：经农业部食品质量监督检验测试中心测定，糙米率79.1%，直链淀粉含量18.5%，胶稠度50mm。

抗性：抗稻瘟病，纹枯病及稻曲病发病轻，前期遇高温则恶苗病较重。

产量及适宜地区：1998年和2001年参加湖北省恩施水稻品种区域试验，两年区域试验平均产量8 730kg/hm^2，比对照汕优63增产4.6%，比恩优58增产5.9%。适宜湖北省恩施海拔900m以下稻区种植。

栽培技术要点：①适时早播，可用旱育早发等技术育秧。播种期以3月下旬至4月中旬为宜，水田播种时要求秧田平整，均匀稀播，使用农用薄膜覆盖保温。②及时移栽，合理密植。在秧龄30～35d栽秧，栽插30万穴/hm^2，每穴2苗。③在插秧后5～7d内施150～225kg/hm^{2}尿素作追肥，在茎蘖数达到240万～270万蘖/hm^{2}时排水晒田。抽穗后采取间歇灌水，田间保持湿润，干干湿湿至成熟，在成熟前7d断水，不宜断水过早，以防枯茟和结实率下降影响产量。④用三氯异氰尿酸浸种催芽杀菌消毒，减少恶苗病。秧田要防治稻蓟马。在栽培条件较好的地区，稻瘟病常发区和气候异常年份在抽穗期注意防治稻瘟病穗颈瘟，注意防治纹枯病、稻曲病，大田防治二化螟、三化螟、稻纵卷叶螟、稻飞虱及稻秆蝇，要治早治小。

冈优725（Gangyou 725）

品种来源：四川省绵阳市农业科学研究所用不育系冈46A与恢复系绵恢725配组育成。由湖北省种子管理站引进。2002年通过湖北省农作物品种审定委员会审定，编号为鄂审稻014-2002。

形态特征和生物学特性：属中熟三系杂交中籼稻。感温性较强，感光性较弱。基本营养生长期较长，全生育期135.6d，比汕优63长3.9d。株高125.3cm，株型紧凑，叶片挺直，长大，繁茂性好。叶舌、叶耳、柱头紫色。穗大粒多，穗层整齐。有效穗252万穗/hm^2，穗数较多，穗长26.1cm，每穗总粒数172.4粒，实粒数141.8粒，穗中等偏大，结实率82.3%，抽穗扬花期遇极端高温结实率下降。谷粒有短顶芒。谷粒中等偏大，千粒重27.96g。

品质特性：经农业部食品质量监督检验测试中心测定，糙米率80.8%，整精米率55.4%，糙米长宽比2.4，垩白粒率69%，直链淀粉含量21.2%，胶稠度42mm。

抗性：中感白叶枯病，高感稻瘟病穗颈瘟。

产量及适宜地区：1998—1999年参加湖北省中稻品种区域试验，两年区域试验平均产量9 001.1kg/hm^2，比对照汕优63增产2.60%。适宜湖北省西南部以外白叶枯病和稻瘟病轻病区或无病区作中稻种植。

栽培技术要点：①适时播种，培育多蘖壮秧。鄂北4月下旬播种，江汉平原、鄂东5月中旬播种，以避开苗期低温和抽穗扬花期的高温。②及时移栽，插足基本苗。大田用种量18.75～22.5kg/hm^2，栽插22.5万～30万穴/hm^2。③加强肥水管理。施纯氮150～180kg/hm^2，底肥占60%～70%，分蘖肥占20%～30%，穗肥（抽穗前7～10d）占10%。总施肥量中农家肥占50%，施硫酸锌22.5～30kg/hm^{2}作底肥。插秧后田间及时上水，苗数达到240万苗/hm^{2}时排水晒田，孕穗至抽穗扬花期田间不能缺水，齐穗以后田间湿润管理，忌断水过早。④病虫害防治。防治二化螟、三化螟及稻飞虱，在抽穗破口时重点防治稻瘟病穗颈瘟，后期防治纹枯病。

谷优92（Guyou 92）

品种来源：福建省兴禾种业科技有限公司、福建省农业科学院水稻研究所用不育系谷丰A与恢复系兴恢92配组选育而成。2009年通过湖北省农作物品种审定委员会审定，编号为鄂审稻2009017。

形态特征和生物学特性：属迟熟三系杂交中籼稻。感温性较强，感光性弱。基本营养生长期较长，全生育期163.6d，比对照福优195迟5.0d。株高93.0cm，株叶形态适中，植株高度中等偏矮，叶鞘紫色，禾下穗，穗大粒多，后期落色好。有效穗279.6万穗/hm^2，穗偏多，穗长22.8cm，每穗总粒数130.0粒，实粒数110.6粒，穗大小中等，结实率85.1%，谷粒椭圆形，稃尖紫色，千粒重27.6g。

品质特性：经农业部食品质量监督检验测试中心测定，糙米率81.3%，整精米率57.2%，垩白粒率72%，垩白度7.5%，直链淀粉含量21.4%，胶稠度60mm，糙米长宽比2.6。

抗性：中抗稻瘟病，感纹枯病，高抗稻曲病。

产量及适宜地区：2007—2008年参加湖北省恩施水稻品种区域试验，两年区域试验平均产量7 811.9kg/hm^2，比对照福优195增产4.23%。适宜湖北省恩施海拔800m以下稻区种植。

栽培技术要点：①适时早播，培育壮秧。可用旱育早发等技术育秧。播种期以3月下旬至4月中旬为宜，种子包衣或进行苗期施药防治恶苗病。水田播种，秧龄30 ~ 35d为宜。②及时移栽，合理密植。栽植30万穴/hm^2，每穴2苗。③科学管水，合理施肥。插秧后及时上水护苗，寸水活蔸，浅水勤灌促分蘖。插秧后5 ~ 7d内施150 ~ 260kg/hm^2尿素作追肥，苗数达到240万~ 260万苗/hm^2时晒田，生长旺盛田块重晒，苗弱、苗少田轻晒。孕穗期田间保持足寸水层。抽穗后田间采取湿润管理，间歇灌水，干干湿湿至成熟，不宜断水过早。④病虫害防治。在栽培条件较好的地区，稻瘟病常发区和气候异常年份注意防治稻瘟病和纹枯病，大田要防治二化螟、三化螟、稻飞虱及稻秆蝇，要治早治小。

谷优964（Guyou 964）

品种来源：福建省农业科学院水稻研究所用不育系谷丰A与恢复系福恢964配组育成，2009年通过湖北省农作物品种审定委员会审定，编号为鄂审稻2009019。

形态特征和生物学特性：属中迟熟三系杂交中籼稻。感温性较强，感光性弱。基本营养生长期较长，全生育期147.7d，比对照早1.3d。株高109.9cm，后期落色好。有效穗276.9万穗/hm^2，穗长23.7cm，穗总粒数125.2粒，实粒数108.8粒，结实率86.9%，谷粒椭圆形，稃尖紫色，千粒重29.0g。

品质特性：经农业部食品质量监督检验测试中心测定，糙米率80.2%，整精米率65.7%，垩白粒率59%，垩白度9.4%，直链淀粉含量22.8%，胶稠度60mm，糙米长宽比2.6。

抗性：中抗稻瘟病，感纹枯病，中感稻曲病。

产量及适宜地区：2007—2008年参加湖北省恩施水稻品种区域试验，两年区域试验平均产量8 435.1kg/hm^2，比对照Ⅱ优58增产4.59%。适宜湖北省恩施海拔800m以下稻区作中稻种植。

栽培技术要点：①适时播种，培育壮秧。3月下旬至4月上旬播种，苗期用地膜覆盖保温育秧，秧田播种量225kg/hm^2，播种时要求秧田平整，均匀稀播。②及时移栽，合理密植。秧龄25～30d时插秧，株行距20cm×20cm或17cm×23cm，大田用种量18.75～22.5kg/hm^2，栽插27万穴/hm^{2}左右，每穴插2苗。③配方施肥，科学管理。大田施纯氮165～180kg/hm^2，氮、磷、钾比例1：（0.5～0.55）：0.9，底肥配合使用农家肥3 750kg/hm^2，基肥占总量的55%～60%，分蘖肥占21%左右，穗（粒）肥占15%～16%，破口肥占5%～9%。浅水插秧，寸水护苗，浅水勤灌促分蘖。苗数达到300万苗/hm^{2}时晒田，苗足田重晒，苗瘦苗少田轻晒。在幼穗分化前复水，孕穗期田间保持足寸水层。抽穗以后田间间歇性灌水，保持干湿交替至成熟，不宜过早断水。④病虫害防治。秧田要防治稻蓟马，大田注意防治螟虫、稻秆蝇、稻飞虱和纹枯病等。

广两优15（Guangliangyou 15）

品种来源：湖北省黄冈市农业科学院用广占63-4S作母本，R15作父本配组育成，2011年通过湖北省农作物品种审定委员会审定，编号为鄂审稻2011004。

形态特征和生物学特性：属迟熟两系杂交中籼稻。感温性较强，感光性弱。基本营养生长期较长，全生育期139.6d，比扬两优6号短2.4d。株高124.4cm，株型较紧凑，株高中等偏高，分蘖力中等，苗期生长势旺，分蘖力较强，茎秆较粗，成熟时茎节弯曲。叶色较深，叶鞘紫色，剑叶中长、斜挺。穗层较整齐，成熟时转色较好。有效穗237万穗/hm^2，穗长24.1cm，穗较大，着粒均匀。每穗总粒数168.8粒，实粒数139.2粒，结实率82.5%，谷粒长型，柱头紫色，稃尖紫色，无芒。谷粒较大，千粒重29.91g。

抗性：高感稻瘟病，感白叶枯病。

品质特性：经农业部食品质量监督检验测试中心（武汉）测定，糙米率80.5%，整精米率68.8%，垩白粒率30%，垩白度2.4%，直链淀粉含量15.1%，胶稠度81mm，糙米长宽比3.1，主要理化指标达到国家三级优质稻谷质量标准。

产量及适宜地区：2008—2009年参加湖北省中稻品种区域试验，两年区域试验平均产量9 359.7kg/hm^2，比对照扬两优6号增产2.01%。适宜湖北省西南以外的稻瘟病无病区或轻病区作中稻种植。

栽培技术要点：①适时播种，培育壮秧。鄂北4月中下旬播种，江汉平原、鄂东等地5月上旬播种，秧田播种量187.5kg/hm^2，大田用种量15kg/hm^2。②及时移栽，合理密植。秧龄25～30d时移栽，株行距16.7cm×26.7cm，栽插30万穴/hm^2，基本苗120万～150万苗/hm^2。③科学管理肥水。采用“前重、中控、后稳”的施肥方法，一般施纯氮187.5kg/hm^2，基肥、分蘖肥和穗粒肥比例为60%：20%：20%，防止早衰。苗数达到240万苗/hm^2时排水晒田，适当重晒防止倒伏，成熟前1周断水。④病虫害防治。注意防治稻瘟病、纹枯病、稻曲病、白叶枯病和螟虫、稻飞虱等病虫害。

广两优35（Guangliangyou 35）

品种来源：湖北省襄阳市农业科学院用广占63-4S作母本，R35作父本配组选育而成。2011年通过湖北省农作物品种审定委员会审定，编号为鄂审稻2011002。

形态特征和生物学特性：属迟熟两系杂交中籼稻。感温性较强，感光性弱。基本营养生长期较长，全生育期138.3d，比扬两优6号短2.5d。株高127.8cm，株型松散适中，株高中等偏高，茎秆较粗，茎基部有露节。叶色浓绿，剑叶宽短、斜挺。穗层较整齐，穗颈节较长，着粒均匀。分蘖力较强，生长势较旺，成熟时转色好。有效穗249万穗/hm^2，穗长25.7cm，穗较大，每穗总粒数166.6粒，实粒数143.4粒，结实率86.1%，谷粒为长型，稃尖、柱头无色，穗顶部少数谷粒有短顶芒。谷粒中等偏大，千粒重29.43g。

品质特性：经农业部食品质量监督检验测试中心（武汉）测定，糙米率81.2%，整精米率68.9%，垩白粒率13%，垩白度1.3%，直链淀粉含量16.3%，胶稠度74mm，糙米长宽比3.2，主要理化指标达到国标二级优质稻谷质量标准。

抗性：高感稻瘟病，中感白叶枯病。

产量及适宜地区：2009—2010年参加湖北省中稻品种区域试验，两年区域试验平均产量9 617.3kg/hm^2，比对照扬两优6号增产4.78%。适宜湖北省西南以外的稻瘟病无病区或轻病区作中稻种植。

栽培技术要点：①适时播种，培育壮秧。鄂北4月中旬播种，江汉平原及鄂东等地4月下旬至5月上旬播种。秧田播种量225kg/hm^2。②适龄移栽，合理密植。一般秧龄30～35d，若采用两段育秧的秧龄45d移栽。株行距16.7cm×26.7cm。③科学管理肥水。采取“前促、中控、后补”的施肥原则。一般施纯氮150～180kg/hm^2，氮、磷、钾比例为1∶0.5∶0.8。底肥施复合肥750kg/hm^2，有机肥1 500kg/hm^2，适当增施微肥。浅水勤灌，适时分次晒田，成熟前1周断水。④重点防治稻瘟病，注意防治稻曲病、纹枯病和螟虫、稻飞虱等病虫害。

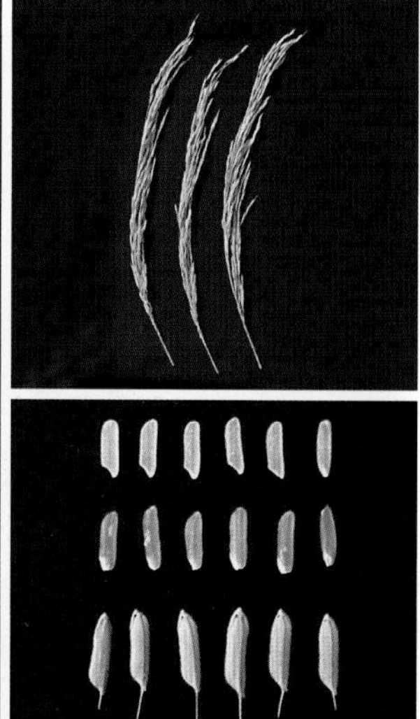

广两优476（Guangliangyou 476）

品种来源：湖北省农业科学院粮食作物研究所用广占63-4S与R476配制的两系杂交水稻品种，2010年通过湖北省农作物品种审定委员会审定，编号为鄂审稻2010004。

形态特征和生物学特性：属中迟熟两系杂交中籼稻。感温性较强，感光性弱。基本营养生长期较长，全生育期平均135d左右，比对照扬两优6号短5 ~ 7d。株高120cm，生育期适中，株高中等，茎秆粗壮，苗期生长势旺，分蘖力中等，植株生长整齐，成熟时转色好，耐肥，抗倒性强。有效穗数249万/hm^2，穗数适中，主穗达250粒以上，穗平均着粒169粒，穗较大。结实率84.6%，谷粒中等偏大，千粒重28.6g。

品质特性：经农业部食品质量监督检验测试中心测定，糙米率79.7%，整精米率65.4%，垩白粒率22%，垩白度2.4%，直链淀粉含量15.0%，胶稠度85mm，糙米长宽比3.0，四项达国标一级，主要理化指标均达到国家优质稻谷标准。

抗性：高感稻瘟病，中抗稻飞虱和白叶枯病。

产量及适宜地区：两年区域试验比对照扬两优6号平均增产4.37%。适宜湖北省西南以外的稻瘟病无病区或轻病区作中稻种植。

栽培技术要点：①适时播种，培育壮秧。鄂北4月上旬播种，江汉平原、鄂东等地5月上旬播种，秧田播种量150kg/hm^2，大田用种量150kg/hm^2。②及时移栽，插足基本苗。秧龄30d插秧，株行距16.7cm×26.7cm，每穴插2苗。③科学管理肥水。采用“前重、中控、后稳”的施肥方法，一般施纯氮210kg/hm^2，氮、磷、钾肥配合施用，施肥量的60%作底肥、20%作分蘖肥、20%作穗肥。插秧后田间及时上水，寸水活棵，浅水分蘖，适时晒田，最高苗数不超过375万苗/hm^2，齐穗后间歇灌水，田间湿润管理，后期忌断水过早。④注意防治二化螟、三化螟、纹枯病、白叶枯病、稻瘟病等病虫害。

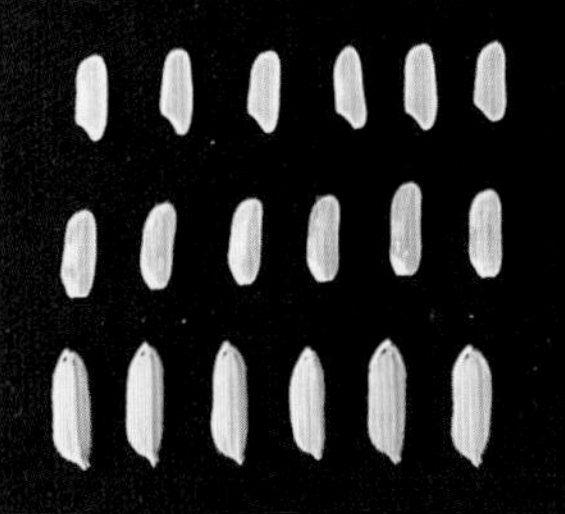

广两优558（Guangliangyou 558）

品种来源：湖北省种子集团有限公司和湖北禾盛生物育种研究院用广占63-4S作母本，R558作父本配组育成。2010年通过湖北省农作物品种审定委员会审定，编号为鄂审稻2011003。

形态特征和生物学特性：属迟熟两系杂交中籼稻。感温性较强，感光性弱。基本营养生长期较长，全生育期139.2d，比扬两优6号短0.1d。株高127.6cm，株型稍松散，植株中等偏高，茎秆较粗，分蘖力较强，生长势较旺。叶色绿，剑叶较长、斜挺。穗层较整齐，穗颈节短，穗大粒多，着粒均匀，有两段灌浆现象。成熟时转色好。有效穗258万穗/hm^2，穗长25.1cm，每穗总粒数173.2粒，实粒数138.8粒，结实率80.1%，谷粒长型，稃尖无色，无芒。千粒重28.97g。

品质特性：经农业部食品质量监督检验测试中心（武汉）测定，糙米率81.5%，整精米率67.3%，垩白粒率19%，垩白度1.9%，直链淀粉含量16.3%，胶稠度86mm，糙米长宽比3.2，主要理化指标达到国标二级优质稻谷质量标准。

抗性：高感稻瘟病，感白叶枯病。

产量及适宜地区：2008—2009年参加湖北省中稻品种区域试验，两年区域试验平均产量9 138.2kg/hm^2，比对照扬两优6号增产0.45%。适宜湖北省西南以外的稻瘟病无病区或轻病区作中稻种植。

栽培技术要点：①适时播种，培育壮秧。鄂北4月中旬播种，江汉平原、鄂东等地4月底至5月上旬播种，秧田播种量135 ~ 150kg/hm^2，大田用种量11.25 ~ 15kg/hm^2。播种前用三氯异氰尿酸和咪鲜胺浸种。秧苗1叶1心至2叶1心期适量喷施多效唑。②及时移栽，合理密植。秧龄30 ~ 35d移栽，提倡宽行窄株栽插，株行距16.7cm × 20.0cm或16.7cm × 26.7cm，每穴插2苗，基本苗150万苗/hm^2。③科学管理肥水。一般施纯氮165 ~ 195kg/hm^2，氮、磷、钾肥配合施用，氮、磷、钾比例为1 : 0.6 : 0.8。浅水插秧，薄水返青，湿润分蘖，适时晒田，收割前7 ~ 10d停止灌水。④重点防治稻瘟病，注意防治纹枯病、稻曲病、白叶枯病和螟虫、稻飞虱等病虫害。

广两优96（Guangliangyou 96）

品种来源：北京金色农华种业科技有限公司用广占63-4S作母本，R96作父本配组育成。2010年通过湖北省农作物品种审定委员会审定，编号为鄂审稻2010007。

形态特征和生物学特性：属中熟偏迟两系杂交中籼稻。感温性较强，感光性弱，基本营养生长期长，全生育期133.5d，比扬两优6号短6.8d。株高123.9cm。株型适中，植株偏高，部分茎节外露，叶色浓绿，剑叶较宽、中长斜挺。中等穗，穗层整齐度一般，一次枝梗距离着粒处较长，着粒较稀、均匀。分蘖力中等，生长势较旺。区域试验中有效穗数250.5万穗/hm^2，穗数中等，穗长25.4cm，每穗总粒数158.9粒，实粒数132.6粒，中等偏大穗；结实率83.5%，结实率较高；谷粒长形，稃尖无色，有少量短顶芒。谷粒偏大，千粒重29.27g。

品质特性：经农业部食品质量监督检验测试中心测定，糙米率80.0%，整精米率59.4%，垩白粒率26%，垩白度2.1%，直链淀粉含量15.2%，胶稠度85mm，糙米长宽比3.1，主要理化指标达到国标三级优质稻谷质量标准。

抗性：感白叶枯病，高感稻瘟病，田间纹枯病较重。

产量及适宜地区：2008—2009年参加湖北省中稻品种区域试验，两年区域试验平均产量9 506.1kg/hm^2，比对照扬两优6号增产3.64%，两年均增产极显著。适宜湖北省鄂西南以外的稻瘟病无病区或轻病区作中稻种植。

栽培技术要点：①适时播种，培育壮秧。鄂北4月中下旬播种，江汉平原、鄂东等地5月上中旬播种，秧田播种量150kg/hm^2，大田用种量18.75 ~ 22.5kg/hm^2。②及时移栽，合理密植。在秧龄25 ~ 35d插秧。宽窄行栽插，大田株行距16.7cm×26.7cm，每穴栽插2苗，插足基本苗150万苗/hm^2。③科学管理肥水。插秧后立即上水，寸水活蔸、浅水分蘖。采用“前重、中控、后稳”的施肥方法，一般施纯氮195 ~ 225kg/hm^2，氮、磷、钾比例为1.0 : 0.5 : 1.0，后期追肥慎施氮肥。当苗数达到255万苗/hm^2晒田，如苗弱则轻搁；抽穗后田间采取干湿交替、间歇灌水管理，在成熟前5 ~ 6d断水，不宜断水过早。④注意防治稻瘟病、纹枯病、稻曲病、白叶枯病和螟虫、稻飞虱等病虫害。

广两优香66（Guangliangyouxiang 66）

品种来源：湖北省农业技术推广总站、孝感市孝南区农业局、湖北中香米业有限责任公司用广占63-4S作母本，香恢66作父本配组选育而成。2009年通过湖北省农作物品种审定委员会审定，编号为鄂审稻2009005。

形态特征和生物学特性：属迟熟两系杂交中籼稻。感温性较强，感光性弱。基本营养生长期较长，全生育期137.9d，比扬两优6号短0.6d。株高128.4cm，株型较紧凑，植株中等偏高，苗期生长势较旺，分蘖力较强。茎秆较粗，部分茎节外露。叶色深绿，剑叶中长、挺直。成熟期转色较好。有效穗240万穗/hm^2，穗长25.3cm，穗中等偏大，着粒较密，每穗总粒数177.5粒，实粒数140.3粒，结实率79.0%，谷粒长型，有少量短顶芒，稃尖无色，千粒重29.99g。

品质特性：经农业部食品质量监督检验测试中心测定，糙米率80.4%，整精米率65.2%，垩白粒率20%，垩白度3.0%，直链淀粉含量16.6%，胶稠度86mm，糙米长宽比3.0，有香味，主要理化指标达到国标二级优质稻谷质量标准。

抗性：感白叶枯病，高感稻瘟病，田间稻曲病较重。

产量及适宜地区：2007—2008年参加湖北省中稻品种区域试验，两年区域试验平均产量9 027.3kg/hm^2，比对照扬两优6号增产2.64%。适宜湖北省江汉平原和鄂中、鄂东南的稻瘟病无病区或轻病区作中稻种植。

栽培技术要点：①适时播种，培育壮秧。鄂北4月中旬播种，江汉平原、鄂东等地5月上旬播种，秧田播种量135 ~ 150kg/hm^2，大田用种量11.25 ~ 15kg/hm^2。播种前用三氯异氰尿酸和咪鲜胺浸种。1叶1心至2叶1心期适量喷施多效唑。②及时移栽，合理密植。秧龄30 ~ 35d时移栽，株行距16.7cm×20.0cm或16.7cm×26.7cm，每穴插2苗。③科学管理肥水。一般施纯氮165 ~ 195kg/hm^2，氮、磷、钾肥配合施用，生长后期控制氮肥使用。苗数达到270万苗/hm^{2}时晒田，收割前7 ~ 10d断水。④在抽穗破口期重点防治稻瘟病、稻曲病，注意防治螟虫、稻飞虱，生长后期防治纹枯病。

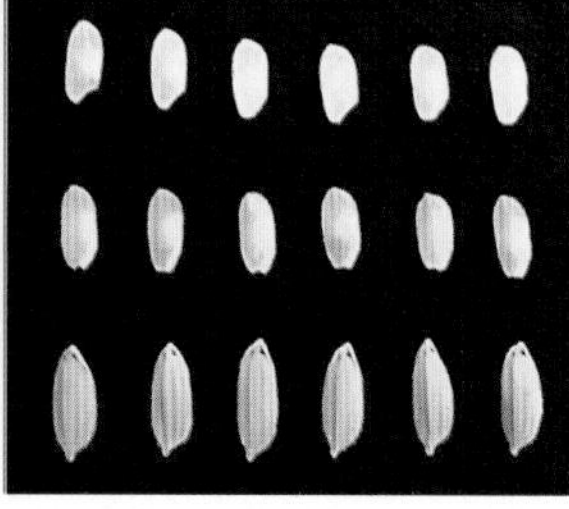

红莲优6号（Honglianyou 6）

品种来源：武汉大学用红莲粤泰A作母本，扬稻6号作父本配组育成，原代号红莲型2号。商品名红莲2号。2002年通过湖北省农作物品种审定委员会审定，编号为鄂审稻009-2002。

形态特征和生物学特性：属迟熟三系杂交中籼稻。感温性较强，感光性较弱。基本营养生长期长，全生育期139.0d，比汕优63长4.6d。株高118.9cm，株型较紧凑，茎秆粗壮，叶片窄而直立，柱头、叶鞘绿色。分蘖力强，生长势旺，后期转色好。有效穗297万穗/hm^2，穗大粒多，穗长23.8cm，每穗总粒数156.7粒，实粒数130.9粒，结实率83.5%，谷粒中等偏大，稃尖无色，千粒重27.21g。

品质特性：经农业部食品质量监督检验测试中心测定，糙米率79.92%，整精米率67.14%，糙米长宽比3.1，垩白粒率30%，垩白度5.0%，直链淀粉含量20.54%，胶稠度52mm，主要理化指标达到国标优质稻谷质量标准。

抗性：中感白叶枯病和稻瘟病穗颈瘟。

产量及适宜地区：2000年参加湖北省品种区域试验，平均产量8 661kg/hm^2，比对照汕优63减产1.24%，不显著。2001年参加湖北省中稻品种区域试验，平均产量9 872.7kg/hm^2，比对照汕优63增产6.17%，极显著。2002年在潜江市种植28hm^2，平均产量10 140kg/hm^2，较两优培九增产1.33%，较Ⅱ优838增产6.54%。适宜湖北省西南部以外稻瘟病、白叶枯病无病区或轻病区作中稻种植。

栽培技术要点：①稀播匀播，培育带蘖壮秧。秧田播种量不超过150kg/hm^2。②适时移栽，合理密植。株行距15.0cm×23.3cm或15.0cm×26.7cm，每穴插2苗，基本苗120万～150万苗/hm^2。③科学管理肥水。施纯氮195kg/hm^2，以底肥为主，追肥为辅，氮、磷、钾比例为1∶0.6∶0.9。孕穗至抽穗扬花期田间保持水层，勿断水过早，壮根防止倒伏。④病虫害防治。大田要防治螟虫、稻飞虱等害虫。抽穗期重点防治稻曲病、稻瘟病。

金优107（Jinyou 107）

品种来源：湖北省清江种业有限责任公司用金23A与HR107杂交配制选育而成。2010年通过湖北省农作物品种审定委员会审定，编号为鄂审稻2010020。

形态特征和生物学特性：属迟熟三系杂交中籼稻。感温性较强，感光性弱。基本营养生长期较长，全生育期165.4d，比福优195迟5.5d。株高101.6cm，株型适中，茎秆粗壮，叶片宽厚，上部叶偏挺，叶淡绿色，叶鞘、叶枕、叶耳紫色。穗部性状协调，落色好，有效穗280.4万穗/hm^2，穗较大，成穗率62.3%，穗长23.2cm，穗总粒137.9粒，穗实粒109.7粒，结实率79.6%，谷粒长型，稃尖紫色，短顶芒。谷粒偏大，千粒重29.7g。

品质特性：经农业部食品质量监督检验测试中心测定，糙米率81.8%，整精米率64.3%，垩白粒率65%，垩白度6.5%，直链淀粉含量20.7%，透明度1级，胶稠度66mm，粒长7.1mm，糙米长宽比3.0。

抗性：中抗稻瘟病。

产量及适宜地区：2008—2009年参加湖北省恩施水稻品种早熟中稻区域试验，两年试验平均产量8 359.5kg/hm^2，比对照福优195增产3.45%。适宜湖北省恩施海拔1 000m以下稻区种植。

栽培技术要点：①适时播种。以3月中下旬为宜，采用旱育早发和旱育抛秧等技术，培育多蘖壮秧，注意苗期防寒保暖。②适时插秧，合理密植。栽插22.5万穴/hm^{2}左右，每穴2苗。③科学管理肥水。要求底肥足，追肥早，穗肥巧，酌情补粒肥，底肥与追肥比例为7 ∶ 3，特别注意磷、钾肥配合施用，氮、磷、钾比例为1 ∶ 0.8 ∶ 0.8。水分管理做到寸水活棵，浅水分蘖，在最高苗数达345万～375万苗/hm^{2}时晒田，长势旺盛田重晒，苗弱、苗数偏少田轻晒。幼穗分化前复水孕穗，孕穗至抽穗扬花期田间不能断水，齐穗后田间保持干干湿湿到成熟，不能断水过早，收割前7～10d停止灌水。④病虫害防治。注意对纹枯病和螟虫、稻秆蝇等主要病虫害的综合防治。

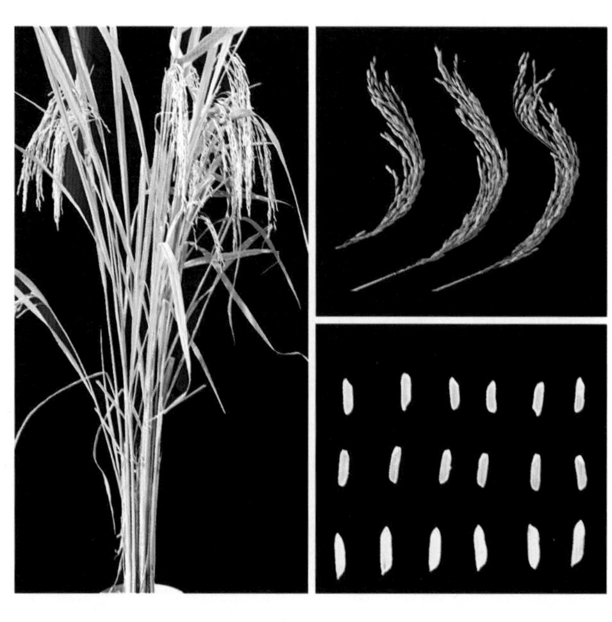

金优117（Jinyou 117）

品种来源：湖南常德市农业科学研究所用金23A作母本，R117作父本配组育成。由湖北省清江种业有限责任公司引进。2002年通过湖北省恩施土家族苗族自治州农作物品种审定小组审定，编号为恩审稻001-2002。

形态特征和生物学特性：属迟熟三系杂交中籼稻。感温性较强，感光性较弱。基本营养生长期较长，全生育期150.2d，比汕优63短1.1d。比金优58长2d。株高107.6cm，株型松散适中，株高中等。长势强，分蘖力强，植株生长整齐，后期转色好。有效穗265.5万穗/hm^2，穗数多，成穗率66.8%，穗长24.4cm，每穗总粒数147.9粒，实粒数122.8粒，穗大粒多。结实率83.0%，谷粒偏大，千粒重29.6g。

品质特性：经农业部食品质量监督检验测试中心测定，糙米率79.6%，整精米率61.7%，糙米长宽比3.2，垩白粒率25%，垩白度2.5%，直链淀粉含量20.75%，胶稠度62mm。

抗性：感稻瘟病，中感纹枯病，稻曲病轻。

产量及适宜地区：2001年区域试验平均产量10 243.5kg/hm^2，比对照汕优63增产5.4%，比金优58增产10.31%；2002年区域试验平均产量8 788.5kg/hm^2，比汕优63增产12.2%，比金优58增产9.7%。适宜湖北省恩施海拔900m以下地区种植，采取保温措施可提高到海拔1 000m左右稻区种植。

栽培技术要点：①适时早播，培育多蘖壮秧。一般应在3月上中旬播种，播种期不要迟于3月底。秧田播种量112.5kg/hm^2左右。②及时栽秧，合理密植。株行距13.3cm×30cm或13.3cm×26.7cm，每穴2苗。③配方施肥，科学管水。施纯氮225kg/hm^2，氮、磷、钾配合比例为1 ∶ 0.3 ∶ 0.4，注意增施穗肥。苗数达到240万～300万苗/hm^2时晒田，后期不宜断水过早，以防出现枯株。④在抽穗破口期重点防治稻瘟病，大田要防治二化螟、三化螟及稻纵卷叶螟和稻飞虱，生长后期防治纹枯病，后期遇阴雨注意防治稻曲病、稻粒黑粉病等。

金优58（Jinyou 58）

品种来源：湖南省常德市农业科学研究所用金23A作母本，恩恢58作父本配组育成。由湖北省清江种业有限责任公司引进。2001年通过湖北省恩施土家族苗族自治州农作物品种审定小组审定，编号为恩认稻002-2001。

形态特征和生物学特性：属迟熟三系杂交中籼稻。感温性较强，感光性较弱。基本营养生长期长，全生育期149.8d，比Ⅱ优58短6.2d。株高106.1cm，株型松散适中，株高中等。苗期生长势强，分蘖力强，植株生长整齐，后期转色好。分蘖成穗率高，有效穗261万穗/hm^2，穗长22.6cm，每穗总粒数126.5粒，实粒数105.5粒，穗大小中等，结实率83.4%，谷粒大小中等，千粒重27.2g。

品质特性：经农业部食品质量监督检验测试中心测定，糙米率78.0%，直链淀粉含量19.4%，胶稠度50mm。

抗性：中感稻瘟病，纹枯病及稻曲病轻。

产量及适宜地区：1999年参加恩施优质米品种大区对比试验，平均产量8 686.5kg/hm^2，比对照Ⅱ优58增产8.3%。适宜湖北省恩施海拔900m以下稻区种植。

栽培技术要点：①适时早播，培育壮秧。可用旱育早发等技术育秧。播种期以3月下旬至4月中旬为宜，水田播种，秧龄30 ~ 35d为宜。②及时移栽，合理密植。株行距15.6cm × 19.8cm，栽插30万穴/hm^2，每穴2苗。③科学管水，合理施肥。插秧后5 ~ 7d施尿素150 ~ 225kg/hm^2作追肥，苗数达到240万 ~ 255万苗/hm^2时晒田，生长后期采取湿润管理，间歇灌水，干干湿湿至成熟，在收割前7 ~ 10d断水干田。④病虫害防治。在栽培条件较好的地区，稻瘟病常发区和气候异常年份抽穗破口时要防治稻瘟病穗颈瘟，在抽穗后注意防治纹枯病，大田防治二化螟、三化螟、稻飞虱及稻秆蝇，要治早治小。

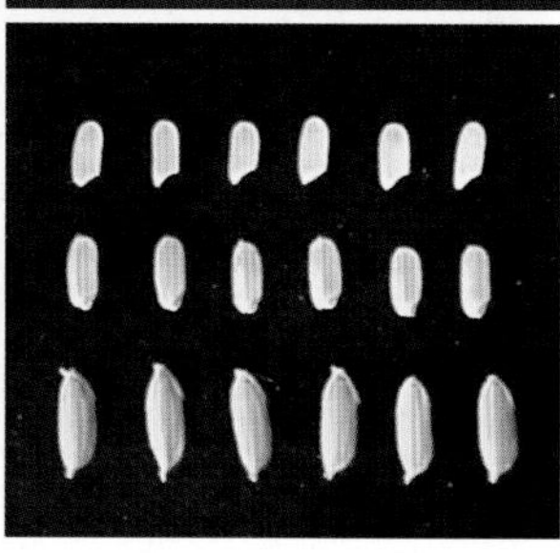

金优725（Jinyou 725）

品种来源：四川省绵阳市农业科学研究所用不育系金23A与恢复系绵恢725配组育成。由随州市种子公司、湖北省种子管理站引进。2002年通过湖北省农作物品种审定委员会审定，编号为鄂审稻011-2002。

形态特征和生物学特性：属中熟三系杂交中籼稻。感温性较强，感光性较弱。基本营养生长期长，全生育期133.8d，比汕优63短0.8d。株高115.9cm，株型较紧凑，株高适中，茎秆粗壮，叶片宽大，剑叶长，斜上举。苗期生长势较强，分蘖力强。后期叶青籽黄，不早衰，穗大粒多。有效穗279万穗/hm^2，穗长26.3cm，每穗总粒数152.4粒，实粒数123.5粒，结实率81.2%，千粒重27.39g。

品质特性：经农业部食品质量监督检验测试中心测定，糙米率81.0%，整精米率53.3%，糙米长宽比3.3，垩白粒率62%，垩白度6.2%，直链淀粉含量20.0%，胶稠度53mm。

抗性：感白叶枯病，中感稻瘟病穗颈瘟。

产量及适宜地区：2000—2001年参加湖北省中稻品种区域试验，两年区域试验平均产量8 824.7kg/hm^2，比对照汕优63增产0.28%。适宜湖北省西南部以外的稻瘟病轻病区和无病区作中稻种植。

栽培技术要点：①适时播种，鄂北4月中旬播种，江汉平原、鄂东4月下旬至5月中旬播种，以避开苗期低温和抽穗扬花期的高温。秧田播种量为225kg/hm^2。②及时移栽，合理密植。在秧龄30d时插秧，大田用种量22.5kg/hm^2，栽插24万～27万穴/hm^2。③底肥与追肥比例为6∶4，底肥施农家肥2.25万～3万kg/hm^2，复合肥600～750kg/hm^2，冷浸田增施锌肥15～22.5kg/hm^2。移栽后5～7d追施尿素112.5kg/hm^2，晒田复水后追施穗肥187.5kg/hm^2（其中复合肥112.5kg/hm^2、钾肥75kg/hm^2）。苗数达到240万苗/hm^{2}时晒田。④注意防治二化螟、三化螟、稻纵卷叶螟和稻飞虱，重点防治稻瘟病穗颈瘟、稻曲病、叶鞘腐败病，中后期注意防治纹枯病。

金优995（Jinyou 995）

品种来源：湖北省恩施土家族苗族自治州红庙农业科学研究所用金23A作母本，恩恢995作父本配组育成。商品名红庙一号。2003年通过湖北省恩施土家族苗族自治州农作物品种审定委员会审定，编号为恩认稻001-2003。

形态特征和生物学特性：属中熟三系杂交中籼稻。感温性较强，感光性较弱。基本营养生长期长，全生育期146d。株高105.8cm，株型松散适中，株高中等偏矮。有效穗291万穗/hm^2，穗数较多，穗长22.9cm，穗总粒数130.3粒，穗中等偏小。结实率80%，谷粒长形，千粒重27.1g。

品质特性：经农业部食品质量监督检验测试中心测定，糙米率80.9%，整精米率66.8%，糙米长宽比2.8，垩白粒率48%，垩白度12.0%，胶稠度41mm，直链淀粉含量23.3%。外观品质好，米饭松软适中，口感较好。

产量及适宜地区：2003年参加恩施水稻品种区域试验，区域试验平均产量7 937.1kg/hm^2，与对照恩优58相当。2001—2003年在湖北省利川市等地试种，平均产量8 250 ~ 8 610kg/hm^2，比恩优995增产9.8%~ 11.2%，表现出米质好，适应性好，受到稻农的欢迎。适宜湖北省恩施海拔800 ~ 1 100m稻区作中稻种植，采用保温栽培措施可提高到海拔1 200m稻区种植。

栽培技术要点：①适时播种，培育壮秧。3月中下旬至4月初播种，播种量225kg/hm^2。采用旱育早发和旱育抛秧等技术，培育多蘖壮秧，注意苗期防寒保暖。②适时插秧，合理密植。秧龄35d时插秧，株行距16.7cm × 19.8cm，栽插30万穴/hm^2，每穴2苗，基本苗150万苗/hm^2以上。③科学管理肥水。底肥与追肥比例为7 : 3，氮、磷、钾比例为1 : 0.9 : 0.8。穗期酌情补施粒肥，在茎蘖数达300万蘖/hm^2时排水晒田，抽穗后间歇灌水，田间保持干干湿湿状态至成熟。④注意病虫害防治。

荆两优10号（Jingliangyou 10）

品种来源：湖北省荆楚种业股份有限公司用荆118S作母本，R10作父本配组选育而成。2008年通过湖北省农作物品种审定委员会审定，编号为鄂审稻2008003。

形态特征和生物学特性：属迟熟两系杂交中籼稻。感温性较强，感光性弱。基本营养生长期长，全生育期136.9d，比两优培九长0.5d。株高124.3cm，株型适中，植株中等偏高，部分茎节稍外露。田间生长势较旺，分蘖力较强，叶色浓绿，剑叶短宽、较挺。穗层欠整齐，穗颈较长。后期转色较好。有效穗244.5万穗/hm^2，穗长25.3cm，每穗总粒数159.1粒，实粒数125.9粒，穗上着粒均匀，结实率79.1%，谷粒长形，稃尖无色，有少量短顶芒，千粒重30.12g。

品质特性：经农业部食品质量监督检验测试中心测定，糙米率80.7%，整精米率60.8%，垩白粒率30%，垩白度2.8%，直链淀粉含量16.2%，胶稠度83mm，糙米长宽比3.1，主要理化指标达到国标三级优质稻谷质量标准。

抗性：感白叶枯病，高感稻瘟病，易感纹枯病。

产量及适宜地区：2006—2007年参加湖北省中稻品种区域试验，两年区域试验平均产量8 596.1kg/hm^2，比对照两优培九增产5.83%。适宜湖北省西南以外的稻瘟病无病区或轻病区作中稻种植。

栽培技术要点：①适时播种，培育壮秧。鄂北4月上中旬播种，江汉平原和鄂东4月中旬至5月上旬播种。秧田播种量187.5kg/hm^2，大田用种量22.5kg/hm^2。移栽前4 ~ 5d施尿素75kg/hm^2。②及时移栽，宽行窄株栽插。秧龄不超过35d。株行距13.3cm×26.6cm，每穴插2苗，基本苗120万 ~ 180万苗/hm^2。③科学管理肥水。施纯氮180kg/hm^2，氮、磷、钾肥配合施用，重施底肥，移栽后5 ~ 7d施尿素112.5 ~ 150kg/hm^2。够苗晒田，后期干湿交替，忌断水过早。④注意防治稻瘟病、纹枯病、稻曲病、白叶枯病、稻纵卷叶螟、稻飞虱和螟虫等病虫害。

荆优6510（Jingyou 6510）

品种来源：湖北省荆州市农业科学院和荆州市农科贸开发总公司用不育系荆1A与恢复系荆恢6510配组选育而成。2011年通过湖北省农作物品种审定委员会审定，编号为鄂审稻2011005。

形态特征和生物学特性：属中熟三系杂交中籼稻。感温性较强，感光性弱。基本营养生长期较长，全生育期133.4d。株高124.5cm，株型紧凑，植株中等偏高，茎秆较粗，部分茎节外露。生长势较旺，分蘖力中等。叶色淡绿，剑叶宽长、挺直。穗层整齐，后期转色较好，抗倒伏性差。有效穗237万穗/hm^2，穗长24.9cm，每穗总粒数175.4粒，实粒数150.0粒，穗中等偏大，穗上着粒均匀，结实率85.5%，谷粒长形，稃尖紫色，谷粒中等偏大，千粒重27.96g。

品质特性：经农业部食品质量监督检验测试中心（武汉）测定，糙米率79.8%，整精米率64.6%，垩白粒率30%，垩白度3.2%，直链淀粉含量15.0%，胶稠度85mm，糙米长宽比3.0，主要理化指标达到国标三级优质稻谷质量标准。

抗性：高感稻瘟病，高感白叶枯病。

产量及适宜地区：2007—2008年参加湖北省中稻品种区域试验，两年区域试验平均产量8 838kg/hm^2，比对照扬两优6号增产1.60%。适宜湖北省西南以外的稻瘟病无病区或轻病区作中稻种植。

栽培技术要点：①适时稀播，培育壮秧。鄂北4月上中旬播种，江汉平原、鄂东等地4月中下旬至5月上旬播种，秧田播种量187.5kg/hm^2，大田用种量15 ~ 22.5kg/hm^2。秧苗1叶1心至2叶1心期适量喷施多效唑。②及时移栽，合理密植。秧龄不超过35d。株行距为16.7cm×26.7cm，每穴插2苗，基本苗90万 ~ 120万苗/hm^2。③科学管理肥水。施纯氮150 ~ 180kg/hm^2，氮、磷、钾比例为1.0 : 0.6 : 0.9，100%的磷肥、50%的氮肥和50%的钾肥作底肥。生长后期严格控制氮肥量施用。苗数达到240万 ~ 270万苗/hm^{2}时晒田，晒田要偏重。后期干湿交替，忌断水过早。④重点防治稻瘟病，注意防治稻曲病、白叶枯病和螟虫、稻飞虱等病虫害。

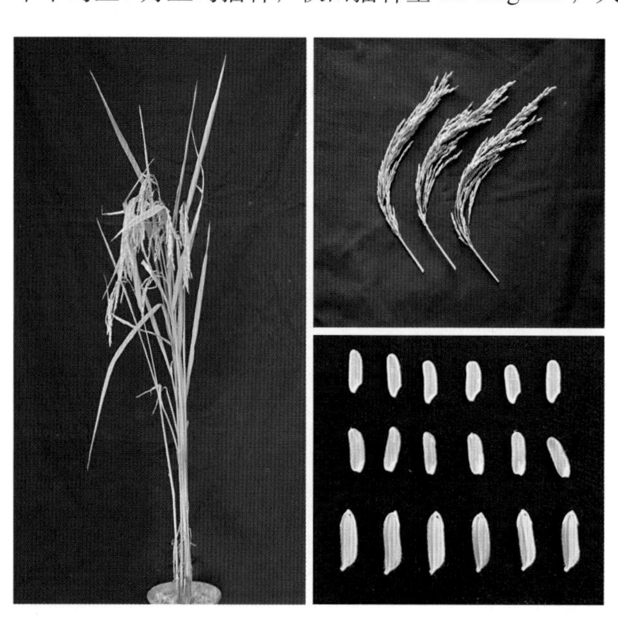

巨风优72（Jufengyou 72）

品种来源：湖北省宜昌市农业科学研究院用不育系巨风A与恢复系宜恢72配组选育而成。2008年通过湖北省农作物品种审定委员会审定，编号为鄂审稻2008002。

形态特征和生物学特性：属中熟三系杂交中籼稻。感温性较强，感光性弱。基本营养生长期较长，全生育期129.7d，比两优培九短6.7d。株高114.0cm，株型较松散，株高适中，茎秆较粗壮，部分茎节轻微外露。剑叶微内卷，中长、挺直。叶下禾，穗层整齐，着粒较密，有包颈现象。谷粒长形，成熟期剑叶易落，黄尖枯。有效穗255万穗/hm^2，穗大粒多，穗长25.6cm，每穗总粒数195.7粒，实粒数153.0粒，结实率78.2%，稃尖紫色无芒，千粒重25.72g。

品质特性：经农业部食品质量监督检验测试中心测定，糙米率81.0%，整精米率64.5%，垩白粒率30%，垩白度3.6%，直链淀粉含量15.2%，胶稠度85mm，糙米长宽比3.1，主要理化指标达到国标三级优质稻谷质量标准。

抗性：感白叶枯病，高感稻瘟病，易感稻曲病。

产量及适宜地区：2006—2007年参加湖北省中稻品种区域试验，两年区域试验平均产量8 719.8kg/hm^2，比对照两优培九增产7.36%。适宜湖北省西南以外的稻瘟病无病区或轻病区作中稻种植。

栽培技术要点：①适时播种，鄂北4月中下旬播种，江汉平原、鄂东5月上中旬播种，秧龄30d。秧田播种量150～187.5kg/hm^2，大田用种量22.5kg/hm^2。②插足基本苗。株行距16.7cm×26.7cm，每穴插2苗，基本苗120万～150万苗/hm^2。③一般施纯氮195～210kg/hm^2，氮、磷、钾肥配合施用，并注意底肥增施有机肥，孕穗期施尿素30kg/hm^2做穗肥，后期酌施壮籽肥。在苗数达到255万苗/hm^2时晒田，孕穗至抽穗扬花期田间不能断水，生长后期间歇灌水，田间干湿交替至成熟。忌断水过早，防早衰。④注意防治稻瘟病、白叶枯病、稻曲病、纹枯病和螟虫等病虫害。

骏优522（Junyou 522）

品种来源：中南民族大学和恩施佰鑫农业科技发展有限公司用不育系骏1A与自选恢复系R522配组育成，2010年通过湖北省品种审定委员会审定，编号为2010021。

形态特征和生物学特性：属迟熟三系杂交中籼稻。感温性较强，感光性弱。基本营养生长期较长，全生育期159.2d，比福优195早0.7d。株高94.9cm，株型松散适中，植株中等偏矮，茎秆粗壮，叶色偏浓绿，叶鞘、叶枕、叶耳紫色。穗大粒多，着粒较密。后期落色较好。有效穗266.4万穗/hm^2，穗长22.5cm，穗大小中等，每穗总粒数148.1粒，穗实粒数120.6粒，结实率81.4%，谷粒长型，偶有短顶芒，稃尖紫色，谷粒大小中等，千粒重26.9g。

品质特性：经农业部食品质量监督检验测试中心测定，糙米率80.2%，整精米率67.9%，垩白粒率40%，垩白度5.6%，直链淀粉含量15.0%，透明度1级，胶稠度82mm，粒长7.0mm，糙米长宽比3.0。

抗性：抗稻瘟病和稻曲病。

产量及适宜地区：2008—2009年参加湖北省恩施早中熟中稻品种区域试验，两年区域试验平均产量8 328.8kg/hm^2，比对照福优195增产3.07%。适宜湖北西部海拔900m以下地区种植。

栽培技术要点：①适时播种，培育壮秧。3月中下旬播种，采用旱育早发和旱育抛秧等技术，培育多蘖壮秧。②及时插秧，合理密植。栽插27万～30万穴/hm^2，每穴1～2苗，有效穗270万穗/hm^{2}左右。③科学施肥。底肥与追肥比例为7∶3，注意磷、钾肥配合施用，氮、磷、钾比例为1∶1.2∶0.8，后期酌情补施穗肥。④合理管水。插秧后田间及时上水，寸水活棵，浅水分蘖，苗数达到240万苗/hm^{2}时排水晒田，幼穗分化前复水，孕穗期间田间保持水层，保证足水孕穗。抽穗后田间间歇灌水，干干湿湿至成熟，切忌断水过早。⑤病虫害防治。用种子包衣剂处理种子，大田防治二化螟、三化螟、稻纵卷叶螟和稻秆蝇，抽穗破口重点防治稻曲病，生长后期防治纹枯病。

科优21（Keyou 21）

品种来源：湖南科裕隆种业有限公司用不育系湘菲A与恢复系T529配组育成。2010年通过湖北省农作物品种审定委员会审定，编号为鄂审稻2010025。

形态特征和生物学特性：属迟熟三系杂交中籼稻。感温性较强，感光性弱，基本营养生长期长，全生育期148.2d，比Ⅱ优58早1.5d。株高113.7cm，株型适中，茎秆中粗，剑叶宽大直立，叶色偏浓绿，叶鞘、叶枕、叶耳无色。穗大粒多，穗粒结构协调，后期落色较好。区域试验中有效穗数237.15万穗/hm^2，成穗率63.8%，穗长25.1cm，每穗总粒数173.0粒，穗实粒123.4粒，结实率71.3%；谷粒长形，有短顶芒，稃尖无色，千粒重27.2g。

品质特性：经农业部食品质量监督检验测试中心测定，糙米率79.6%，整精米率61.3%，垩白粒率30%，垩白度3.6%，直链淀粉含量23.0%，透明度1级，胶稠度70mm，糙米粒长7.0mm，糙米长宽比3.0，主要理化指标达到国标三级优质稻谷质量标准。

抗性：感稻瘟病。

产量及适宜地区：2008—2009年参加恩施迟熟中稻品种区域试验，两年区域试验平均产量7 809.15kg/hm^2，比对照Ⅱ优58增产3.42%。其中2008年产量8 230.95kg/hm^2，比Ⅱ优58增产1.34%，不显著；2009年产量7 387.35kg/hm^2，比Ⅱ优58增产5.83%，极显著。适宜湖北省恩施海拔800m以下稻瘟病无病区或轻病区种植。

栽培技术要点：①一般在3月下旬至4月上旬播种，采用旱育早发和旱育抛秧等技术，培育多蘖壮秧；苗期注意防寒保暖。②及时栽秧，合理密植。一般插足30万穴/hm^2，每穴栽插2苗。③科学进行肥水管理。要求施足底肥，在插秧后5～7d追施分蘖肥，在分蘖盛期，施钾肥225kg/hm^2，以利于壮秆壮籽。在生长前期注意苗情发展，勿使苗情过旺，后期慎施氮肥。在苗数达到300万苗/hm^{2}晒田，抽穗后田间保持干湿交替，利于结实灌浆壮籽，不能脱水太早。④重点防治对稻瘟病，要求以防为主，综合防治，在苗期、抽穗破口期和整个抽穗期均需防治稻瘟病。注意稻秆蝇、螟虫等主要虫害的防治。

乐优107（Leyou 107）

品种来源：湖北清江种业有限责任公司用福建省农业科学院水稻研究所选育的优质抗病不育系乐丰A与自育恢复系HR107配组选育而成。2010年通过湖北省农作物品种审定委员会审定，编号为鄂审稻2010024。

形态特征和生物学特性：属迟熟三系杂交中籼稻。感温性较强，感光性弱，基本营养生长期较长，全生育期149.3d，比对照Ⅱ优58早0.5d。株高113.6cm，株叶形态适中，株高中等，茎秆粗壮，叶片绿色，剑叶宽厚清秀，叶鞘、叶枕、叶耳紫色。穗大粒多，穗粒结构协调。后期落色好。区域试验中有效穗262.2万穗/hm^2，成穗率68.4%，穗长23.9cm，每穗总粒数145.4粒，穗实粒117.7粒，结实率80.9%，谷粒长形，稃尖紫色，有芒，千粒重28.8g。

品质特性：经农业部食品质量监督检验测试中心测定，出糙率79.2%，整精米率63.8%，垩白粒率30%，垩白度2.4%，透明度1级，胶稠度65mm，直链淀粉含量21.8%，糙米长6.9mm，糙米长宽比3.1，主要理化指标达到国标三级优质稻谷标准。

抗性：中感稻瘟病。

产量及适宜地区：2008—2009年参加恩施迟熟中稻品种区域试验，两年区域试验平均产量8 327.55kg/hm^2，比对照Ⅱ优58增产6.42%。其中2008年平均产量8 492.25kg/hm^2，比对照Ⅱ优58增产4.56%；2009年平均产量8 162.7kg/hm^2，比对照Ⅱ优58增产8.42%，极显著。适宜湖北省恩施海拔800m以下稻瘟病轻发区和无病区种植。

栽培技术要点：①适时播种。培育壮秧。以3月中下旬播种，采用旱育早发和旱育抛秧等技术，注意苗期设施保温，培育多蘖壮秧。②及时插秧，合理密植。插22.5万穴/hm^{2}左右，每穴栽插2苗。③科学管理肥水。要求施足底肥，早施分蘖肥、在插秧后5～7d追施分蘖肥，视田间长势巧施穗肥，后期酌情补施粒肥，特别注意磷、钾肥配合的施用。插秧后及时上水，寸水活棵、浅水分蘖，够苗晒田，湿润壮籽。④注意加强对稻瘟病、纹枯病和螟虫、稻秆蝇等的综合防治。

乐优94（Leyou 94）

品种来源：福建省农业科学院水稻研究所用不育系乐丰A与恢复系岳恢94配组育成。2010年通过湖北省农作物品种审定委员会审定，编号为鄂审稻2010029。

形态特征和生物学特性：属迟熟三系杂交中籼稻。感温性较强，感光性弱，基本营养生长期长，全生育期151.1d，比Ⅱ优58长1.4d。株高112.1cm。株型适中，植株高度中等，叶姿偏挺，叶片绿色，剑叶稍长而上挺，叶鞘、叶枕、叶耳紫色。穗大粒多，着粒较密，穗粒结构协调，后期落色好，抗倒性较强。区域试验中有效穗数284.55万穗/hm^2，穗数较多，穗长24.2cm，每穗总粒数133.9粒，实粒数99.1粒，结实率74.0%，谷粒长形，无芒，稃尖紫色，千粒重27.1g。

品质特性：经农业部食品质量监督检验测试中心测定，糙米率79.2%，整精米率60.4%，垩白粒率58%，垩白度5.8%，直链淀粉含量22.6%，透明度1级，胶稠度56mm，糙米粒长7.0mm，糙米长宽比2.9。

抗性：感稻瘟病。

产量及适宜地区：2008—2009年参加恩施迟熟中稻品种区域试验，两年区域试验平均产量7 622.85kg/hm^2，比对照Ⅱ优58增产0.95%。适宜湖北省恩施海拔800m以下稻瘟病无病区或轻病区种植。

栽培技术要点：①适时播种。以3月中旬至4月上旬播种为宜，采用旱育早发和旱育抛秧等技术，培育多蘖壮秧。②合理密植。插足22.5万穴/hm^{2}左右，每穴栽插2苗。③科学进行肥水管理。要求底肥足，苗肥早，穗肥巧，酌情补粒肥，特别注意磷、钾肥配合施用。当苗数达到330万苗/hm^{2}时晒田；在幼穗分化前复水孕穗，抽穗后采取间歇灌水，田间保持干湿交替至成熟，在收割前7～10d断水。④重点注意对稻瘟病的综合防治，以防为主，防治结合；在苗期、破口期和抽穗期均需防治。注意纹枯病和螟虫等病虫害的防治。

两优1193（Liangyou 1193）

品种来源：武汉大学用1103S作母本，810093作父本配组育成。2003年通过湖北省农作物品种审定委员会审定，编号为鄂审稻005-2003。

形态特征和生物学特性：属中熟两系杂交中籼稻。感温性较强，感光性较弱。基本营养生长期长，全生育期134.7d，与汕优63相同。株高117.0cm，株型较紧凑，株高适中，茎秆粗壮，叶片较宽较直，分蘖力强，苗期生长势旺，后期转色好，抗倒性较强。有效穗280.5万穗/hm^2，穗长25.4cm，穗大粒多。每穗总粒数141.2粒，实粒数118.9粒，结实率84.4%，柱头、稃尖紫色。谷粒大，千粒重29.08g。

品质特性：经农业部食品质量监督检验测试中心测定，糙米率81.1%，整精米率55.9%，糙米长宽比3.0，垩白粒率35%，垩白度3.5%，直链淀粉含量13.4%，胶稠度68mm，米质较优。

抗性：感白叶枯病和稻瘟病穗颈瘟。

产量及适宜地区：2000—2001年参加湖北省中稻品种区域试验，两年区域试验平均产量8 990.6kg/hm^2，比对照汕优63增产2.20%。适宜湖北省西南以外地区白叶枯病和稻瘟病轻病区作中稻种植。

栽培技术要点：①适时播种，培育带蘖壮秧。在4月中下旬至5月上旬播种，播种时要求秧田平整，稀播匀播，秧田播种量不超过150kg/hm^2，1叶1心时喷多效唑促蘖壮苗，2叶1心时秧田追尿素75～90kg/hm^2，移栽前5d左右，再追施尿素75～90kg/hm^2。②及时移栽，合理密植。在秧龄30d左右栽秧。株行距15.0cm×23.3cm，每穴插2苗，基本苗150万苗/hm^2。③插秧后田间及时上水，深水护苗，寸水活棵，浅水分蘖。插秧后5～7d追施尿素150kg/hm^2，施纯氮195kg/hm^2左右，底肥为主，追肥为辅，比例为7：3，氮、磷、钾配合使用，三者比例为2：1：1.5。苗数达到300万苗/hm^2左右时排水晒田，在幼穗分化前复水孕穗，在孕穗期间保持水层，抽穗以后田间湿润管理，干干湿湿至成熟，防止断水过早。④重点防治稻瘟病和白叶枯病。

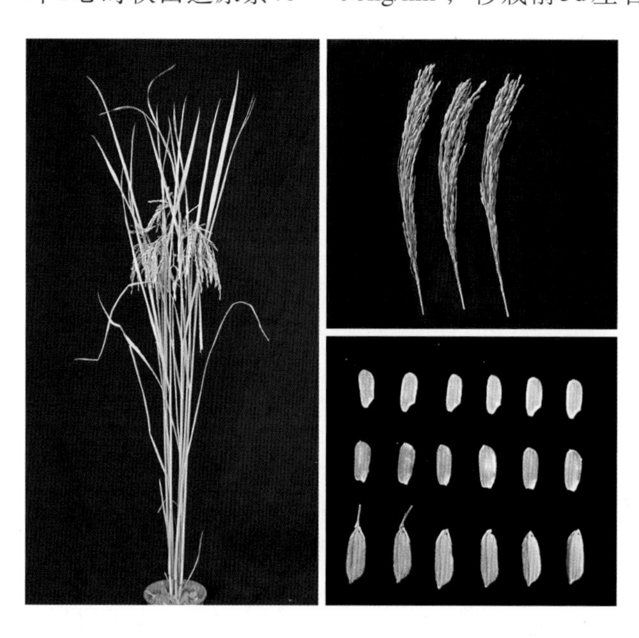

两优1528（Liangyou 1528）

品种来源：湖北省农业科学院粮食作物研究所和长江大学用15S作母本，Q28作父本配组选育而成。2009年通过湖北省农作物品种审定委员会审定，编号为鄂审稻2009007。

形态特征和生物学特性：属中熟偏早两系杂交中籼稻。感温性较强，感光性弱。基本营养生长期较长，全生育期129.4d，比扬两优6号短11.2d。株高115.0cm，株型松散适中，株高中等，生长势较旺，分蘖力较强。茎秆较细，微露节。叶色淡绿，剑叶较宽、挺直。穗层整齐度一般，鸡爪穗，部分一次枝梗簇生，穗型中等。有效穗274.5万穗/hm^2，穗长24.4cm，每穗总粒数161.1粒，实粒数135.6粒，结实率84.2%，谷粒长形，稃尖紫红色，无芒，不易脱粒，千粒重25.98g。

品质特性：经农业部食品质量监督检验测试中心测定，糙米率81.0%，整精米率57.3%，垩白粒率30%，垩白度1.0%，直链淀粉含量18.9%，胶稠度68mm，糙米长宽比2.8，主要理化指标达到国标三级优质稻谷质量标准。

抗性：感白叶枯病，高感稻瘟病。

产量及适宜地区：2007—2008年参加湖北省中稻品种区域试验，两年区域试验平均产量8 902.8kg/hm^2，比对照扬两优6号增产3.83%。适宜湖北省西南以外的稻瘟病无病区或轻病区作中稻种植。

栽培技术要点：①适时播种，培育壮秧。鄂北4月中旬播种，江汉平原、鄂东等地4月下旬至5月上中旬播种，秧田播种量135 ~ 150kg/hm^2，大田用种量11.25 ~ 15kg/hm^2。喷施多效唑促进分蘖发生。②及时移栽，合理密植。秧龄30 ~ 35d移栽，株行距16.7cm × 20.0cm或16.7cm × 26.7cm，每穴插2苗，基本苗150万苗/hm^2。③科学管理肥水。施纯氮165 ~ 195kg/hm^2，氮、磷、钾肥配合施用，适时晒田，苗数达到270万~ 285万苗/hm^2时晒田。④重点防治稻瘟病，注意防治纹枯病、稻曲病、白叶枯病和螟虫、稻飞虱等病虫害。

两优234（Liangyou 234）

品种来源：武汉大学用Bph68s作母本，610234作父本配组选育而成。2010年通过湖北省农作物品种审定委员会审定，编号为鄂审稻2010005。

形态特征和生物学特性：属中熟两系杂交中籼稻。感温性较强，感光性弱。基本营养生长期较长，全生育期130.1d，比扬两优6号短10.6d。株高122.3cm，株型松散适中，株高中等，茎秆较粗，韧性较好，部分茎节外露。叶色淡绿，叶片略宽长，剑叶挺直。穗层较整齐，穗中等偏大，着粒均匀。苗期生长势较旺，分蘖力中等，植株生长整齐。有效穗数243万穗/hm^2，穗长25.5cm，每穗总粒数164.5粒，结实率84.6%，谷粒长形，稃尖无色，有少量短顶芒。谷粒较大，千粒重29.96g。

品质特性：经农业部食品质量监督检测中心测定，糙米率79.82%，整精米率64.9%，糙米长宽比3.1，垩白粒率28%，垩白度3.2%，胶稠度85mm，直链淀粉含量15.4%。主要理化指标达到国标三级优质稻谷质量标准。

抗性：感白叶枯病，高感稻瘟病，对褐飞虱有一定抗性。

产量及适宜地区：2008—2009年参加湖北省中稻品种区域试验，平均产量9 546.5kg/hm^2，比对照扬两优6号增产4.23%，极显著。适宜湖北省西南以外的稻瘟病、白叶枯病无病区或轻病区作中稻种植。

栽培技术要点：①适时播种，培育壮秧。4月中下旬至5月初播种，秧田播种量为225kg/hm^2。②及时移栽，合理密植。大田用种量15kg/hm^2，秧龄30d内移栽，株行距16.7cm×30cm或20cm×26.7cm，栽插22.5万～27万穴/hm^2，每穴栽2苗。③肥水管理。施纯氮180kg/hm^2，氮、磷、钾配合施肥，增施钾肥，基蘖肥和穗肥比例以6：4为宜。总苗数达到225万苗/hm^{2}时及时晒田，齐穗后田间间歇灌溉，倒3叶期酌施穗肥，抽穗后保持湿润，收获前7～10d断水。④病虫害防治。抽穗破口时重点防治稻瘟病，注意防治纹枯病、稻曲病、螟虫等病虫害。

两优273（Liangyou 273）

品种来源：华中师范大学用YW-2S作母本，173作父本配组育成。2002年通过湖北省农作物品种审定委员会审定，编号为鄂审稻010-2002。

形态特征和生物学特性：属中熟两系杂交中籼稻。感温性较强，感光性较弱。基本营养生长期长，全生育期133.5d，比汕优63短0.9d。植株较高，剑叶较宽，叶片长而披。分蘖力强，生长势旺，但后期转色一般，易倒伏。有效穗273万穗/hm^2，株高125.4cm，穗长26.8cm，每穗总粒数147.6粒，实粒数114.6粒，结实率77.4%，结实性能偏低，千粒重28.89g。

品质特性：经农业部食品质量监督检验测试中心测定，糙米率80.3%，整精米率70.0%，糙米长宽比3.1，垩白粒率76%，垩白度17.7%，直链淀粉含量21.9%，胶稠度40mm。

抗性：感白叶枯病，中感稻瘟病穗颈瘟。

产量及适宜地区：2000—2001年参加湖北省中稻品种区域试验，两年区域试验平均产量8 242.2kg/hm^2，比对照汕优63减产4.89%。适宜湖北省西南以外丘陵岗地作中稻种植。

栽培技术要点：①适时播种，培育壮秧。秧田施375kg/hm^{2}复合肥作底肥，播种时要求秧田平整，播种均匀。秧田播种量150kg/hm^2。播种至秧苗立针期前，秧田要求湿润管理，厢面无水，厢沟有水。在1叶1心至2叶1心期追施“断奶肥”60 ~ 75kg/hm^2。②及时插秧，适当稀植。在秧龄达到30d左右时插秧，避免插植密度过大。株行距16.7cm×26.7cm或20.0cm×33.3cm，基本苗120万~ 150万苗/hm^2，大田用种量控制在15kg/hm^2。③科学管理肥水。前期需肥量较大，后期看苗追肥。底肥与追肥按7 ：3比例分配，一般施纯氮195kg/hm^2，氮、磷、钾肥配合使用，三者比例为1 ：0.9 ：0.8。在苗数达300万苗/hm^{2}时晒田，控制分蘖，长势旺盛田块重晒或晒田两次，苗弱、苗数偏少田轻晒。在幼穗分化前复水孕穗，孕穗至抽穗扬花期田间不能断水，生长后期田间间歇灌水，湿润管理，干干湿湿到成熟，防止后期倒伏。④重点防治稻粒黑粉病、螟虫和稻飞虱。

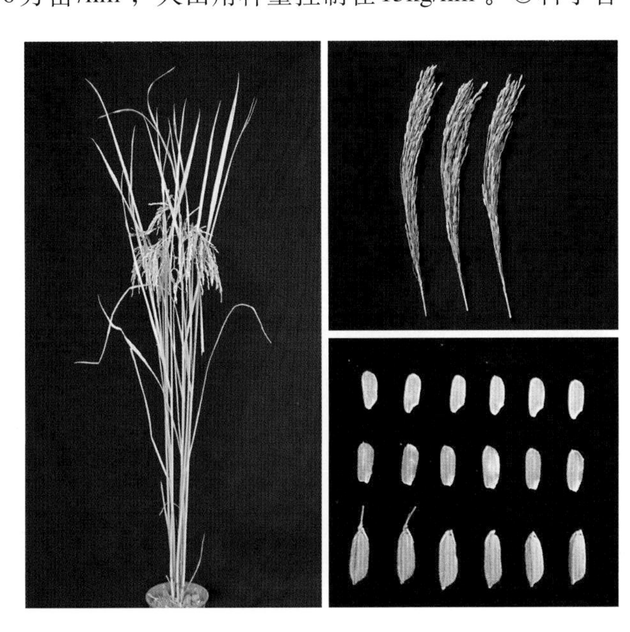

两优537（Liangyou 537）

品种来源：湖北省农业科学院粮食作物研究所用培矮64S作母本，537（鄂中5号）作父本配组育成。2007年通过湖北省农作物品种审定委员会审定，编号为鄂审稻2007006。

形态特征和生物学特性：属中迟熟两系杂交中籼稻。感温性较强，感光性弱。基本营养生长期较长，全生育期139.1d，比Ⅱ优725长1.1d。株高118.8cm，株型较紧凑，株高适中，茎秆较细，弹性好，坚韧抗倒，叶色浓绿，叶片较长，剑叶窄、挺、内卷。穗层欠整齐，中等穗，一次枝梗较长，着粒较稀。苗期分蘖力较强，生长势中等，成熟时叶青秆黄，转色好。有效穗294万穗/hm^2，穗长24.1cm，每穗总粒数159.1粒，实粒数124.2粒，结实率78.1%，结实率中等偏低。谷粒长形，较小，稃尖紫色，无芒。谷粒大小中等，千粒重24.31g。

品质特性：经农业部食品质量监督检验测试中心测定，糙米率79.7%，整精米率59.0%，垩白粒率18%，垩白度2.0%，直链淀粉含量21.4%，胶稠度58mm，糙米长宽比3.3，主要理化指标达到国标二级优质稻谷质量标准。

抗性：感白叶枯病，高感稻瘟病穗颈瘟。

产量及适宜地区：2005—2006年参加湖北省中稻品种区域试验，两年区域试验平均产量8 166.6kg/hm^2，比对照Ⅱ优725减产2.19%。适宜湖北省西南以外地区肥力中上等田块作中稻种植。

栽培技术要点：①适时播种。鄂北4月中旬播种，江汉平原、鄂东4月下旬至5月中旬播种。秧田播种量150kg/hm^2。②插足基本苗。用种量18.75 ~ 22.5kg/hm^2，栽插30万 ~ 37.5万穴/hm^2，基本苗150万 ~ 180万苗/hm^2。③加强肥水管理。一般施纯氮112.5 ~ 150kg/hm^2，氮、磷、钾比例为1 ：(0.35 ~ 0.4) ：(0.5 ~ 1.2)。底肥占总施肥量的50%以上，分蘖肥占40%以上。在抽穗期或乳熟初期用磷酸二氢钾根外喷施1 ~ 2次。适时适度晒田，抽穗后田间保持干湿交替至成熟，忌断水过早。④病虫害防治。大田注意防治二化螟、三化螟及稻纵卷叶螟等害虫，抽穗期重点防治稻瘟病。

两优932（Liangyou 932）

品种来源：湖北省农业科学院粮食作物研究所用W9593S作母本，胜优2号作父本配组育成。分别通过湖北省（2002）和国家（2003）农作物品种审定委员会审定，编号分别为鄂审稻008-2002和国审稻2003053。

形态特征和生物学特性：属中熟两系杂交中籼稻。感温性较强，感光性较弱。基本营养生长期长，全生育期135.3d，比汕优63长0.7d。株高118.2cm，株型紧凑，茎秆粗壮，叶片较窄、上举。分蘖力强，穗大粒多，结实率高。后期转色好，抗倒性较差。有效穗301.5万穗/hm^2，穗长23.5cm，每穗总粒数151.6粒，实粒数121.0粒，结实率80.0%，千粒重25.25g。

品质特性：经农业部食品质量监督检验测试中心测定，糙米率81.4%，整精米率61.5%，糙米长宽比2.9，垩白粒率71%，垩白度11.3%，直链淀粉含量20.2%，胶稠度50mm。

抗性：中感白叶枯病，感稻瘟病穗颈瘟。

产量及适宜地区：2000—2001年参加湖北省中稻品种区域试验，两年区域试验平均产量8 947.7kg/hm^2，比对照汕优63增产1.59%。2000年在湖北襄阳县法龙镇、伙牌镇生产示范平均产量11 700kg/hm^2，比邻近田的Ⅱ优501增产10.9%。适宜湖北、江西、福建、安徽、浙江、江苏、湖南省等长江流域（武陵山区除外）以及河南省信阳地区稻瘟病轻病区作中稻种植。

栽培技术要点：①稀播匀播，培育带蘖壮秧。4月下旬至5月初播种，秧田播种量150kg/hm^2，秧龄30d。②及时移栽，合理稀植。株行距16.7cm×26.7cm，每穴插2苗。③科学管理，合理施肥。底肥与追肥比例为8∶2。在插秧后5～7d追施尿素150kg/hm^2，后期依苗情追施穗粒肥，以磷、钾肥为主，控制氮肥的使用。在茎蘖数达到300万蘖/hm^{2}时晒田，一般晒田要求偏重，防后期倒伏，孕穗至抽穗扬花期田间保持水层，生长后期田间保持湿润，在收割前7d断水。④重点防治稻瘟病、纹枯病和稻曲病。注意防治螟虫及稻飞虱。

两优培九（Liangyoupeijiu）

品种来源：江苏省农业科学院粮食作物研究所与湖南省杂交水稻研究中心用培矮64S作母本，9311作父本配组育成。由湖北省农业科学院杂交水稻研究中心、湖北省种子管理站引进。分别通过湖北省（2001）和国家（2001）农作物品种审定委员会审定，编号分别为鄂审稻006-2001和国审稻2001001。

形态特征和生物学特性：属中熟两系杂交中籼稻。感温性较强，感光性较弱。基本营养生长期较长，全生育期138.9d，比汕优63长3.5d。株高116.3cm，株型紧凑，株高中等，茎秆坚硬，叶色浓绿，剑叶挺拔。穗纺锤形，穗大粒多，着粒密。有明显的两段灌浆现象，后期叶片早衰，转色一般。有效穗280.5万穗/hm^2，穗数偏多，穗长23.3cm，每穗总粒数153.9粒，实粒数124.5粒，穗大小中等。结实率80.9%，谷粒中长，稃尖紫色，谷粒大小中等，千粒重26.15g。

品质特性：经农业部食品质量监督检验测试中心测定，糙米率80.96%，整精米率60.87%，糙米长宽比3.0，垩白粒率31%，垩白度5.3%，直链淀粉含量20.53%，胶稠度53mm，米质较优。

抗性：中感白叶枯病，高感稻瘟病穗颈瘟，纹枯病中等。抽穗扬花期遇阴雨稻曲病、稻粒黑粉病重。

产量及适宜地区：1999—2000年参加湖北省中稻品种区域试验，两年区域试验平均产量8 894.9kg/hm^2，比对照汕优63增产0.63%。适宜湖北省江汉平原等光照充足、肥力中上等的田块种植。

栽培技术要点：①适时早播，培育多蘖壮秧。播种不宜迟，一般应在4月上中旬播种，播种期不迟于5月15日。秧田播种量112.5kg/hm^2，播前用三氯异氰尿酸浸种杀菌防治恶苗病。②及时栽秧，合理密植。宽株窄行栽培，株行距13.3cm × 30cm或13.3cm × 26.7cm，每穴2苗。③配方施肥，科学管水。施纯氮255 ~ 270kg/hm^2，氮、磷、钾配合比例为1 ∶ 0.3 ∶ 0.4，注意增施穗肥，在苗数达到240万 ~ 270万苗/hm^{2}时晒田，有效穗可达270万穗/hm^2，根据苗情，生长旺盛田需重晒，苗弱、苗数偏少田轻晒。幼穗分化前复水，幼穗分化期间保持足寸水层以利孕穗，抽穗后田间间歇灌水，保持田间湿润，后期不宜断水过早，在收获前7d断水，以防出现枯株。④病虫害防治。重点防治稻瘟病、稻曲病、纹枯病和螟虫，生长后期注意防治稻曲病、稻粒黑粉病等病害。

珞优8号（Luoyou 8）

品种来源：武汉大学生命科学学院用不育系珞红3A与恢复系8108配组育成，区试代号红莲优8号。2006年通过湖北省农作物品种审定委员会审定，编号为鄂审稻2006005。

形态特征和生物学特性：属中熟偏迟籼型三系杂交中稻。感温性较强，感光性弱。基本营养生长期较长，全生育期141.7d，比Ⅱ优725长2d。株高120.7cm，株型紧凑，株高适中，茎节部分外露，茎秆韧性较好。叶色浓绿，剑叶较窄长、挺直，叶鞘无色。穗层整齐，遇低温有包颈和麻壳，有两段灌浆现象，后期转色一般。穗数偏多，有效穗268.5万穗/hm^2，穗长23.5cm，穗较大，每穗总粒数161.6粒，实粒数125.1粒，结实率77.4%，谷粒长形，稃尖无色，部分谷粒有短顶芒。千粒重26.83g。

品质特性：经农业部食品质量监督检验测试中心测定，糙米率80.9%，整精米率62.8%，垩白粒率19%，垩白度1.9%，直链淀粉含量21.78%，胶稠度56mm，糙米长宽比3.2，主要理化指标达到国标二级优质稻谷质量标准。

抗性：高感稻瘟病穗颈瘟，感白叶枯病，田间稻曲病较重。

产量及适宜地区：2004—2005年参加湖北省中稻品种区域试验，两年区域试验平均产量8 491.2kg/hm^2，比对照Ⅱ优725增产0.77%。适宜湖北省西南山区以外稻瘟病和稻曲病轻病区作中稻种植。

栽培技术要点：①稀播匀播，培育带蘖壮秧。鄂北4月上中旬播种，江汉平原4月中下旬至5月初播种，鄂东南5月上中旬播种。秧田播种量180kg/hm^2，大田用种量15 ~ 22.5kg/hm^2，秧龄控制在30d。②适时移栽，合理稀植。株行距16.7cm × 26.7cm，每穴插2苗，基本苗150万苗/hm^2。③科学管理，合理施肥。以底肥为主，追肥为辅，后期酌情追施穗粒肥。一般施纯氮180 ~ 225kg/hm^2，氮、磷、钾比例为1 ： 0.5 ： 0.8。苗数达300万苗/hm^2时排水晒田。孕穗至抽穗期田间不能断水，后期忌断水过早。④重点防治稻曲病、纹枯病和稻瘟病。

马协58（Maxie 58）

品种来源：湖北省恩施土家族苗族自治州红庙农业科学研究所以恩恢58与马协A配组选育而成。1996年通过湖北省恩施土家族苗族自治州农作物品种审定小组审定。

形态特征和生物学特性：属迟熟三系杂交中籼稻。感温性强，感光性较弱。基本营养生长期长，全生育期152d，总积温3 225℃。主茎总叶数17叶。株高110cm左右，株型适中，株高中等。叶鞘紫色，分蘖力强，长势旺。叶片宽厚，植株整齐，成熟落色好，苗期耐寒性强。有效穗300万穗/hm^{2}左右，穗长22cm左右，穗上着粒较稀，每穗总粒数110粒左右，穗实粒数90粒，结实率80%。籽粒稃尖紫色，呈中长粒形，穗顶谷粒有短芒，谷粒较大，千粒重29g。

品质特性：经湖北省农业科学院测试中心分析，糙米率80.9%，精米率72.8%，碱消值7级，直链淀粉含量23.45%，胶稠度27mm，蛋白质含量6.58%。米质较好。

抗性：中抗稻瘟病，纹枯病中等。

产量及适宜地区：1993—1994年参加恩施水稻品种（组合）区域试验，两年平均产量7 300.5kg/hm^2，比汕优63增产18.67%。适宜湖北省恩施海拔900m以下稻区种植。

栽培技术要点：①适时早播，培育壮秧。3月底播种，秧田播种量225kg/hm^2，播种时要求秧田平整，播种均匀，在2叶1心时喷施多效唑促进分蘖，培育带蘖壮秧。②适时插秧，合理密植。在秧龄达30d时插秧，栽插22.5万～30万穴/hm^2，每穴2苗。③科学管理肥水。插秧后田间及时上水，深水护苗，寸水活蔸，浅水分蘖。插秧后5～7d追施尿素150～225kg/hm^2，当苗数达240万～270万苗/hm^{2}时排水搁田以提高成穗率。在幼穗分化前复水，孕穗至抽穗扬花期田间不能断水。总氮量为150～165kg/hm^2，氮、磷、钾配合使用，三者比例为1 : 0.6 : 1.2，注意穗期的肥料使用，慎用促花肥，适当使用保花肥，酌情补施粒肥，提高结实率和粒重。④病虫害防治。注意稻瘟病和纹枯病的防治，虫害主要是二化螟、三化螟及稻纵卷叶螟、稻飞虱、稻秆蝇等，要注意治早治小。

马协63（Maxie 63）

品种来源：武汉大学生命科学学院以不育系马协A作母本，明恢63作恢复系配组育成。1994年通过湖北省农作物品种审定委员会审定。

形态特征和生物学特性：属中熟三系杂交中籼稻。感温性强，感光性较弱。基本营养生长期长，生育期139d左右，比汕优63早熟1d。株高100cm，分蘖力较强，茎秆粗壮，耐肥，抗倒伏，后期转色好，成穗率与结实率较高，千粒重28g以上。

品质特性：经农业部食品质量监督检验测试中心测定，糙米率80.58%，精米率72.31%，整精米率61.75%，糙米长宽比3.2，垩白粒率70%，直链淀粉含量22.91%，胶稠度44mm，蛋白质含量7.25%，米粒透明，外观品质好，达农业部优质稻二级。

抗性：抗稻瘟病，中抗白叶枯病。

产量及适宜地区：1989—1990年参加湖北省中稻品种区域试验，两年区域试验产量分别为9 574.5kg/hm^{2}和9 876kg/hm^2，分别比对照汕优63增产0.37%和0.48%，平均产量9 511.8kg/hm^2，居第一位，比汕优63增产0.45%。1988年武汉市农业科学研究所试种产量9 111.5kg/hm^2，1989年监利县试种产量8 254.5kg/hm^2。适宜湖北省作中稻搭配种植。

栽培技术要点：①适时播种，稀播壮秧。建议用“两段法”育秧，4月20日至5月10日播种，播种量为秧田300kg/hm^2。②秧龄30d插秧，栽插37.5万穴/hm^2，每穴2苗。③施足底肥，早追肥，要求施纯氮112.5 ～ 150kg/hm^2，适量增施磷、钾肥。底肥、追肥的比例大体为7 ∶ 3。插秧后5d追肥一次，15d后看苗适量补追一次氮肥。④合理灌溉。插秧后及时上水灌溉，在最高苗达到300万苗/hm^{2}时排水晒田，孕穗时田间保持水层，扬花灌浆期宜浅水勤灌，勾头散籽时保持干干湿湿至成熟，切忌断水过早，以免影响籽粒充实饱满。⑤注意防治螟虫和稻飞虱，抽穗破口期防治稻瘟病，生长后期防治纹枯病。

绵2优838（Mian 2 you 838）

品种来源：四川省绵阳市农业科学研究所用不育系绵2A与恢复系辐恢838配组育成。由湖北省种子管理站引进。商品名国豪杂优1号。2002年通过湖北省农作物品种审定委员会审定，编号为鄂审稻013-2002。

形态特征和生物学特性：属中熟三系杂交中籼稻。感温性较强，感光性较弱。基本营养生长期长，全生育期133.0d，比汕优63短1.6d。株高118.0cm，株型较紧凑，茎秆粗壮，叶片中宽，剑叶斜上举。成穗率较高，抽穗整齐，但有少量包颈，后期转色好，抗倒性强。苗期生长势较旺，分蘖力中等。有效穗270万穗/hm^2，穗长25.3cm，每穗总粒数138.5粒，实粒数114.3粒，结实率82.5%，对高温极端天气适应力差，抽穗扬花期遇高温结实率下降，谷粒有短顶芒。谷粒大，千粒重30.82g。

品质特性：经农业部食品质量监督检验测试中心（武汉）测定，糙米率79.9%，整精米率62.2%，糙米长宽比2.8，垩白粒率50%，垩白度12.6%，直链淀粉含量20.8%，胶稠度56mm。

抗性：感白叶枯病和稻瘟病穗颈瘟。

产量及适宜地区：2000—2001年参加湖北省中稻品种区域试验，两年区域试验平均产量9 026.7kg/hm^2，比对照汕优63增产4.16%。适宜湖北省西南部以外白叶枯病和稻瘟病穗颈瘟轻病区和无病区作中稻种植。

栽培技术要点：①适时播种，培育壮秧。鄂北4月中旬播种，江汉平原、鄂东5月中旬播种，以避开苗期低温和抽穗扬花期的高温。秧田播种量150kg/hm^2。②及时移栽，插足基本苗。大田用种量18.8～22.5kg/hm^2，栽插30万～37.5万穴/hm^2。③加强肥水管理。施纯氮112.5～150kg/hm^2，氮、磷、钾比例为1 ：（0.35～0.4） ：（0.5～1.2）。底肥占总施肥量的50%以上，分蘖肥占40%以上。在抽穗期或乳熟初期用磷酸二氢钾根外喷施1～2次。苗数达到255万苗/hm^{2}时晒田，幼穗分化前复水，孕穗至抽穗扬花期田间不能缺水，后期忌断水过早。④重点防治稻瘟病和纹枯病。

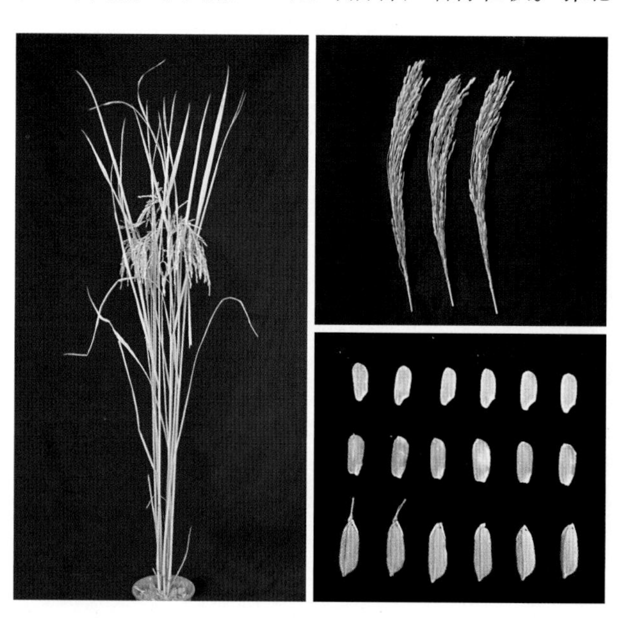

绵5优142（Mian 5 you 142）

品种来源：湖北省恩施土家族苗族自治州农业科学院和湖北省清江种业有限责任公司用不育系绵5A与恢复系恩恢142配组选育而成。2011年通过湖北省农作物品种审定委员会审定，编号为鄂审稻2011008。

形态特征和生物学特性：属迟熟三系杂交中籼稻。感温性较强，感光性弱。基本营养生长期较长，全生育期159.3d，比福优195早熟0.4d。株高94.9cm，株型适中，株高中等偏矮，叶鞘紫色，叶下禾，苗期生长势旺，分蘖力强，植株生长整齐，成熟时转色较好。有效穗273.2万穗/hm^2，穗长23.1cm，每穗总粒数138.8粒，实粒数114.9粒，穗中等，结实率82.9%，谷粒长形，稃尖紫色，偶有短芒，千粒重28.1g。

品质特性：经农业部食品质量监督检验测试中心（武汉）测定，糙米率80.4%，整精米率53.8%，垩白粒率12%，垩白度1.7%，直链淀粉含量23.4%，胶稠度50mm，糙米长宽比2.9，主要理化指标达到国家三级优质稻谷质量标准。

抗性：抗稻瘟病。

产量及适宜地区：2008—2009年参加湖北省恩施早中熟中稻品种区域试验，两年区域试验平均产量7 940.7kg/hm^2，比对照福优195减产1.39%。适宜湖北省恩施海拔1 000m以下稻区作中稻种植。

栽培技术要点：①适时播种，培育适龄壮秧。3月底至4月上旬播种，秧龄30 ~ 35d。秧田播种量225kg/hm^2。②合理密植，株行距18cm × 21cm，每穴插2苗。③科学进行水分管理。浅水插秧，薄水促蘖，够苗烤田，有水孕穗，足水抽穗。干湿交替壮籽，后期保持湿润至成熟。④合理施肥。施足基肥，早施分蘖肥，主攻多穗肥，插后5 ~ 6d施尿素、氯化钾各120 ~ 150kg/hm^2。酌情施用穗肥，在晒田结束后幼穗分化前施用，确保大穗，施尿素75 ~ 120kg/hm^2。始穗期看苗酌情补施粒肥，施尿素45kg/hm^2、氯化钾75kg/hm^2。⑤注意防治纹枯病、螟虫、稻飞虱等病虫害。

培两优1108（Peiliangyou 1108）

品种来源：华中农业大学用培矮64S作母本，华1108作父本配组育成。2007年通过湖北省农作物品种审定委员会审定，编号为鄂审稻2007007。

形态特征和生物学特性：属中熟两系杂交中籼稻。感温性较强，感光性弱。基本营养生长期较长，全生育期138.0d，比Ⅱ优725短0.1d。株高115.1cm，株型适中，植株中等偏矮，茎秆韧性好，耐肥，抗倒伏，叶色浓绿，剑叶长挺，微内卷。穗层欠整齐，穗较短，着粒密，基部结实较差。分蘖力中等，生长势较旺，成熟时叶青籽黄，转色好。有效穗279万穗/hm^2，穗数较多，穗长22.9cm，每穗总粒数157.8粒，实粒数118.4粒，结实率75.0%，谷粒长形，稃尖紫色，部分谷粒有短顶芒，千粒重26.01g。

品质特性：经农业部食品质量监督检验测试中心测定，糙米率80.2%，整精米率57.0%，垩白粒率18%，垩白度2.4%，直链淀粉含量21.4%，胶稠度60mm，糙米长宽比3.0，主要理化指标达到国标二级优质稻谷质量标准。

抗性：中感白叶枯病，高感稻瘟病穗颈瘟。

产量及适宜地区：2005—2006年参加湖北省中稻品种区域试验，两年区域试验平均产量8 239.2kg/hm^2，比对照Ⅱ优725减产6.64%，两年均减产极显著。适宜湖北省西南以外的地区作中稻种植。

栽培技术要点：①适时播种，培育壮秧。鄂北4月中旬播种，江汉平原、鄂东5月上中旬播种。秧田播种量150kg/hm^2，用种量18.75～22.5kg/hm^2。②及时栽秧，合理密植。株行距16.5cm×23.3cm或16.5cm×26.5cm，每穴2苗，基本苗150万～180万苗/hm^2。③科学管理肥水。插秧后田间及时上水，深水护苗，寸水分蘖，浅水勤灌促分蘖。施纯氮112.5～150kg/hm^2，氮、磷、钾比例为1：（0.35～0.4）：（0.5～1.2）。底肥占总施肥量的50%以上，分蘖肥占40%以上。在抽穗期或乳熟初期用磷酸二氢钾根外喷施1～2次。适时晒田，苗数达270万～285万苗/hm^2时晒田，抽穗后田间间歇灌溉，保持干湿交替至成熟，忌断水过早。④重点防治稻瘟病。

培两优986（Peiliangyou 986）

品种来源：湖北省农业科学院粮食作物研究所用不育系培矮64S作母本，含有*Xa21*基因的恢复系丰986作父本配组育成。2007年通过湖北省农作物品种审定委员会审定，编号为鄂审稻2007008。

形态特征和生物学特性：属中熟两系杂交中籼稻。感温性较强，感光性弱。基本营养生长期较长，全生育期139.0d，比Ⅱ优725长1.0d。株高118.1cm，株型紧凑，茎秆粗壮，叶色浓绿，剑叶长宽适度且挺直。穗层欠整齐，着粒较密，苗期生长势较旺，分蘖力中等，有明显的两段灌浆现象。有效穗273万穗/hm^2，穗数较多，穗长23.5cm，每穗总粒数163.4粒，穗中等偏大，实粒数130.0粒，结实率79.6%，结实率中等。谷粒长形，稃尖紫色，部分谷粒有短顶芒，千粒重26.50g。

品质特性：经农业部食品质量监督检验测试中心测定，糙米率79.5%，整精米率54.4%，垩白粒率28%，垩白度2.3%，直链淀粉含量19.6%，胶稠度70mm，糙米长宽比3.1，主要理化指标达到国标三级优质稻谷质量标准。

抗性：中感白叶枯病，高感稻瘟病穗颈瘟。

产量及适宜地区：2005—2006年参加湖北省中稻品种区域试验，两年区域试验平均产量8 786.4kg/hm^2，比对照Ⅱ优725增产5.23%。适宜湖北省稻瘟病穗颈瘟无病区或轻病区光照充足、肥力中上等田块作中稻种植。

栽培技术要点：①适时播种。鄂北4月中旬播种，江汉平原、鄂东4月下旬至5月中旬播种。②插足基本苗。秧田播种量150kg/hm^2，大田用种量18.75～22.5kg/hm^2，栽插30万～37.5万穴/hm^2。③加强肥水管理。插秧后及时上水，深水护苗，浅水分蘖。一般施纯氮112.5～150kg/hm^2，氮、磷、钾比例为1∶（0.35～0.4）∶（0.5～1.2）。底肥占总施肥量的50%以上，分蘖肥占40%以上。在抽穗期或乳熟初期用磷酸二氢钾根外喷施1～2次。适时适度晒田，忌断水过早。④重点防治稻瘟病。

齐两优908（Qiliangyou 908）

品种来源：合肥齐民济生生物技术研究所用齐033S作母本，R908作父本配组育成，2011年通过湖北省品种审定委员会审定，编号为鄂审稻2011007。

形态特征和生物学特性：属中熟两系杂交中籼稻。感温性较强，感光性弱。基本营养生长期长，全生育期133.8d，比扬两优6号短7.0d。株高120.4cm，株型较紧凑，植株较高，茎秆粗壮，叶色绿，剑叶中长、斜挺。穗层整齐度一般，偏大穗，着粒均匀。成熟时转色较好。苗期生长势较旺，分蘖力中等。有效穗249万穗/hm^2，穗数中等，穗长24.6cm，每穗总粒数166.1粒，实粒数140.8粒，结实率84.8%，谷粒长形，稃尖无色，有穗萌现象，谷粒中等偏大，千粒重28.56g。

品质特性：经农业部食品质量监督检验测试中心（武汉）测定，糙米率80.1%，整精米率68.8%，垩白粒率26%，垩白度2.8%，直链淀粉含量21.2%，胶稠度50mm，糙米长宽比3.2，主要理化指标达到国标三级优质稻谷质量标准。

抗性：高感稻瘟病，感白叶枯病。

产量及适宜地区：2009—2010年参加湖北省中稻品种区域试验，两年区域试验平均产量9 468.9kg/hm^2，比对照扬两优6号增产3.16%。适宜湖北省稻瘟病轻发区作中稻种植。

栽培技术要点：①适时播种，培育壮秧。鄂北4月中下旬播种，江汉平原、鄂东等地4月下旬至5月上中旬播种，播种前用三氯异氰尿酸和咪鲜胺浸种。大田用种量11.25 ～ 15kg/hm^2。秧苗1叶1心至2叶1心期适量喷施多效唑。②适龄移栽，合理密植。秧龄不超过35d。株行距为16.7cm×26.7cm，每穴插1 ～ 2苗。③科学管理肥水。底肥以有机肥为主，底肥与追肥比例为7 ∶ 3。施纯氮202.5 ～ 232.5kg/hm^2，氮、磷、钾肥配合施用，三者比例为1 ∶ 0.6 ∶ 0.9。适时晒田，在幼穗分化前复水，抽穗后田间间歇灌水，田间保持干湿交替至成熟，不宜断水过早。④病虫害防治。重点防治稻瘟病，注意防治稻曲病、白叶枯病和螟虫、稻飞虱等。

清江1号（Qingjiang 1）

品种来源：湖北省清江种业有限责任公司用福伊A作母本，泸恢57作父本配组育成，原代号福优57。2001年通过湖北省恩施土家族苗族自治州农作物品种审定小组审定，编号为恩审稻001-2001。2003年通过国家农作物品种审定委员会审定，编号为国审稻2003009。

形态特征和生物学特性：属迟熟三系杂交中籼稻。感温性较强，感光性较弱。基本营养生长期长，全生育期143 ~ 147d，与汕优63相当。株高105.9 ~ 110cm，株型松散适中，株高中等。苗期生长势较旺，分蘖力强，植株整齐。成熟时转色好。有效穗286.5万～334.5万穗/hm^2，穗数较多，穗长22.9cm，每穗总粒数137.1粒，实粒数113.7粒，穗大小中等。结实率82.9%，千粒重27.0g。

品质特性：经农业部食品质量监督检验测试中心测定，糙米率79.93%，整精米率49.16%，直链淀粉含量22.04%，胶稠度50mm。

抗性：抗稻瘟病，纹枯病及稻曲病发病轻，前期遇高温恶苗病发生较重。

产量及适宜地区：1998—1999年参加恩施水稻品种区域试验，两年区域试验平均产量8 665.5kg/hm^2，比对照汕优63增产7.11%，比恩优58增产6.8%。适宜湖北、湖南、贵州及重庆武陵山区海拔800m以下稻区种植。

栽培技术要点：①适时早播，培育壮秧。采用旱育早发等技术培育多蘖壮秧。3月下旬至4月中旬播种，秧龄30 ~ 35d。②及时移栽，合理密植。栽插30万穴/hm^2，每穴2苗。③科学管水，合理施肥。采取配方施肥，底肥与追肥比例为7 : 3，氮、磷、钾配合使用。苗数达到240万～270万苗/hm^{2}时排水晒田，齐穗后田间间歇灌水，干湿交替至成熟，收割前7 ~ 10d停止灌水。④病虫害防治。在栽培条件较好的地区，稻瘟病常发病区和气候异常年份重点防治稻瘟病和纹枯病，防治二化螟、三化螟、稻纵卷叶螟、稻飞虱和稻秆蝇，要治早治小。

全优128（Quanyou 128）

品种来源：湖北省枣丰种业有限公司、福建省农业科学院水稻研究所用不育系全丰A与恢复系R0128配组育成。2009年通过湖北省农作物品种审定委员会审定，编号为鄂审稻2009020。

形态特征和生物学特性：属中迟熟三系杂交中籼稻。感温性较强，感光性弱。基本营养生长期长，全生育期147.7d，比对照早1.3d。株高106.1cm，株叶形态适中，茎秆粗壮，分蘖力强。茎秆、叶缘、叶节、颖尖、花药、柱头均紫色。着粒密，田间整齐度好，后期落色好。有效穗270.9万穗/hm^2，穗长22.8cm，每穗总粒数119.7粒，实粒数101.5粒，结实率84.8%，谷粒中长，谷粒中等偏大，千粒重29.1g。

品质特性：经农业部食品质量监督检验测试中心测定，糙米率80.8%，整精米率59.3%，垩白粒率42%，垩白度6.2%，直链淀粉含量24.2%，胶稠度50mm，糙米长宽比2.8。

抗性：抗稻瘟病，感纹枯病，中抗稻曲病。

产量及适宜地区：2007—2008年参加湖北省恩施水稻品种区域试验，两年区域试验平均产量8 392.4kg/hm^2，比对照Ⅱ优58增产4.06%。适宜湖北省恩施海拔800m以下稻区作中稻种植。

栽培技术要点：①适时播种。3月中下旬播种，采用旱育早发和旱育抛秧等技术，培育壮秧，注意苗期防寒保暖。②适时播种，合理密植。栽插22.5万穴/hm^{2}左右，每穴2苗。③肥水管理。要求底肥足，苗肥早，穗肥巧，酌情补施粒肥，特别注意氮、磷、钾肥配合施用。插秧后田间及时上水，寸水活棵，浅水分蘖，在茎蘖达到330万蘖/hm^{2}时排水晒田，长势旺的田块重晒，苗弱则轻晒。幼穗分化前复水孕穗。孕穗至抽穗扬花期田间不能缺水，齐穗后田间间歇灌水，田间保持湿润以壮籽。④病虫害防治。注意防治纹枯病、螟虫和稻飞虱等。

全优2689（Quanyou 2689）

品种来源：福建农林大学与福建省农业科学院水稻研究所用不育系全丰A与恢复系金恢2689配组育成。2008年通过湖北省农作物品种审定委员会审定，编号为鄂审稻2008017。

形态特征和生物学特性：属中迟熟三系杂交中籼稻。感温性较强，感光性弱。基本营养生长期长，全生育期151.6d，比对照早5.3d。株高88.3cm，株叶型适中，叶鞘、稃尖紫色，禾下穗。后期落色好。穗长22.6cm，有效穗304.1万穗/hm^2，穗数较多，每穗总粒数114.0粒，实粒数91.4粒，穗大小中等，结实率80.3%，谷粒长椭圆形，千粒重28.7g。

品质特性：经农业部食品质量监督检验测试中心测定，糙米率82.7%，整精米率67.2%，垩白粒率53%，垩白度4.2%，直链淀粉含量21.6%，胶稠度50mm，糙米长宽比2.8。

抗性：中抗稻瘟病，感纹枯病，抗稻曲病。

产量及适宜地区：2006—2007年参加湖北省恩施水稻品种区域试验，两年区域试验平均产量7 704.5kg/hm^2，比对照福优195增产1.64%。适宜湖北省恩施海拔800 ～ 1 200m稻区种植。

栽培技术要点：①适时播种，培育壮秧。3月中下旬播种，采用旱育早发和旱育抛秧等技术，培育多蘖壮秧，注意苗期防寒保暖。②适时移栽，合理密植。栽插22.5万穴/hm^{2}左右，每穴2苗。③科学管理肥水。要求底肥足，苗肥早，穗肥巧，酌情补施粒肥，特别注意氮、磷、钾肥配合施用，三要素比例为1 ∶ 0.7 ∶ 0.8。底肥与追肥比例为7 ∶ 3，插秧后田间及时上水，深水护苗，寸水活棵，浅水分蘖，足苗晒田。在幼穗分化前上水，孕穗至抽穗扬花期保持足寸水层，齐穗后田间采取间歇灌水，生长后期田间保持干干湿湿至成熟。④病虫害防治。注意防治纹枯病、螟虫、稻飞虱和稻秆蝇等。

全优5138（Quanyou 5138）

品种来源：福建省农业科学院水稻研究所用全丰A与福恢5138配组育成。2010年通过湖北省农作物品种审定委员会审定，编号为鄂审稻2010028。

形态特征和生物学特性：属中迟熟三系杂交中籼稻。感温性较强，感光性弱。基本营养生长期长，全生育期148.1d，比对照Ⅱ优58早熟1.6d。株高113.5cm。株叶形态适中，株高中等，群体整齐，剑叶挺直，穗大粒多，叶鞘、颖尖紫色，分蘖力较强，成穗率高，茎秆粗壮，抗倒伏能力强，后期耐寒性强、转色好。有效穗数260.7万穗/hm^2，穗数较多，成穗率65.5%，穗长23.6cm，每穗总粒数141.6粒，每穗实粒数115.3粒，穗大小中等，结实率81.4%，千粒重28.3g。

品质特性：经农业部食品质量监督检验测试中心测定，糙米率80.4%，整精米率61.0%，垩白粒率72%，垩白度8.6%，透明度1级，胶稠度60mm，直链淀粉含量19.2%，糙米长6.4mm，糙米长宽比2.6，米饭适口性好。

抗性：抗稻瘟病，感纹枯病，中抗稻曲病。

产量及适宜地区：2008—2009年参加恩施迟熟中稻品种区域试验，平均单产7 887.9kg/hm^2，比对照Ⅱ优58增产1.02%。2009年参加恩施水稻新品种生产试验，平均单产8 701.5kg/hm^2。适宜湖北省恩施海拔800m以下稻区种植。

栽培技术要点：①在3月底至4月上旬播种，秧龄30 ～ 35d。大田用种量22.5kg/hm^2；秧田播种量为225kg/hm^2。②适时移栽，合理密植。株行距为18cm × 21cm，每穴栽插2苗，插足基本苗150万苗/hm^2。③科学进行肥水管理。在移栽后30 ～ 35d苗数达到270万～ 300万苗/hm^2时，开始搁田或烤田，有水孕穗，足水抽穗，干湿交替壮籽，后期保持湿润至成熟。④合理施肥，施足基肥，早施分蘖肥，主攻多穗，插后5 ～ 6d施尿素、氯化钾各120 ～ 150kg/hm^2。在烤田结束后幼穗分化前施用尿素75 ～ 120kg/hm^2。始穗期看苗酌情补施粒肥，施尿素45kg/hm^2、氯化钾75kg/hm^2。⑤注意病虫害防治。防治纹枯病、螟虫、稻飞虱等病虫害。

全优77（Quanyou 77）

品种来源：福建省农业科学院稻麦研究所用不育系全丰A与恢复系明恢77配组育成。商品名农嘉6号。2006年通过湖北省农作物品种审定委员会审定，编号为鄂审稻2006018。

形态特征和生物学特性：属中迟熟三系杂交中籼稻。感温性较强，感光性弱。基本营养生长期长，全生育期154.5d，比恩优58短5.3d。株高83.0cm。植株整齐，株高中等偏矮，株型好，叶色淡绿，叶鞘紫色，禾下穗，分蘖力强，有效穗多，后期转色好。区域试验中有效穗数329.4万穗/hm^2，穗数较多，穗长20.7cm，每穗总粒数110.1粒，实粒数88.3粒，结实率80.3%，谷粒长椭圆形，稃尖紫色，无芒，千粒重25.7g。

品质特性：经农业部食品质量监督检验测试中心测定，糙米率79.1%，整精米率50.6%，垩白粒率56%，垩白度8.4%，直链淀粉含量25.20%，胶稠度42mm，糙米长宽比2.7。

抗性：中感稻瘟病，高感纹枯病。

产量及适宜地区：2004—2005年参加恩施水稻品种区域试验，两年区域试验平均产量7 331.55kg/hm^2，比对照恩优58增产5.86%。2005年参加生产试验，产量6 630kg/hm^2，比对照福优195减产2.35%。适宜湖北省恩施海拔1 100m以下稻瘟病轻发区和无病区种植。

栽培技术要点：①采用两段育秧、旱育抛秧和旱育旱发等技术，培育多蘖壮秧。②合理密植。插基本苗150万～180万苗/hm^2。③底肥与追肥比例为7 ：3，插秧后5～7d追施分蘖肥，确保多穗；幼穗分化期酌施“促花肥”；始穗期看苗补施“保花肥”。施纯氮180kg/hm^2，氮、磷、钾比例为1 ：0.5 ：1。当苗数达到300万苗/hm^2时晒田，抽穗后田间保持干干湿湿状态至成熟。④用种子包衣剂处理种子杀菌。大田重点注意防治好二化螟、三化螟、稻纵卷叶螟及稻飞虱、稻秆蝇等害虫。抽穗期及生长后期注意防治稻瘟病和纹枯病。

全优99（Quanyou 99）

品种来源：泽隆农资连锁（恩施）有限公司与福建省农业科学院水稻研究所用不育系全丰A与恢复系R99配组育成。2009年通过湖北省农作物品种审定委员会审定，编号为鄂审稻2009018。

形态特征和生物学特性：属中迟熟三系杂交中籼稻。感温性较强，感光性弱。基本营养生长期长，全生育期146.1d，比对照早3.5d。株高110.1cm。株叶形态适中，叶鞘、稃尖紫色，禾下穗，穗大粒多，后期落色好。区域试验中有效穗数292.95万穗/hm^2，穗数较多，穗长23.0cm，每穗总粒数125.9粒，实粒数105.0粒，穗大小中等，结实率83.4%，谷粒椭圆形，有短顶芒，千粒重28.0g。

品质特性：经农业部食品质量监督检验测试中心测定，糙米率80.2%，整精米率63.9%，垩白粒率71%，垩白度11.0%，直链淀粉含量23.0%，胶稠度52mm，糙米长宽比2.6。

抗性：抗稻瘟病，中抗稻曲病，感纹枯病。

产量及适宜地区：2007—2008年参加恩施水稻品种区域试验，两年区域试验平均产量8 157.3kg/hm^2，比对照Ⅱ优58增产3.77%。其中2007年产量7 677.9kg/hm^2，比对照增产0.58%，不显著；2008年产量8 636.7kg/hm^2，比对照增产6.78%，显著。适宜湖北省恩施海拔800m以下稻区作中稻种植。

栽培技术要点：①适时播种，培育多蘖壮秧。3月下旬播种，采取尼龙薄膜保温措施育秧。②合理密植。株行距为18cm×21cm，每穴栽插2苗，保证插基本苗150万～180万苗/hm^2。③科学管理肥水。施足基肥，早施分蘖肥，确保多穗；一般施纯氮180kg/hm^2，氮、磷、钾比例以1 ： 0.5 ： 1为宜。插秧后立即上水，寸水活棵，浅水分蘖，适时晒田，当苗数达到270万～285万苗/hm^{2}时晒田，在幼穗分化开始前复水，幼穗分化期间田间保持水层，抽穗以后田间保持干干湿湿至成熟。④病虫害防治。用种子包衣剂处理种子。重点注意防治好螟虫、稻飞虱、稻秆蝇、稻瘟病和纹枯病等。

汕优58（Shanyou 58）

品种来源：湖北省恩施土家族苗族自治州红庙农业科学研究所以恩恢58与珍汕97A配组选育而成。1996年通过湖北省恩施土家族苗族自治州农作物品种审定小组审定。

形态特征和生物学特性：属迟熟三系杂交中籼稻。感温性强，感光性较弱。基本营养生长期长，全生育期152d，总积温3 225℃。株高105cm左右，株型适中。主茎总叶数17叶左右，叶鞘紫色，叶片宽厚清秀，分蘖力强，长势旺。植株生长整齐，成熟落色好，苗期耐寒性强。有效穗300万穗/hm^{2}左右，穗长22cm左右，每穗总粒数120～130粒，穗实粒数90～110粒，结实率80%～85%，籽粒稃尖紫色，椭圆形，千粒重27～28g。

品质特性：经湖北省农业科学院测试中心分析，糙米率81.05%，精米率72.96%，整精米率54.2%，米粒长5.8mm，糙米长宽比2.2，碱消值7级，直链淀粉含量22.91%，胶稠度30mm，蛋白质含量7.44%。

抗性：抗稻瘟病，纹枯病中等。

产量及适宜地区：1993—1994年参加恩施水稻品种（组合）区域试验，1993年区域试验平均产量6 352.5kg/hm^2，比汕优63增产41.17%；1994年区域试验平均产量8 386.7kg/hm^2，比汕优63增产7.46%。适宜湖北省恩施海拔900m以下稻区种植。

栽培技术要点：①适时早播，培育壮秧。3月下旬至4月初播种，播种量为225kg/hm^2。在2叶1心时喷施多效唑或烯效唑培育带蘖壮秧。②及时插秧，合理密植。秧龄35d插秧，栽插22.5万～30万穴/hm^2，每穴2苗。③科学管理肥水。当苗数达270万苗/hm^{2}左右时排水晒田，苗足重晒，苗弱、苗数偏少田轻晒。在幼穗分化前复水，孕穗期间田间要保持水层。底肥以有机肥为主，总氮量180kg/hm^2，氮、磷、钾配合使用，氮、磷、钾比例为1∶0.6∶1.2，穗肥以钾肥为主，氮、磷肥配合使用。慎用促花肥，适当使用保花肥，酌情使用粒肥。④病虫害防治。大田防治螟虫及稻飞虱，抽穗期防治稻瘟病穗颈瘟，后期防治纹枯病。

汕优63（Shanyou 63）

品种来源：福建省三明市农业科学研究所1980年用珍汕97A与明恢63配组育成。1987年通过湖北省农作物品种审定委员会审定。

形态特征和生物学特性：属中熟三系杂交中籼稻。感温性强，感光性较弱。基本营养生长期长，作中稻全生育期140 ~ 146d，比汕优6号长2 ~ 3d，作二季晚稻全生育期130 ~ 135d。株高110cm左右，株型集散适中，茎秆粗壮，剑叶长41.1cm，宽2.1cm。主茎16 ~ 17叶，叶色偏淡，叶片较宽。大田前期生长繁茂，分蘖力较强，成穗率较高，后期落色正常，较抗倒伏。穗长21.8cm，穗较大，每穗实粒数130 ~ 150粒，结实率90%左右，耐高温、低温能力强。谷粒较大，千粒重29 ~ 30g。

品质特性：糙米率81%，精米率72%，整精米率60%左右，垩白粒率80%左右，直链淀粉含量22%左右，胶稠度45mm左右，米质较优。

抗性：较抗稻瘟病，轻感纹枯病，感白叶枯病。

产量及适宜地区：一般产量750kg/hm^{2}以上。适宜湖北省平原、湖区、丘陵、山区种植，适应性广。

栽培技术要点：①适时播种，培育壮秧。鄂西北4月中下旬播种，江汉平原5月初播种，秧田播种量150kg/hm^2。②及时移栽，合理密植。秧龄30d以前插秧或6 ~ 7叶龄期移栽，栽插30万 ~ 37.5万穴/hm^2，每穴2苗。③合理施肥。秧田施225 ~ 375kg/hm^{2}复合肥作底肥，中等肥力田施纯氮112.5 ~ 150kg/hm^2，氮、磷、钾比例为1 ：(0.35 ~ 0.4) ：(0.5 ~ 1.2)。基肥占总施肥量的50%以上，分蘖肥占40%以上。在抽穗期或乳熟初期用磷酸二氢钾根外喷雾1 ~ 2次。④科学管水。插秧后及时上水，寸水活棵，浅水分蘖。苗数达到225万 ~ 240万苗/hm^{2}时排水晒田，长势旺盛田块重晒，苗弱田轻晒。在幼穗分化前复水孕穗，抽穗后田间间歇灌水，干干湿湿至成熟。⑤注意防治病虫害。

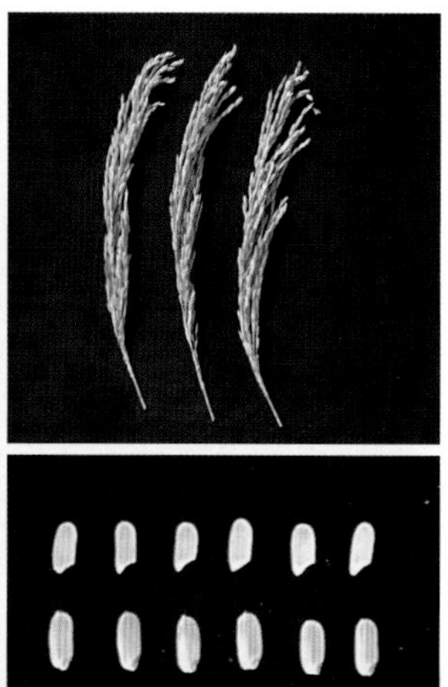

汕优8号（Shanyou 8）

品种来源：湖北省仙桃市排湖原种场用引进亲本农71与不育系珍汕97A配组育成。1986年通过湖北省农作物品种审定委员会审定。

形态特征和生物学特性：属三系杂交中籼稻，可兼作中、晚稻。感温性强，感光性较弱。基本营养生长期长，作双季晚稻全生育期120d左右，作中稻150d左右。植株中等偏高，低山种植株高90 ~ 100cm，二高山种植株高80cm左右。株型较紧凑，植株青秀，不早衰。叶鞘紫红色，剑叶较宽，长度中等，角度较小。苗期生长势旺，分蘖力较强，抽穗整齐，成穗率较高，穗数330万~ 345万穗/hm^2，穗数较多，结实率82.5%，对温度反应比较敏感，开花期遇高温则花药开裂不畅，结实率下降，在低山作中稻空壳率较高。谷粒椭圆形，稃尖紫红色，无芒。粒大，千粒重32g。

抗性：抗白叶枯病和稻瘟病。

产量及适宜地区：一般在二高山地区作中稻产量7 500kg/hm^{2}左右，平原丘陵地区作双季晚稻产量6 000kg/hm^{2}左右。适宜湖北省二高山地区作中稻，平原丘陵地区作双季晚稻种植。

栽培技术要点：①适时播种，培育壮秧。在平原丘陵地区作双季晚稻，6月20 ~ 25日播种，7月20 ~ 25日插秧，秧龄30d。在鄂西二高山地区作中稻，4月上旬播种。薄膜育秧，5月中旬插秧，秧龄40 ~ 45d。秧田播种量112.5kg/hm^2，播后1叶1心时匀苗；2叶1心时喷施多效唑或烯效唑促进分蘖，培育多蘖矮壮秧，在鄂西二高山地区移栽时秧苗以带5 ~ 6个分蘖、高30cm的矮壮秧为宜。②适时插秧。在平原丘陵地区只能作双季晚稻，株行距16.5cm×20cm，每穴2苗；鄂西二高山地区株行距10cm×27cm，栽插37.5万穴/hm^2，每穴4苗。③合理施肥。施纯氮150kg/hm^2。氮、磷、钾比例为1 ： 0.75 ： 1。底肥应占总施肥量的70%~ 80%。始穗至灌浆期喷施磷酸二氢钾。④科学管理。插秧后及时上水。深水护苗，寸水活棵，浅水分蘖，适时晒田，后期不宜断水过早。⑤病虫害防治。防治二化螟、三化螟及稻飞虱。

深优9734（Shenyou 9734）

品种来源：国家杂交水稻工程技术研究中心清华深圳龙岗研究所用深97A与R2134配组育成。2010年通过湖北省农作物品种审定委员会审定，编号为鄂审稻2010022。

形态特征和生物学特性：属早中熟三系杂交中籼稻。感温性较强，感光性弱。基本营养生长期长，全生育期162.6d，比福优195迟2.7d。株高97.2cm，株型适中，叶姿偏挺，叶色淡绿，叶鞘、叶枕、叶耳紫色，后期落色好。区域试验中有效穗数276.3万穗/hm^2，穗长23.6cm，每穗总粒数133.1粒，穗实粒111.3粒，结实率85.1%。谷粒长形，部分谷粒有短顶芒，稃尖紫色，千粒重28.3g。

品质特性：经农业部食品质量监督检验测试中心测定，糙米率80.6%，整精米率57.8%，垩白粒率18%，垩白度1.8%，直链淀粉含量15.0%，透明度1级，胶稠度85mm，糙米长6.8mm，糙米长宽比2.8，主要理化指标达到国标三级优质稻谷质量标准。

抗性：中抗稻瘟病。

产量及适宜地区：2008—2009年参加恩施早中熟中稻品种区域试验，两年区域试验平均产量8 129.55kg/hm^2，比对照福优195增产0.60%。适宜湖北省恩施海拔1 100m以下稻区种植。

栽培技术要点：①适时播种。在3月中下旬播种，采用两段育秧、旱育抛秧和旱育早发等技术，培育多蘖壮秧。②合理密植。栽插30万穴/hm^2，每穴栽插2苗。③科学管理肥水。施足基肥，早施分蘖肥，插秧后5～7d追施分蘖肥，确保多穗；幼穗分化期酌施“促花肥”；始穗期看苗补施“保花肥”。一般施纯氮180kg/hm^2，氮、磷、钾比例以1∶0.5∶1为宜。适时晒田，当苗数达到300万苗/hm^2时排水晒田，生长后期保持干干湿湿。④用种子包衣剂处理种子。重点防治二化螟、三化螟及稻纵卷叶螟，注意防治好稻飞虱、稻秆蝇等虫害；在抽穗破口时预防稻瘟病，在生长后期注意防治纹枯病等。

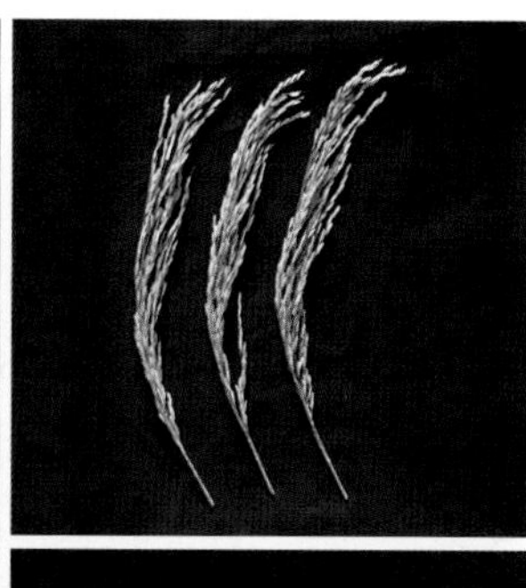
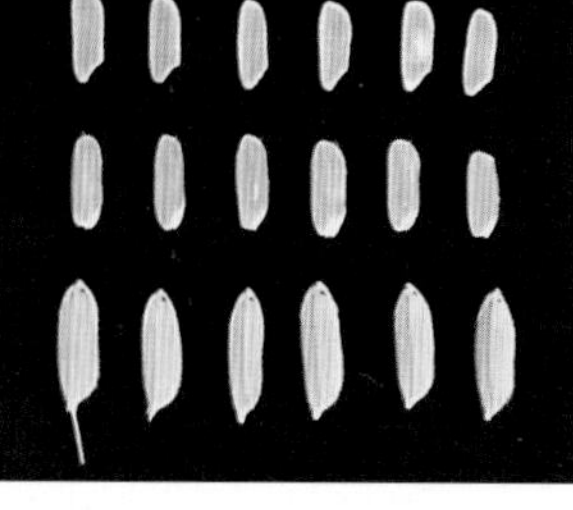

深优9752（Shenyou 9752）

品种来源：国家杂交水稻工程技术研究中心清华深圳龙岗研究所和中国种子集团有限公司用不育系深97A与恢复系R9152配组育成。2011年通过湖北省农作物品种审定委员会审定，编号为鄂审稻2011009。

形态特征和生物学特性：属早中熟三系杂交中籼稻。感温性较强，感光性弱。基本营养生长期长，全生育期160.4d，比福优195迟0.7d。株高97.5cm。株型适中，叶下禾，成熟时转色较好。区域试验平均有效穗数247.5万穗/hm^2，穗长24.2cm，每穗总粒数142.9粒，实粒数120.0粒，结实率84.0%，谷粒长形，偶有短芒，千粒重28.6g。

抗性：中感稻瘟病。

品质特性：经农业部食品质量监督检验测试中心测定，糙米率79.2%，整精米率60.8%，垩白粒率19%，垩白度1.9%，直链淀粉含量15.6%，胶稠度85mm，糙米长宽比2.8，主要理化指标达到国标三级优质稻谷质量标准。

产量及适宜地区：2008—2009年参加恩施早中熟中稻品种区域试验，两年区域试验平均产量8 062.8kg/hm^2，比对照福优195增产0.13%。适宜湖北省恩施海拔1 000m以下稻区作中稻种植。

栽培技术要点：①适时播种，合理稀播，培育多蘖壮秧。3月下旬至4月上旬播种，采用旱育早发和旱育抛秧等技术，如用水田育秧则需采取尼龙弓床保温措施。②合理密植。在秧龄达到30 ~ 35d时插秧，每穴栽插2苗，保证插足基本苗150万苗/hm^{2}以上。③科学管理肥水。插秧后田间立即上水，寸水活蔸，浅水分蘖。要求施足底肥，在插秧后5 ~ 7d追施分蘖肥，在孕穗视苗情巧施穗肥，抽穗后酌情补施粒肥，特别注意氮、磷、钾肥与微肥配合施用。适时晒田，在茎蘖数达到240万 ~ 270万蘖/hm^{2}左右时排水晒田，生长势旺重晒，苗弱轻搁。④注意防治稻瘟病、纹枯病和螟虫、稻飞虱、稻秆蝇等病虫害。

天优华占（Tianyouhuazhan）

品种来源：中国水稻研究所、中国科学院遗传与发育生物学研究所、广东省农业科学院水稻研究所用不育系天丰A与恢复系华占配组选育而成。2011年通过湖北省农作物品种审定委员会审定，编号为鄂审稻2011006。

形态特征和生物学特性：属中熟三系杂交中籼稻。感温性较强，感光性弱。基本营养生长期长，全生育期133.2d，比扬两优6号短8.5d。株高114.5cm，株型较紧凑，叶色绿，叶鞘内壁紫色，剑叶较短、挺直。穗层整齐，着粒均匀，有两段灌浆现象。生长势较旺，分蘖力较强，植株生长整齐，成熟时转色较好。区域试验平均有效穗数279万穗/hm^2，穗长23.6cm，每穗总粒数170.4粒，实粒数145.0粒，中等偏大穗，结实率85.1%，谷粒中长形，稃尖紫色，有少量短顶芒，千粒重25.57g。

品质特性：2009—2010年参加湖北省中稻品种区域试验，米质经农业部食品质量监督检验测试中心测定，糙米率79.7%，整精米率63.8%，垩白粒率30%，垩白度3.6%，直链淀粉含量19.4%，胶稠度68mm，糙米长宽比3.2，主要理化指标达到国标三级优质稻谷质量标准。

抗性：中抗稻瘟病。感白叶枯病。

产量及适宜地区：2009—2010年参加湖北省区域试验，两年平均产量9 628.8kg/hm^2，比对照扬两优6号增产4.05%。适宜湖北省中等肥力水平田块作中稻种植，不宜在冷浸田、低湖田种植。

栽培技术要点：①适时播种，稀播壮秧。鄂北4月下旬播种，江汉平原、鄂东等地5月上旬播种。秧田播种量90kg/hm^2，大田用种量11.25 ~ 15kg/hm^2。秧苗1叶1心至2叶1心期适量喷施多效唑，培育带蘖壮秧。②及时移栽，秧龄25 ~ 30d为宜，最长不超过35d。株行距13.3cm × 30cm或16.7cm × 26.7cm，每穴栽插2苗，插足基本苗150万苗/hm^{2}左右。③重施底肥，早施追肥促早发。当苗数达到240万苗/hm^{2}晒田，正常条件要求重晒防倒伏，孕穗至抽穗扬花期田间不能断水，后期湿润管理。④注意防治稻曲病、白叶枯病、纹枯病和螟虫、稻飞虱等病虫害。

屯优668（Tunyou 668）

品种来源：湖北长江屯玉种业有限公司用不育系屯3A与恢复系668配组育成。2007年通过湖北省农作物品种审定委员会审定，编号为鄂审稻2007014。

形态特征和生物学特性：属中熟三系杂交中籼稻。感温性较强，感光性弱。基本营养生长期长，全生育期138.1d，比Ⅱ优725短1.4d。株高123.2cm。株型适中，植株中等偏高，茎节外露，叶色浓绿，叶鞘紫色，剑叶较宽、中长、斜挺。穗层整齐，穗颈较长，穗大粒多，后期转色好，抗倒性差。区域试验中有效穗数271.5万穗/hm^2，穗数多；穗长23.6cm，每穗总粒数173.1粒，实粒数144.0粒，穗较大；结实率83.2%，谷粒椭圆形，无芒，稃尖紫色，千粒重24.74g。

品质特性：经农业部食品质量监督检验测试中心测定，糙米率79.2%，整精米率57.9%，垩白粒率25%，垩白度2.5%，直链淀粉含量24.5%，胶稠度34mm，糙米长宽比2.6。

抗性：高感白叶枯病和穗颈稻瘟病。

产量及适宜地区：2004—2005年参加湖北省中稻品种区域试验，两年区域试验平均产量8 896.95kg/hm^2，比对照Ⅱ优725增产5.04%。其中2004年产量8 776.35kg/hm^2，比Ⅱ优725增产2.53%，不显著；2005年产量9 017.4kg/hm^2，比Ⅱ优725增产7.60%，极显著。适宜湖北省西南以外的地区作中稻种植，易涝田和低湖田不宜种植。

栽培技术要点：①适时播种，培育壮秧。鄂北地区4月中下旬播种，江汉平原、鄂东南地区4月底至5月上旬播种，秧田播种量225kg/hm^2。②及时插秧，合理密植。在秧龄35d左右时栽秧，栽插22.5万穴/hm^2，每穴栽插2苗。③合理施肥，科学进行肥水管理。底肥与追肥比例为7 ∶ 3。插秧5～7d施150kg/hm^2尿素作追肥。在苗数达到240万苗/hm^2左右时排水晒田，一般要求晒田偏重，防治后期倒伏。晒田后复水时补施钾肥作穗粒肥。抽穗后田间间歇灌水，保持干湿交替至成熟，以利壮根，植株抗倒伏。④防治病虫害。抽穗破口时防治稻瘟病穗颈瘟、分蘖期防治白叶枯病、生长后期防治纹枯病，大田注意防治螟虫及稻飞虱。

温优3号（Wenyou 3）

品种来源：浙江省温州市农业科学研究所用珍汕97A作母本，IR36辐-2作父本组配育成。由湖北省恩施土家族苗族自治州种子站引进。1990年通过湖北省恩施土家族苗族自治州农作物品种审定小组审定。

形态特征和生物学特性：属早中熟杂交中籼稻。感温性强，感光性较弱。基本营养生长期长，全生育期141 ~ 156d。株高70 ~ 91cm，株型较紧凑，株高偏矮，主茎17叶，叶片细长挺立，叶色浓绿。苗期长势较弱，分蘖力中等，后期转色好，抗寒性差。穗长20cm左右，每穗实粒数83.3粒，结实率76%左右，千粒重24.3g。

品质特性：经中国水稻研究所测定，糙米率81.7%，精米率74.2%，直链淀粉含量20%，胶稠度40mm，外观米质及食味佳。

抗性：较抗稻瘟病。

产量及适宜地区：1986—1988年参加恩施低山、二高山水稻品种区域试验，1986年低山组区域试验产量7 365kg/hm^2，1987年二高山区域试验产量5 928kg/hm^2，比对照威优64增产22.5%，1988年区域试验产量6 885kg/hm^2，比对照汕优64增产15.91%。适宜湖北省恩施海拔1 150m以下稻区种植。

栽培技术要点：①适时播种，培育壮秧。二高山地区育秧苗期要覆膜保温，可采用两段秧或旱育早发育秧措施。在秧田1叶1心至2叶1心期喷施多效唑或烯效唑促分蘖育壮秧。②及时栽秧，合理密植。在秧龄达35d左右时插秧，大田用种量22.5kg/hm^2，株行距15.7cm × 19.8cm，基本苗225万苗/hm^{2}以上。③配方施肥，科学进行田间管理。底肥以有机肥为主，底肥与追肥比例为7 ∶ 3，施足底肥，早施追肥，氮、磷、钾比例为1 ∶ 0.8 ∶ 0.9。插秧后田间及时上水，深水护苗，寸水活蔸，浅水勤灌促分蘖。插秧后5 ~ 7d施尿素225kg/hm^{2}作追肥，孕穗期、抽穗期依苗情酌施保花肥和穗肥。苗数达到255万 ~ 270万苗/hm^{2}时排水晒田，在幼穗分化前复水，孕穗期田间保持足寸水层，抽穗后进行间歇灌水，田间保持干湿交替至成熟。④注意病虫害防治。

宜香优107（Yixiangyou 107）

品种来源：湖北省清江种业有限责任公司用不育系宜香1A与恢复系HR107配组育成。2008年通过湖北省农作物品种审定委员会审定，编号为鄂审稻2008018。

形态特征和生物学特性：属迟熟三系杂交中籼稻。感温性较强，感光性弱。基本营养生长期较长，全生育期146.4d，比对照Ⅱ优58早4.1d。株高115.9cm，株型适中，株高中等，叶鞘无色。禾下穗，穗大粒多，后期落色好。穗长24.5cm，有效穗291.45万穗/hm^2，每穗总粒数122.8粒，实粒数105.3粒，结实率86.1%，谷粒长形，有短顶芒，稃尖无色，千粒重30.2g。

品质特性：经农业部食品质量监督检验测试中心测定，糙米率79.2%，整精米率53.5%，垩白粒率26%，垩白度3.1%，直链淀粉含量17.5%，胶稠度80mm，糙米长宽比3.0，主要理化指标达到国标三级优质稻谷质量标准。

抗性：中感稻瘟病，感纹枯病，抗稻曲病。

产量及适宜地区：2006—2007年参加湖北省恩施水稻品种区域试验，两年区域试验平均产量8 581.7kg/hm^2，比对照Ⅱ优58增产3.48%。适宜湖北省恩施海拔800m以下稻区种植。

栽培技术要点：①适时播种，培育壮秧。3月中下旬播种，采用旱育早发和旱育抛秧等技术，培育多蘖壮秧，注意苗期防寒保暖。②适时移栽，合理密植。栽插22.5万穴/hm^2左右，每穴2苗。③科学管理肥水。底肥与追肥比例为7 ∶ 3，早施追肥，插秧后5～7d施尿素180kg/hm^2作追肥，巧施穗肥，后面酌情补施粒肥，氮、磷、钾肥配合施用，三者比例为1 ∶ 0.5 ∶ 0.8。在苗数达300万苗/hm^2时排水晒田，苗足重晒或分两次晒田，苗弱、苗数偏少轻晒。幼穗分化前灌溉复水，孕穗至抽穗扬花期田间不能断水，生长后期采取间歇灌水，田间保持湿润，干干湿湿至成熟。④病虫害防治。对纹枯病和稻瘟病、螟虫、稻秆蝇等病虫害进行综合防治。

宜香优208（Yixiangyou 208）

品种来源：湖北省清江种业有限责任公司用不育系宜香1A与恢复系HR208配组育成。2010年通过湖北省农作物品种审定委员会审定，编号为鄂审稻2010027。

形态特征和生物学特性：属中迟熟三系杂交中籼稻。感温性较强，感光性弱。基本营养生长期较长，全生育期143.2d，比对照Ⅱ优58早6.3d。株高112.1cm，株型适中，叶片宽厚，剑叶短而上冲，叶鞘、叶枕、叶耳无色，叶上穗，后期落色好。有效穗263.7万穗/hm^2，成穗率65.8%，穗长25.4cm，穗大粒多，每穗总粒数132.9粒，实粒数102.1粒，结实率76.8%，谷粒长形，无芒，稃尖无色，穗粒结构协调，千粒重29.3g。

品质特性：经农业部食品质量监督检验测试中心测定，糙米率79.7%，整精米率55.8%，垩白粒率29%，垩白度2.3%，直链淀粉含量21.6%，透明度1级，胶稠度66mm，糙米粒长7.3mm，长宽比3.2，有香味，主要理化指标达到国标三级优质稻谷质量标准。

抗性：中感稻瘟病。

产量及适宜地区：2008—2009年参加湖北省恩施水稻品种区域试验，两年区域试验平均产量7 733.3kg/hm^2，比对照Ⅱ优58增产2.64%。适宜湖北省恩施海拔1 000m以下稻瘟病轻病区种植。

栽培技术要点：①适时播种，培育壮秧。3月中下旬播种，采用旱育早发和旱育抛秧等技术，培育多蘖壮秧，用农用薄膜保温育秧。②适时插秧，合理密植。栽插22.5万穴/hm^2左右，每穴2苗。③科学管理肥水。底肥与追肥比例为7∶3，注意氮、磷、钾肥配合施用，三者比例为1∶0.6∶0.8。插秧后5～7d施尿素150kg/hm^2作追肥，生长后期酌情补施粒肥，寸水活棵，浅水分蘖，在苗数达300万苗/hm^2时排水晒田，苗足重晒或分两次晒田，苗弱、苗数偏少轻晒。幼穗分化前灌溉复水，孕穗期间田间要保持水层，抽穗后间歇灌水，田间保持干干湿湿至成熟，收割前7～10d停止灌水。④病虫害防治。注意防治纹枯病和稻瘟病、螟虫、稻秆蝇等病虫害。

宜优29（Yiyou 29）

品种来源：湖北省宜昌市农业科学研究院用不育系宜陵1A与恢复系N29配组育成。2004年通过湖北省农作物品种审定委员会审定，编号为鄂审稻2004003。

形态特征和生物学特性：属中熟三系杂交中籼稻。感温性强，感光性较弱。基本营养生长期较长，全生育期132.4d，比汕优63短3.5d。株高115.4cm，株型略散，叶片宽披，叶鞘紫色。分蘖力中等，田间生长势较旺，耐寒性中等，抗倒性较差。有效穗280.5万穗/hm^2，穗长25.6cm，每穗总粒数150.1粒，实粒数119.1粒，结实率79.3%，颖尖紫色，千粒重27.32g。

品质特性：经农业部食品质量监督检验测试中心测定，糙米率81.3%，整精米率55.8%，糙米长宽比3.2，垩白粒率30%，垩白度7.4%，直链淀粉含量25.8%，胶稠度61mm。

抗性：高感稻瘟病穗颈瘟，感白叶枯病。

产量及适宜地区：2002—2003年参加湖北省中稻品种区域试验，两年区域试验平均产量8 309.9kg/hm^2，比对照汕优63增产3.40%。在宜昌枝江市、荆州市江陵县、襄阳市谷城县等地试种和大面积生产示范均表现出稳产、高产。适宜湖北省西南山区以外稻瘟病无病区作中稻种植。

栽培技术要点：①适时播种，培育壮秧。在4月下旬至5月上旬播种，用三氯异氰尿酸浸种消毒灭菌，控制恶苗病的发生，秧田播种量225kg/hm^2，大田用种量15 ~ 22.5kg/hm^2，播种要求稀播均匀。②适时插秧，插秧时秧龄不超过35d。栽插22.5万穴/hm^{2}左右，每穴2苗。③插秧后及时上水，施足底肥，增施有机肥。一般施纯氮150 ~ 180kg/hm^2，五氧化二磷90kg/hm^2，氧化钾75 ~ 120kg/hm^2。其中磷肥和80%的氮肥作底肥，钾肥和20%的氮肥作追肥，生长后控制氮肥使用。苗数达300万苗/hm^{2}时排水晒田，幼穗分化前上水，孕穗至抽穗扬花期田间不能断水，生长后期间歇灌水，田间保持湿润到成熟，在收割前7 ~ 10d停止灌水。④大田注意防治螟虫及稻飞虱，重点防治稻瘟病穗颈瘟。

优Ⅰ58（You Ⅰ58）

品种来源：湖北省恩施土家族苗族自治州红庙农业科学研究所以恩恢58与优ⅠA配组选育而成。1996年通过湖北省恩施土家族苗族自治州农作物品种审定小组审定。

形态特征和生物学特性：属迟熟三系杂交中籼稻。感温性强，感光性较弱。基本营养生长期长，全生育期152d。总积温3 225℃，主茎16.3叶，株高105cm左右，株型适中。叶鞘紫色，叶片宽厚，苗期长势旺，分蘖力强，植株整齐，成熟时落色好，苗期耐寒性强。有效穗300万穗/hm^2，穗长21cm左右，每穗总粒数120 ～ 130粒，结实率80%左右。籽粒稃尖紫色，呈椭圆形，千粒重27 ～ 28g。

品质特性：经湖北省农业科学院测试中心分析，糙米率81%，精米率72.9%，整精米率54.68%，碱消值7级，直链淀粉含量22.98%，胶稠度28mm，蛋白质含量7.14%。

抗性：抗稻瘟病，纹枯病中等。

产量及适宜地区：1994—1995年参加恩施水稻品种（组合）区域试验，两年平均产量7 887.8kg/hm^2，比汕优63增产15.51%。适宜湖北省恩施海拔900m以下稻区种植。

栽培技术要点：①适时早播，培育壮秧。3月底至4月初播种，采用两段育秧，撒播型塑膜保温育秧、旱育秧或旱育抛秧，秧龄30 ～ 35d，在1叶1心至2叶1心时喷施多效唑或烯效唑，促进分蘖。②合理密植，科学管水。栽插22.5万～ 30万穴/hm^2，每穴2苗。苗数达300万苗/hm^{2}时晒田，在幼穗分化前复水，孕穗至抽穗扬花期田间保持足寸水层，生长后期田间间歇灌水，干干湿湿至成熟，切忌断水过早。③合理施肥。底肥与追肥比例为7 ：3，重施底肥，早施追肥，总用氮量150 ～ 165kg/hm^2，氮、磷、钾配合使用，三者比例为1 ：0.6 ：1.2。适当施用促花肥，注意施保花肥，酌情施粒肥，提高粒数和粒重。④注意防治二化螟、三化螟、稻飞虱和稻秆蝇，治早治小。抽穗期注意防治稻瘟病，生长后期注意防治纹枯病。

优Ⅰ995（You Ⅰ 995）

品种来源：湖北省恩施土家族苗族自治州红庙农业科学研究所以恩恢995与优ⅠA配组选育而成。2000年通过湖北省恩施土家族苗族自治州农作物品种审定小组审定。

形态特征和生物学特性：属中熟杂交中籼稻。感温性强，感光性较弱。基本营养生长期长，全生育期154d左右，比温优3号长9d左右。株高96cm左右，株型适中。叶鞘紫色，叶片宽厚，叶色偏淡绿，植株整齐，落色好，苗期长势旺，分蘖力强，苗期耐寒性强。有效穗330万穗/hm^{2}左右，穗长21cm左右，穗总粒数110～120粒。结实率85%左右，籽粒稃尖紫色，无芒，谷粒中长椭圆粒形，中等偏大，千粒重27～28g。

品质特性：经湖北省农业科学院测试中心测定，糙米率81.02%，精米率72.92%，米粒长5.9mm，糙米长宽比2.5，碱消值5级，直链淀粉含量24.12%，胶稠度42mm，蛋白质含量6.5%，色泽及气味好。

抗性：抗稻瘟病。

产量及适宜地区：1994—1995年参加恩施水稻品种（组合）区域试验，1994年区域试验平均产量8 705.4kg/hm^2，比温优3号增产8.34%；1995年区域试验平均产量7 873.8kg/hm^2，比温优3号增产14.44%。1994年生产试验平均产量7 303.5kg/hm^2，比温优3号增产23.43%，1996—1998年在利川汪营大面积示范，平均产量8 250kg/hm^{2}以上，比对照增产10%以上。适宜湖北省恩施海拔900m左右稻区种植。

栽培技术要点：①适时早播，采用塑膜育秧、旱育秧或塑盘旱育抛秧，稀播结合喷施多效唑培育带蘖壮秧，栽插33万～36万穴/hm^2，每穴2苗。②科学管水，控制无效分蘖。苗数达到270万～285万苗/hm^{2}时晒田。③适当施用促花肥，注意保花肥，酌情施粒肥，提高粒数和粒重。施氮量150～165kg/hm^2，氮、磷、钾比例以1∶0.6∶1.2为宜。④病虫害防治。注意防治稻瘟病和纹枯病，害虫主要是稻飞虱、螟虫、稻秆蝇等，要治早治小。

渝优1号（Yuyou 1）

品种来源：重庆市农业科学院和重庆金穗种业有限责任公司用不育系渝5A与恢复系渝恢933配组育成。2010年通过湖北省农作物品种审定委员会审定，编号为鄂审稻2010008。

形态特征和生物学特性：属中熟偏迟三系杂交中籼稻。感温性较强，感光性弱。基本营养生长期长，全生育期134.2d，比扬两优6号短8.0d。株高119.7cm，株型紧凑，茎秆较粗，部分茎节外露，抗倒性较差。叶色浓绿，叶片宽长，剑叶较长挺。穗层较整齐，着粒均匀。后期转色一般。分蘖率中等，生长势较旺。有效穗数261万穗/hm^2，穗长25.1cm，每穗总粒数154.7，实粒数127.3，结实率82.3%，谷粒长形，稃尖紫色、无芒，千粒重30.16g。

品质特性：经农业部食品质量监督检验测试中心测定，出糙率80.7%，整精米率56.3%，垩白粒率70%，垩白度6.6%，直链淀粉含量12.5%，胶稠度85mm，糙米长宽比3.0。

抗性：高感白叶枯病，高感稻瘟病。田间有稻曲病发生。

产量及适宜地区：2008—2009年参加湖北省中稻品种区域试验，两年区域试验平均产量9 447.6kg/hm^2，比对照扬两优6号增产3.74%。适宜湖北省西南以外的稻瘟病无病区或轻病区作中稻种植，易涝田和低湖田不宜种植。

栽培技术要点：①适时播种，培育壮秧。鄂北4月下旬播种，江汉平原、鄂东等地5月上旬播种，秧田播种量150kg/hm^2，大田用种量18.75 ～ 22.5kg/hm^2。②及时移栽，插足基本苗。在秧龄25 ～ 30d插秧，秧龄最长不宜超过35d。大田株行距16.7cm×26.7cm，每穴栽插2苗。③科学管理肥水。插秧后及时上水，早施追肥促早发。一般施纯氮187.5kg/hm^{2}左右，注意氮、磷、钾肥配合施用，其中总施肥量的60%作底肥、20%作分蘖肥、20%作穗肥。当苗数达到240万～ 270万苗/hm^{2}时晒田，齐穗后间歇灌水、湿润管理，后期忌断水过早。④注意防治稻瘟病、稻曲病、白叶枯病和螟虫、稻飞虱等病虫害。

粤优9号（Yueyou 9）

品种来源：武汉大学生命科学学院用不育系粤泰A与恢复系珞恢9号配组育成。2006年通过湖北省农作物品种审定委员会审定，编号为鄂审稻2006003。

形态特征和生物学特性：属迟熟三系杂交中籼稻。感温性较强，感光性弱。基本营养生长期较长，全生育期143.7d，比Ⅱ优725长3d。株高119.3cm，株型紧凑，植株较高，叶色浓绿，叶片挺直且长宽适中，叶鞘无色。后期转色一般，抗倒性差。有效穗271.5万穗/hm^2，穗大小中等，穗长23.9cm，穗上着粒较密，每穗总粒数167.1粒，实粒数127.8粒，结实率76.5%，谷粒长形，稃尖无色，少数谷粒有短顶芒。两段灌浆现象明显，遇低温有麻壳，千粒重26.35g。

品质特性：经农业部食品质量监督检验测试中心测定，糙米率79.8%，整精米率60.3%，垩白粒率10%，垩白度1.0%，直链淀粉含量22.36%，胶稠度50mm，糙米长宽比3.0，主要理化指标达到国标二级优质稻谷质量标准。

抗性：高感稻瘟病穗颈瘟，中感白叶枯病，田间稻曲病较重。

产量及适宜地区：2003—2004年参加湖北省中稻品种区域试验，两年区域试验平均产量8 275.7kg/hm^2，比对照Ⅱ优725增产4.10%。适宜湖北省西南山区以外的稻瘟病、稻曲病无病区作中稻种植。

栽培技术要点：①鄂北4月上中旬播种，江汉平原、鄂东4月下旬至5月初播种，秧田播种量150kg/hm^2。播种时要求秧田平整，播种均匀。②适时移栽，在秧龄30d左右时移栽插秧，株行距16.5cm×26.6cm，每穴插2苗，基本苗120万～180万苗/hm^2。③科学管理肥水。一般施纯氮187.5kg/hm^2，氮、磷、钾比例为1∶0.5∶0.8，控制后期氮肥使用。插秧后及时上水，深水护苗，寸水活蔸，浅水分蘖，在苗数达到270万苗/hm^{2}时及时排水晒田，依苗情一般偏重晒田，苗旺田重晒或二次排水晒田，苗弱田轻晒。后期干干湿湿，忌追施氮肥，以防贪青倒伏。④在破口抽穗期重点防治稻曲病、稻瘟病。

粤优997（Yueyou 997）

品种来源：湖北省襄樊市农业科学院用不育系粤泰A与恢复系襄恢997配组育成。2005年通过湖北省农作物品种审定委员会审定，编号为鄂审稻2005004。

形态特征和生物学特性：属迟熟三系杂交中籼稻。感温性较强，感光性弱。基本营养生长期较长，全生育期142.8d，比汕优63长6.1d。株高117.0cm，株型紧凑，茎秆粗壮，叶片较厚硬，挺直，剑叶窄而挺直，叶色浓绿，叶鞘、颖尖无色。穗层较整齐，分蘖力较强，后期转色较好，抗倒性较差。有效穗262.5万穗/hm^2，穗长23.4cm，穗型较大，二次枝梗较多，每穗总粒数164.8粒，实粒数122.0粒，结实率74.0%，穗尖谷粒有少量短顶芒，千粒重26.05g。

品质特性：经农业部食品质量监督检验测试中心测定，糙米率80.4%，整精米率62.4%，垩白粒率8%，垩白度0.8%，直链淀粉含量22.4%，胶稠度56mm，糙米长宽比3.2，主要理化指标达到国标二级优质稻谷质量标准。

抗性：高感稻瘟病穗颈瘟，感白叶枯病，稻曲病较重。

产量及适宜地区：2000年参加优质杂交中稻品种区域试验，平均产量8 516.7kg/hm^2，比对照汕优63增产12.64%，增产显著。2003—2004年参加湖北省中稻品种区域试验，两年区域试验平均产量8 016.5kg/hm^2，比对照汕优63增产0.18%。适宜湖北省西部地区以外的稻瘟病、稻曲病无病区作中稻种植。

栽培技术要点：①适时早播，培育多蘖壮秧。鄂北4月中旬播种，江汉平原、鄂东4月下旬至5月中旬播种。②合理密植。株行距13.3cm×26.7cm或13.3cm×30cm，基本苗150万～180万苗/hm^2。③科学管理肥水，注意增施磷、钾肥。氮肥要前重中轻后补，基肥、分蘖肥、穗肥按6.5∶3∶0.5的比例施用。插秧后田间要及时上水，深水护苗，寸水活蔸，浅水勤灌，适时晒田。孕穗至抽穗扬花期田间不能断水。④齐穗后田间间歇灌水，保持干湿交替至成熟，收获前7～10d断水。⑤防治病虫害。在破口抽穗期重点防治稻瘟病。

中9优2040（Zhong 9 you 2040）

品种来源：湖北省富悦农业科学研究所用不育系中9A与恢复系富恢2040配组育成。2009年通过湖北省农作物品种审定委员会审定，编号为鄂审稻2009002。

形态特征和生物学特性：属中熟三系杂交中籼稻。感温性较强，感光性弱。基本营养生长期长，全生育期131.4d，比两优培九短5.2d。株高122.0cm，株型适中，植株较高，茎节外露，叶色绿，叶片宽长、较披。生长势中等。穗层较整齐，穗中等偏大，穗颈较长，有颖花退化和二次灌浆现象。有效穗259.5万穗/hm^2，穗长25.0cm，每穗总粒数170.0粒，实粒数140.4粒，结实率82.6%，谷粒长型，稃尖无色，部分谷粒有顶芒，千粒重27.21g。

品质特性：经农业部食品质量监督检验测试中心测定，糙米率80.1%，整精米率52.8%，垩白粒率26%，垩白度2.6%，直链淀粉含量20.2%，胶稠度63mm，糙米长宽比3.3，主要理化指标达到国标三级优质稻谷质量标准。

抗性：中抗白叶枯病，高感稻瘟病。田间纹枯病较重。

产量及适宜地区：2006—2007年参加湖北省中稻品种区域试验，两年区域试验平均产量8 588.7kg/hm^2，比对照两优培九增产3.87%。适宜湖北省西南以外的稻瘟病无病区或轻病区作中稻种植，易涝田和低湖田不宜种植。

栽培技术要点：①适时播种，培育壮秧。鄂北4月上中旬播种，江汉平原、鄂东4月下旬至5月初播种，秧田播种量150kg/hm^2，播种时要求秧田平整，播种均匀。②适时移栽，合理密植。秧龄30d左右移栽插秧，株行距16.5cm×26.6cm，每穴插2苗，基本苗120万～150万苗/hm^2。③科学管理肥水。一般施纯氮187.5kg/hm^2，氮、磷、钾比例为1∶0.5∶0.8，生长后期控制使用氮肥，苗数达到270万苗/hm^{2}时及时排水晒田，晒田要偏重，以防倒伏。生长后期间歇灌水，田间保持干干湿湿至成熟。④病虫害防治。及时防治稻曲病、稻瘟病、白叶枯病及螟虫等。

中9优89（Zhong 9 you 89）

品种来源：湖北省松滋市金松种业有限公司用不育系中9A与恢复系中籼89配组育成。2007年通过湖北省农作物品种审定委员会审定，编号为鄂审稻2007013。

形态特征和生物学特性：属中熟三系杂交中籼稻。感温性较强，感光性弱。基本营养生长期长，全生育期132.1d，比Ⅱ优725短5.0d。株高125.9cm，株型较松散，植株中等偏高，茎秆较细。叶色淡绿，叶片长且披，剑叶较长。穗层较整齐，穗较长，着粒较稀，有颖花退化现象，抗倒性较差。穗数较多，有效穗268.5万穗/hm^2，穗长27.5cm，每穗总粒数160.9粒，实粒数136.9粒，穗大小中等，结实率85.1%，谷粒长型，稃尖无色，部分谷粒有短顶芒，谷粒大小中等，千粒重25.98g。

品质特性：经农业部食品质量监督检验测试中心测定，糙米率79.4%，整精米率62.1%，垩白粒率57%，垩白度6.8%，直链淀粉含量20.0%，胶稠度62mm，糙米长宽比2.9。

抗性：中感白叶枯病，高感稻瘟病穗颈瘟，易感稻曲病。

产量及适宜地区：2005—2006年参加湖北省中稻品种区域试验，两年区域试验平均产量8 902.7kg/hm^2，比对照Ⅱ优725增产5.56%。适宜湖北省西南以外地区的中、低产田作中稻种植，高肥田、易涝田和低湖田不宜种植。

栽培技术要点：①鄂北4月中下旬播种，江汉平原、鄂东5月中旬播种。秧田播种量150～225kg/hm^2，大田用种量22.5kg/hm^2。播种时要求秧田平整，播种均匀。谷芽下田前用0.02%多效唑溶液浸芽10min，略晾干后播种，或在1叶1心时用0.03%多效唑溶液喷雾，促秧苗矮壮多发。②及时移栽，秧龄30d移栽，株行距16.7cm×20.0cm，每穴插2苗，基本苗180万～225万苗/hm^2。③科学管理肥水，以防倒伏。底肥与追肥比例为8：2，氮、磷、钾配合使用，控制氮肥施用量，增施磷、钾肥。插秧及时上水，深水护苗，寸水活蔸，浅水分蘖，苗数达到300万苗/hm^2时排水晒田，晒田要偏重，生长后期田间保持湿润。④注意防治病虫害。

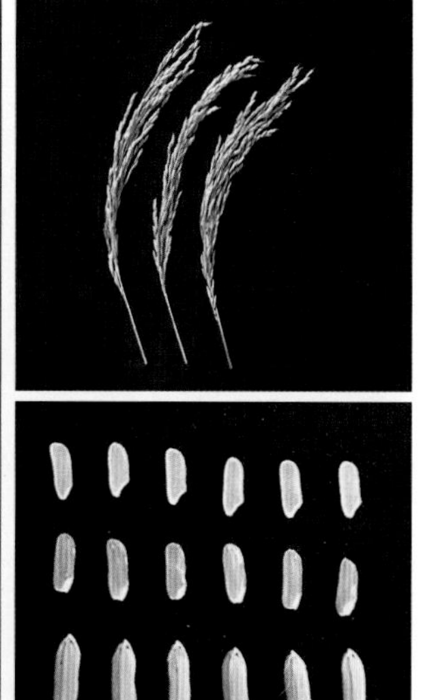

中9优恩62（Zhong 9 you'en 62）

品种来源：湖北省恩施土家族苗族自治州农业科学院用不育系中9A与恢复系恩恢62配组选育而成。2009年通过湖北省农作物品种审定委员会审定，编号为鄂审稻2009021。

形态特征和生物学特性：属中迟熟三系杂交中籼稻。感温性较强，感光性弱。基本营养生长期较长，全生育期144.4d，比对照品种Ⅱ优58短5.5d。株高110.7cm，株叶形态适中，株高中等，茎秆粗壮，植株整齐，叶鞘无色，后期转色好。穗大粒多，着粒较密，有效穗284.1万穗/hm^2，穗长23.9cm，每穗总粒数131.7粒，实粒数113.3粒，结实率86.0%，谷粒为长形，稃尖无色，谷粒中等，千粒重27.7g。

品质特性：经农业部食品质量监督检验测试中心测定，糙米率77.2%，整精米率54.2%，垩白粒率51%，垩白度7.4%，直链淀粉含量24.1%，胶稠度60mm，糙米长宽比3.2。

抗性：抗稻瘟病，感纹枯病，抗稻曲病。

产量及适宜地区：2007—2008年参加湖北省恩施水稻品种区域试验，两年区域试验平均产量8 620.5kg/hm^2，比对照Ⅱ优58增产8.29%。适宜湖北省恩施海拔800m以下稻区作中稻种植。

栽培技术要点：①适时早播，培育壮秧。播种时要求秧田平整，稀播匀播。在1叶1心至2叶1心时喷施多效唑。②及时移栽，秧龄达30d时移栽，栽插22.5万～27万穴/hm^2，每穴1～2苗。插秧后及时上水，深水护苗，寸水活棵，浅水分蘖，苗数达到270万苗/hm^{2}时晒田，长势旺的田块重晒，苗弱、苗数少田轻晒。在幼穗分化前复水孕穗，孕穗期抽、穗扬花期田间保持水层，生长后期间歇灌水，田间干干湿湿到成熟，收割前7～10d停止灌水。③底肥与追肥比例为7：3，适当施用促花、保花肥，酌情施粒肥，提高穗粒数。施氮量以150～165kg/hm^2，氮、磷、钾以1：0.6：1.2为宜。④在抽穗破口期喷药防治稻瘟病穗颈瘟，生长后期防治纹枯病，防治稻飞虱、螟虫、稻秆蝇等害虫，要治早治小。

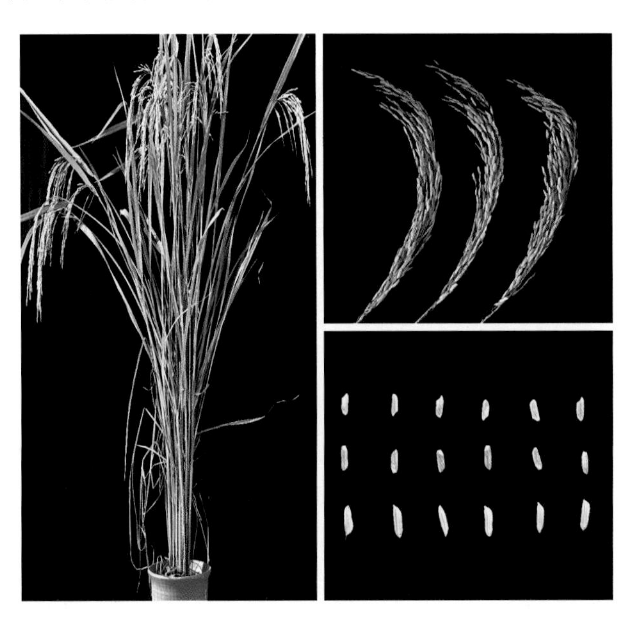

三、晚稻

A优338（A you 338）

品种来源：黄冈市农业科学院用不育系A4A与恢复系R338配组选育而成。2009年通过湖北省农作物品种审定委员会审定，编号为鄂审稻2009013。

形态特征和生物学特性：属中熟三系杂交双季晚籼稻。感温性较强，感光性较强。基本营养生长期较短，全生育期114.0d，比金优207长0.9d。株高102.5cm，株型适中，植株较矮。茎秆粗细中等，剑叶较宽、挺直。穗层较整齐，着粒均匀，两段灌浆明显。谷粒长形，稃尖紫色、无芒，成熟期转色较好。区域试验中有效穗数301.5万穗/hm^2，穗长23.8cm，每穗总粒数145.1粒，实粒数105.9粒，穗大，结实率73.0%，千粒重27.32g。

品质特性：经农业部食品质量监督检验测试中心测定，糙米率81.2%，整精米率60.6%，垩白粒率18%，垩白度2.3%，直链淀粉含量22.7%，胶稠度61mm，糙米长宽比3.1，主要理化指标达到国标二级优质稻谷质量标准。

抗性：感白叶枯病，高感稻瘟病。田间纹枯病较重。

产量及适宜地区：2007—2008年参加湖北省晚稻品种区域试验，两年区域试验平均产量7 893.9kg/hm^2，比对照金优207增产4.13%。适宜湖北省稻瘟病无病区或轻病区作双季晚稻种植。

栽培技术要点：①6月15 ~ 25日播种，大田用种量22.5 ~ 30kg/hm^2，秧龄25 ~ 30d。播种时要求秧田平整、匀播、稀播。②插足基本苗。插37.5万 ~ 45万穴/hm^2，每穴栽插2苗。③注意增施磷、钾肥，防止倒伏。底肥与追肥比例为7 ∶ 3，一般施纯氮180 ~ 225kg/hm^2，氮、磷、钾肥比例1 ∶ （0.5 ~ 0.6） ∶ （0.8 ~ 1），三种肥料配合施用。插秧后田间及时上水，深水护苗，寸水活蔸，浅水勤灌促分蘖；后期干湿交替，忌断水过早。④重点防治稻瘟病、纹枯病、稻曲病、白叶枯病和稻飞虱、螟虫、稻纵卷叶螟等病虫害。

矮优82（Aiyou 82）

品种来源：华中师范大学用B型矮选不育系和红宇82配组选育而成，原代号矮选A×红宇82。1990年通过湖北省农作物品种审定委员会审定，编号为鄂审稻005-1990。

形态特征和生物学特性：属三系杂交晚粳稻，可兼作一季和双季晚稻。感温性强，感光性强。基本营养生长期短，作二季晚稻全生育期112～129d，比鄂宜105短1d左右。株型紧凑，作一季稻株高106cm左右，作二季晚稻株高90cm左右。主茎17～18叶，叶色浓绿，叶片较厚，剑叶长而挺直。苗期生长稳健，茎秆较粗壮，分蘖力中等，抽穗整齐，有效穗偏低，但成穗率高，灌浆速度较快，后期转色好，耐肥，抗倒伏，较耐低温。穗长20cm左右，穗总粒数120粒，籽粒椭圆形，饱满黄亮，千粒重26g。

品质特性：米质较优，糙米率80.09%，精米率71.4%，整精米率68.83%，糙米长宽比1.8，垩白度2.5%，直链淀粉含量15.84%，胶稠度69mm。

抗性：白叶枯病比对照略重，中感稻瘟病。

产量及适宜地区：1986—1987年参加湖北省杂交一季晚粳品种区域试验，1986年区域试验平均产量8 749.5kg/hm^2，比对照鄂宜105增产12.07%，极显著；1987年产量8 022kg/hm^2，比鄂宜105增产8.90%，两年区域试验平均产量比对照鄂宜105增产9.46%，达极显著。其丰产性、适应性和稳产性均较好。适宜湖北省双季稻区作过渡性品种种植。

栽培技术要点：①秧田播种量一般225kg/hm^2，秧龄30～35d，培育带蘖壮秧。②株行距13.3cm×16.6cm，每穴栽插2苗。③总施肥量纯氮210～225kg/hm^2，配合施用磷、钾肥。灌水与施肥相结合，以浅水促分蘖，适时晒田，后期湿润管理。④秧田注意防治稻蓟马、叶蝉，大田注意防治稻瘟病。

鄂粳优775（Egengyou 775）

品种来源：湖北省农业技术推广总站、孝感市孝南区农业技术推广中心和湖北中香米业有限责任公司用鄂晚17A作母本，粳香75作父本配组杂交，经系谱法选育而成。2011年通过湖北省农作物品种审定委员会审定，编号为鄂审稻2011011。

形态特征和生物学特性：属中熟偏迟三系杂交双季晚粳稻。感温性强，感光性强。基本营养生长期短，全生育期122.6d，比鄂晚17短2.2d。株高99.7cm，株型较紧凑，植株较高，分蘖力较强，茎秆粗、韧性好，茎节外露。叶色浓深，剑叶短挺。穗层整齐，穗大，着粒密。生长势较旺，成熟时转色好，抗倒性较好。区域试验平均有效穗数310.5万穗/hm^2，穗数中等偏少，穗长16.5cm，每穗总粒数131.3粒，实粒数115.4粒，穗中等偏大，结实率87.9%，结实率高。谷粒椭圆形，稃尖无色、无芒。谷粒大小中等，千粒重25.64g。

品质特性：经农业部食品质量监督检验测试中心测定，糙米率83.6%，整精米率69.4%，垩白粒率20%，垩白度2.2%，直链淀粉含量15.9%，胶稠度85mm，糙米长宽比2.1，有香味，主要理化指标达到国标二级优质稻谷质量标准。

抗性：感稻瘟病，感白叶枯病，易感稻曲病。

产量及适宜地区：2007—2008年参加湖北省晚稻品种区域试验，两年区域试验平均产量7 907.1kg/hm^2，比对照鄂晚17增产8.1%。适宜湖北省稻瘟病无病区或轻病区作双季晚稻种植。

栽培技术要点：①适时稀播，培育壮秧。6月18 ~ 22日播种，秧田播种量180kg/hm^2，大田用种量30kg/hm^2。播种前用三氯异氰尿酸和咪鲜胺浸种，预防恶苗病。秧田喷施多效唑促进分蘖发生。②及时移栽，合理密植。秧龄不超过35d。株行距13.3cm × 20.0cm，每穴栽插2苗。③科学管理肥水。一般施纯氮195kg/hm^2，氮、磷、钾比例为1 ∶ 0.5 ∶ 0.8。苗数达到330万苗/hm^2时排水晒田，复水后施氯化钾150kg/hm^2，促壮大穗，抽穗后田间间歇灌水，保持干湿交替至成熟，收割前7 ~ 10d断水，忌断水过早。④注意防治病虫害。重点防治稻瘟病、稻曲病，注意防治白叶枯病和螟虫、稻飞虱等病虫害。

鄂粳杂1号（Egengza 1）

品种来源：湖北省农业科学院用N5088S与R187配组选育而成，原代号N5088S/R187。1995年通过湖北省农作物品种审定委员会审定，编号为鄂审稻005-1995。

形态特征和生物学特性：属中熟两系杂交两季晚粳稻。感温性强，感光性强。基本营养生长期短，生育期130d，比鄂宜105长2.9d，比威优64长9.9d。株高90cm，株型较紧凑，植株高度中等，茎秆粗壮，主茎15～16叶，根系发达。成熟时叶青籽黄，易脱粒。前期早发性一般，中后期生长势强，分蘖力较强，抗倒性较好。有效穗数354.45万穗/hm^2，穗中等偏少。每穗总粒数104.6粒，穗较大，结实率81.48%，结实率较高。谷粒黄色，稃色紫色，谷粒中等偏小，千粒重23.5g。

品质特性：经农业部食品质量监督检验测试中心测定，糙米率83.09%，精米率74.78%，整米率67.17%，糙米长宽比2.0，垩白粒率84%，直链淀粉含量22.29%，胶稠度40mm，蛋白质含量7.26%，属部颁二级优质米。

抗性：中抗白叶枯病，中感稻瘟病，重感稻曲病。

产量及适宜地区：1992—1993年参加湖北省晚稻品种区域试验，两年平均产量6 754.5kg/hm^2，居参试品种首位，比鄂宜105增产5.75%，比威优64增产3.85%。1992年黄陂试种0.67hm^2，比对照增产750～1 050kg/hm^2，1993年面积上升到333.33hm^2，比推广品种增产750kg/hm^2以上；同年，武汉市东西湖区域试验种1.67hm^2，一般产量6 750～7 500kg/hm^2，最高产量8 850kg/hm^2；荆门种植100hm^2，平均产量8 178kg/hm^2。适宜湖北省双季稻区稻瘟病轻发区作双季晚粳稻种植。

栽培技术要点：①适时播种，稀播匀播，培育壮秧，武汉地区适宜播期为6月22日左右，秧田播种量187.5kg/hm^2。②及时插秧，合理密植。在秧龄30d左右时插秧，插足基本苗，一般插37.5万穴/hm^2，每穴栽插2 苗。宜采用宽行窄株。③重施基肥，早追肥，大田施纯氮187.5kg/hm^2，氮、磷、钾配合施用。④注意防治病虫害。大田要防治螟虫、稻飞虱，抽穗破口时注意防治稻瘟病穗颈瘟，后期注意防治纹枯病、稻曲病。

鄂粳杂3号（Egengza 3）

品种来源：湖北省农业科学院作物育种栽培研究所用N5088S作母本，闵恢128作父本配组育成，原代号两优8828。2004年通过湖北省农作物品种审定委员会审定，编号为鄂审稻2004017。

形态特征和生物学特性：属中熟两系杂交双季晚粳稻。感温性较强，感光性强。基本营养生长期短，全生育期126.9d，比鄂粳杂1号短2.6d。株高88.4cm，株型紧凑，株高中等，茎秆粗壮，叶色深，剑叶较宽较挺。穗型半直立，穗轴较硬，脱粒性中等，耐肥、抗倒伏。区域试验中有效穗数295.5万穗/hm^2，穗数中等偏少，穗长17.0cm，每穗总粒数115.1粒，实粒数97.4粒，穗大小中等，结实率84.5%，谷粒椭圆形，有短顶芒，谷粒中等偏大，千粒重27.29g。

品质特性：经农业部食品质量监督检验测试中心测定，糙米率84.3%，整精米率60.2%，糙米长宽比1.8，垩白粒率23%，垩白度3.3%，直链淀粉含量17.3%，胶稠度85mm。

抗性：感稻瘟病穗颈瘟，中感白叶枯病。

产量及适宜地区：2002—2003年参加湖北省晚稻品种区域试验，两年区域试验平均产量7 377.45kg/hm^2，比对照鄂粳杂1号增产3.51%。适宜湖北省稻瘟病无病区或轻病区作双季晚稻种植。

栽培技术要点：①适时播种，培育壮秧。6月20～23日播种，秧田播种量187.5～225kg/hm^2，大田用种量37.5kg/hm^2。在秧田1叶1心至2叶1心时喷施多效唑降苗高、促分蘖、育壮秧。②及时移栽，合理密植。秧龄30～35d插秧，株行距13.3cm×20.0cm，每穴栽插2苗，插基本苗225万苗/hm^2。③合理运筹肥料，配方施肥。在插秧后5～7d，施225kg/hm^{2}尿素作追肥。以底肥为主，追肥为辅，早施分蘖肥，视苗情酌施穗肥。④科学管水。插秧后田间立即上水，深水护苗，寸水活蔸，浅水勤灌促分蘖。当苗数达到300万苗/hm^{2}时晒田，长势旺的田块重晒，苗弱、苗数偏少轻晒。⑤注意防治病虫害。大田防治二化螟、三化螟、稻纵卷叶螟和稻飞虱，抽穗破口时重点防治稻瘟病、稻曲病，后期防治纹枯病。

鄂籼杂1号（Exianza 1）

品种来源：荆州市种子总公司用珍汕97A作母本与092-8-8为恢复系组配选育而成，原代号汕优288。1996年通过湖北省农作物品种审定委员会审定，编号为鄂审稻001-1996。

形态特征和生物学特性：属中熟三系杂交双季晚籼稻，可兼作双季晚稻和一季中稻加再生稻。感温性强，感光性较弱。基本营养生长期较长，作双晚全生育期120d左右，作再生稻头季125～128d，再生季55～60d。株高90～95cm，株型适中，株高中等，茎秆坚韧。苗期生长势旺，分蘖能力强，灌浆速度快，熟相好，腋芽萌发多，再生力强，可作再生稻种植，耐寒，抗倒伏性好。每穗总粒数120粒左右，实粒数90粒左右，穗大粒多，结实率高。千粒重27g。

品质特性：经农业部食品质量监督检验测试中心测定，糙米率82.12%，精米率73.91%，整米率62.61%，米粒中长，糙米长宽比2.4，垩白粒率54.5%，直链淀粉含量22.67%，胶稠度39mm，蛋白质含量8.84%，属部颁二级优质米。

抗性：感白叶枯病，感稻瘟病。

产量及适宜地区：1994—1995年参加湖北省晚稻品种区域试验，两年区域试验平均产量7 355.1kg/hm^2，比对照汕优64增产12%，居第一位。其中1994年增产9.36%；1995年增产14.69%，两年增产均极显著。1993年在原荆州地区示范93.33hm^2，平均产量7 830kg/hm^2，比汕优64增产13.8%，比常优64增产18.6%。1994年在荆州市示范0.17万hm^2，平均单产7 800kg/hm^2，比汕优64增产12%。适宜湖北省双季稻、再生稻区种植，不适宜白叶枯病、稻瘟病严重区种植。

栽培技术要点：①作双晚6月20日左右播种，播种量225kg/hm^2。②适时移栽，秧龄25～30d时移栽，株行距13.3cm×20cm。每穴栽插2苗。③施肥以底肥为主，底肥以有机肥为主，追肥要早。适时晒田控苗。④重点防治稻瘟病和白叶枯病。⑤作再生稻头季3月下旬至4月初播种，中等肥力栽培，分蘖末期轻晒田，灌浆成熟期保持浅水层，头季九成熟收割，留茬40cm。在收割头季前10d和收后各施尿素150kg/hm^2，分别作腋芽肥和促蘖肥，头季收割后及时复水。

鄂籼杂2号（Exianza 2）

品种来源：荆州市种子总公司用珍汕97A作母本与002-54为恢复系组配选育而成，原代号为汕优254。1996年通过湖北省农作物品种审定委员会审定，编号为鄂审稻002-1996。

形态特征和生物学特性：属中熟三系杂交双季晚籼稻。感温性强，感光性较强。基本营养生长期较短，全生育期119d左右。株高95～100cm，株型适中，叶片较宽大，剑叶长，茎秆较坚韧。灌浆速度快。转色快，分蘖能力强，苗期长势旺，后期较耐寒。每穗总粒数110粒左右，实粒数80粒左右，穗较大，结实率高，籽粒饱满。谷粒较大，千粒重28～29g。

品质特性：经农业部食品质量监督检验测试中心测定，糙米率81.98%，精米率73.78%，整米率53.16%，米粒中长，糙米长宽比2.5，垩白度5.5%，垩白粒率80.5%，直链淀粉含量24.75%，胶稠度32.5mm，糙米蛋白质含量9.18%，属部颁二级优质米。

抗性：中感白叶枯病，感稻瘟病。

产量及适宜地区：1994—1995年参加湖北省晚稻品种区域试验，两年区域试验平均产量7 154.4kg/hm^2，比对照汕优64增产8.9%。其中1994年增产6.18%；1995年增产11.77%，两年增产均极显著。1993年在原荆州地区示范70hm^2，平均产量7 641kg/hm^2，比汕优64增产10.3%，比常优64增产15.5%。1994年在荆州市示范2 133.33hm^2，比汕优64增产10%以上。1995年在荆州市、黄冈市示范3 866.67hm^2，比对照增产10.3%～12%。适宜湖北省双季稻区种植，不宜在稻瘟病严重区种植。

栽培技术要点：①适时播种，培育壮秧。6月20日左右播种。②及时插秧，在秧龄25～30d时栽秧，株行距13cm×20cm，每穴2苗。③有机肥与无机肥配合施用，底肥与追肥比例为7∶3，控氮增钾，氮、磷、钾肥的比例为1∶0.6∶0.9。插秧后5～7d施225kg/hm^{2}尿素追肥。④科学进行肥水管理，适度晒田。⑤注意防治二化螟、三化螟及稻飞虱，重点防治纹枯病、稻瘟病和白叶枯病等病害。

粳两优2847（Gengliangyou 2847）

品种来源：湖北省农业科学院粮食作物研究所用C228S作母本与R4769杂交配组选育而成。2010年通过湖北省农作物品种审定委员会审定，编号为鄂审稻2010014。

形态特征和生物学特性：属早中熟两系杂交双季晚粳稻。感温性较强，感光性强。基本营养生长期短，全生育119.8d，比对照鄂晚17短5.0d。株高108.2cm，株型松散适中，株高中等偏高，叶色较浓绿，剑叶短而斜挺，茎节外露，穗颈较长；穗层整齐，着粒较密。苗期生长势旺，分蘖力中等，齐穗后灌浆速度较快。有效穗数279万穗/hm^2，穗数偏少。穗长18.2cm，每穗总粒数154.1，每穗实粒数124.9，穗较大，结实率81.05%。谷粒卵圆形，稃尖无色无芒，千粒重23.3g。

品质特性：经农业部食品质量监督检验测试中心检测，整精米率72.0%。垩白粒率10%，垩白度1.0%，直链淀粉含量16.8%，胶稠度83mm，糙米长宽比2.1，主要理化指标达到国标优质稻一级标准。米饭口感好。

抗性：感白叶枯病，高感稻瘟病。

产量及适宜地区：2007—2008年参加湖北省双季晚粳稻组区域试验，平均单产7 065kg/hm^2，比对照鄂晚17减产3.22%。适宜湖北省稻瘟病无病区或轻病区作双季晚稻种植。

栽培技术要点：①适时播种，及时移栽，6月18～25日播种。秧龄30d左右。秧田播种量225kg/hm^2，大田用种量37.5kg/hm^2。②合理密植。株行距13.3cm×20.0cm。每穴栽插3苗，插足基本苗150万苗/hm^{2}以上。③施足底肥，早施分蘖肥，施复合肥450～600kg/hm^{2}作底肥，移栽后5～7d追施尿素、氯化钾各150kg/hm^2。④科学管水。够苗晒田，适度轻晒，干湿交错。孕穗期灌深水养穗。抽穗扬花期保持浅水层，以利于开花授粉。灌浆期间采取湿润灌溉。忌断水过早。⑤加强病虫害防治。重点防治稻瘟病穗颈瘟，注意防治螟虫、稻飞虱等虫害。

粳两优5975（Gengliangyou 5975）

品种来源：湖北省农业技术推广总站、孝感市孝南区农业局和湖北中香米业有限责任公司用香稻不育系0259S作母本，香稻恢复系gr75作父本进行测交配组选育而成，代号为香粳优75。2010年通过湖北省农作物品种审定委员会审定，编号为鄂审稻2010014。

形态特征和生物学特性：属中熟两系杂交双季晚粳稻。感温性较强，感光性强。基本营养生长期短，全生育期122.2d，比对照鄂粳杂1号短1.1d。株高92.76cm，株型紧凑，株高中等偏高，生长势较旺，分蘖力较强，茎节部分外露，茎秆韧性好；叶色浓绿，剑叶短挺；穗层较整齐，穗半直立，着粒均匀；后期叶青籽黄，熟色好，脱粒性较好。有效穗数319.5万穗/hm^2，穗数偏少，穗长18.39cm，每穗总粒118.06粒，每穗实粒95.44粒，结实率80.84%，结实率较高；谷粒椭圆形，稃尖无色、无芒，千粒重24.45g。

品质特性：经农业部食品质量监督检验测试中心（武汉）分析，整精米率70.2%，垩白粒率9.0%，垩白度1.0%，直链淀粉含量17.4%，胶稠度80mm，糙米长宽比2.1，主要理化指标达到国标一级优质稻谷质量标准，有香味。

抗性：感白叶枯病，高感稻瘟病穗颈瘟。

产量及适宜地区：2006—2007年参加湖北省晚稻区域试验，两年区域试验平均单产7 300kg/hm^2，比对照鄂粳杂1号增产5.16%。适宜湖北省稻瘟病无病区或轻病区作双季晚稻种植。

栽培技术要点：①适时播插，培育壮秧。6月18～22日播种，7月20～25日移栽，秧龄30d左右为宜。大田用种量22.5～30kg/hm^2，秧田播种量控制在225kg/hm^2以内。插基本苗180万苗/hm^2。②合理施肥。要求氮、磷、钾肥配合使用。前期要施足钾肥。在管水上，够苗晒田。③综合防治病虫害，大田期间重点防治螟虫、稻纵卷叶螟、稻飞虱等，重点防治纹枯病、稻曲病、稻瘟病等。

华粳杂1号（Huagengza 1）

品种来源：华中农业大学用不育系7001S与恢复系R1514配组选育而成，原代号7001S/1514。1995年通过湖北省农作物品种审定委员会审定，编号为鄂审稻006-1995。

形态特征和生物学特性：属中熟两系杂交双季晚粳稻。感温性强，感光性强。基本营养生长期短，全生育期125d，与鄂宜105相同。株高100cm以上，株型紧凑，植株高度偏高，茎秆粗壮，脱粒好。苗期生长势旺，分蘖力较强。有效穗数330万～345万穗/hm^2，每穗总颖花125～130朵，结实率75%左右。谷粒椭圆形，稃尖淡黄色，部分稻穗上部小穗间有淡紫色短顶芒，颖脊茸毛较密，千粒重24g。

品质特性：经农业部食品质量监督检验测试中心测定，糙米率81.99%，精米率73.78%，整米率63.3%，糙米长宽比2.0，垩白粒率96%，直链淀粉含量21.44%，胶稠度50mm，蛋白质含量8.04%，属部颁二级优质米。

抗性：中抗穗颈瘟，不抗白叶枯病，重感稻曲病。

产量及适宜地区：1992—1993年参加湖北省晚稻品种区域试验，平均产量6 424.5kg/hm^2，比鄂宜105增产0.56%。华中农业大学农场1991—1993年比产试验，3年平均产量7 072.5kg/hm^2，比鄂宜105增产5.30%；1993年比产试验，平均产量6 660kg/hm^2，比鄂宜105增产8.84%；1993年，浠水、京山等地试种1 000hm^2，验收产量7 200kg/hm^2，比鄂宜105增产。适宜湖北省稻瘟病轻发区和无病区作双季晚粳稻种植。

栽培技术要点：①培育大蘖壮秧，秧田播量187.5kg/hm^2。②及时插秧，合理密植。插31.5万～37.5万穴/hm^2，每穴栽插2苗。③施足基肥，早施追肥。施纯氮180kg/hm^2左右，注意氮、磷、钾配合，看苗补施穗肥，后期喷施磷酸二氢钾和叶面宝，以提高结实率和充实度。④适时晒田，合理灌水。前期浅水分蘖，中期适时晒田，后期干干湿湿。大田要防治螟虫、稻飞虱等虫害。注意防治白叶枯病和稻曲病。

华粳杂2号（Huagengza 2）

品种来源：华中农业大学用不育系5088S和恢复系41678配组育成，原代号N5088S/41678。2001年通过湖北省农作物品种审定委员会审定，编号为鄂审稻011-2001。

形态特征和生物学特性：属中熟两系杂交双季晚粳稻。感温性强，感光性强。基本营养生长期短，全生育期126d，比鄂粳杂1号短4.6d。株高89.4cm，株型适中，植株较矮，叶色偏淡，穗型大小中等，后期落色较好，不早衰，易脱粒。苗期生长势旺，分蘖力较强。区域试验中有效穗数330万穗/hm^2，穗长19.1cm，每穗总粒数110.1粒，实粒数86.0粒，穗中等偏大；结实率78.1%，结实率中等偏低；谷粒椭圆形，稃尖无色，颖壳稃毛较短，千粒重26.08g。

品质特性：经农业部食品质量监督检验测试中心测定，糙米率82.39%，精米率74.15%，整精米率62.11%，糙米长宽比1.9，垩白粒率52%，直链淀粉含量18.94%，胶稠度47mm。

抗性：感白叶枯病，高感穗颈稻瘟病，纹枯病轻。

产量及适宜地区：1999—2000年参加湖北省杂交晚稻品种区域试验，两年区域试验平均产量6 280.5kg/hm^2，比对照鄂粳杂1号减产2.27%。适宜湖北省稻瘟病无病区或轻病区作晚稻种植。

栽培技术要点：①适时播种，稀播育壮秧。6月20～23日播种，秧田播种量150～187.5kg/hm^2。秧苗1叶1心至2叶1心时喷多效唑，2叶1心前施“断奶肥”，秧龄30d。②合理密植，插足基本苗。株行距13.3cm×20.0cm或13.3cm×16.7cm，栽插基本苗225万苗/hm^{2}以上。③合理施肥，科学管水。施肥水平中等偏上，底肥与追肥比例为7：3，施纯氮150～187.5kg/hm^2，过磷酸钙375kg/hm^2，氯化钾187.5kg/hm^2。适时适度晒田，齐穗后田间间歇灌水，保持干湿交替至成熟。收获前5～7d断水。④加强病虫害防治。大田注意防治螟虫、稻飞虱等虫害，后期注意防治纹枯病、稻曲病。

金优1130（Jinyou 1130）

品种来源：湖北省种子集团公司用不育系金23A与恢复系R1130配组育成。2006年通过湖北省农作物品种审定委员会审定，编号为鄂审稻2006011。

形态特征和生物学特性：属中熟偏迟杂交双季晚籼稻。感温性较强，感光性弱。基本营养生长期较长，全生育期115.1d，比金优207长1.2d。株高94.0cm，株型适中，株高偏高，茎秆较粗壮，叶色浓绿，剑叶长宽、挺直，叶鞘紫色。着粒均匀，后期转色好。区域试验中有效穗数325.5万穗/hm^2，穗数偏少，穗长23.0cm，每穗总粒数117.5，实粒数91.1，穗中等偏大，结实率77.5%，谷粒长形，稃尖紫色，千粒重28g。

品质特性：经农业部食品质量监督检验测试中心测定，糙米率82.0%，整精米率65.4%，垩白粒率14%，垩白度2.3%，直链淀粉含量22.42%，胶稠度51mm，糙米长宽比3.0，主要理化指标达到国标二级优质稻谷质量标准。

抗性：高感稻瘟病穗颈瘟和白叶枯病，田间纹枯病和稻曲病较重。

产量及适宜地区：2004—2005年参加湖北省晚稻品种区域试验，两年区域试验平均产量7 251.9kg/hm^2，比对照金优207增产1.05%。适宜湖北省稻瘟病无病区或轻病区作双季晚稻种植。

栽培技术要点：①6月18～20日播种，秧田播种量180kg/hm^2，大田用种量为22.5～30kg/hm^2。秧苗1叶1心时用15%多效唑1 500kg/hm^{2}对水450kg喷施促进分蘖发生。②及时移栽，在秧龄30d以内插秧，株行距13.3cm×20.0cm，插37.5万穴/hm^2，每穴栽插2苗。③施纯氮180kg/hm^2，氮、磷、钾比例为2∶1∶1.5。底肥与追肥比例为7∶3，控制后期氮肥用量，防倒伏。当苗数达到300万苗/hm^{2}时或8月5～10日排水晒田，孕穗期田间保持足寸水层，抽穗后田间保持干湿交替，以利灌浆和减轻纹枯病。④注意防治病虫害。秧田防治稻蓟马，大田防治螟虫及稻飞虱，抽穗破口时重点防治稻瘟病，生长后期注意防治纹枯病。

金优12（Jinyou 12）

品种来源：黄冈市农业科学研究所用不育系金23A和恢复系冈恢12配组育成。2001年通过湖北省农作物品种审定委员会审定，编号为鄂审稻010-2001。

形态特征和生物学特性：属中熟偏迟三系杂交双季晚籼稻。感温性强，感光性较强。基本营养生长期较短，全生育期125d，比汕优64长5d。株高95.6cm，株型松散度偏散，植株较高，茎秆粗壮，叶色深绿，剑叶较长、宽大。穗大粒多，着粒密度较小，叶鞘紫色，稃尖紫色。分蘖力和生长势强。穗期对低温敏感，抽穗期遇低温结实下降，抗倒性较差。区域试验中有效穗数313.5万穗/hm²，穗数中等偏少，穗长24.1cm，每穗总粒数121.8粒，实粒数88.4粒，穗中等偏大，结实率72.6%，结实率中等偏低，谷粒中等偏大，千粒重28.08g。

品质特性：经农业部食品质量监督检验测试中心测定，糙米率80.69%，整精米率56.98%，糙米长宽比3.2，垩白粒率41%，垩白度4.1%，直链淀粉含量22.12%，胶稠度60mm，主要理化指标达到国标优质稻谷质量标准。

抗性：感白叶枯病，高感穗颈稻瘟病。生长后期遇低温、阴雨，纹枯病、稻粒黑粉病发生较重。

产量及适宜地区：1999—2000年参加湖北省杂交晚稻品种区域试验，两年区域试验平均产量6 100.05kg/hm²，比对照汕优64减产2.04%。适宜湖北省稻瘟病无病区或轻病区作晚稻种植。

栽培技术要点：①6月15～18日播种，催芽用三氯异氰尿酸浸种预防恶苗病。秧田播种量150kg/hm²，在1叶1心至2叶1心时喷施多效唑促进分蘖发生。②及时插秧，秧龄35d内移栽，株行距13.3cm×20.0cm或16.7cm×20.0cm，插基本苗150万苗/hm²以上。③科学管理肥水，预防后期倒伏。大田施底肥碳酸氢铵750kg/hm²，追施尿素、氯化钾各112.5～150kg/hm²，后期注意控制施用氮肥。适时晒田，在幼穗分化前复水孕穗，孕穗期间保持足寸水层，抽穗后田间采取湿润管理。④及时防治病虫害。特别注意防治稻瘟病、纹枯病和稻粒黑粉病。

金优133（Jinyou 133）

品种来源：湖北省农业科学院粮食作物研究所用不育系金23A与恢复系P133配组育成，原代号为伍优133。2002年通过湖北省农作物品种审定委员会审定，编号为鄂审稻019-2002。

形态特征和生物学特性：属中熟偏迟三系杂交双季晚籼稻。感温性强，感光性较强。基本营养生长期较强，全生育期123.8d，比汕优64长5.0d。株高94.0cm，株型适中，株高中等偏高，叶色淡绿，剑叶较宽。抽穗期对低温敏感，遇异常低温包颈较重。区域试验中有效穗数304.5万穗/hm^2，穗数中等偏少，穗长23.2cm，每穗总粒数146.1粒，实粒数92.0粒，穗大粒多，着粒较密。结实率63.0%，结实率低，谷粒中等偏大，千粒重28.35g。

品质特性：经农业部食品质量监督检验测试中心测定，糙米率78.2%，整精米率56.2%，糙米长宽比3.3，垩白粒率40%，垩白度3.2%，直链淀粉含量18.5%，胶稠度62mm，米质较优。

抗性：感白叶枯病，高感稻瘟病穗颈瘟。

产量及适宜地区：2000—2001年参加湖北省晚稻品种区域试验，两年区域试验平均产量6 988.5kg/hm^2，比对照汕优64减产1.26%。适宜湖北省东南稻瘟病无病区或轻病区作双季晚稻种植。

栽培技术要点：①适时早播。培育壮秧。6月15日前播种，秧田播种量150kg/hm^2。催芽时用三氯异氰尿酸浸种消毒杀菌，预防恶苗病。播种时要求秧田平整、均匀稀播。秧田1叶1心至2叶1心时喷多效唑控苗促蘖。②及时插秧，合理密植。秧龄40d以内移栽。株行距16.7cm×20.0cm，每穴栽插1～2苗。③科学进行肥水管理。要求配方施肥。施纯氮150kg/hm^2，氮、磷、钾比例为1：0.5：0.8，底肥与追肥比例为7：3。插秧后及时上水，深水护苗，寸水活蔸，浅水勤灌促分蘖。幼穗分化前复水，孕穗至抽穗扬花期间保持足寸水层，齐穗后田间间歇灌水，田间保持干干湿湿至成熟，收割前7～10d停止灌水。④防治病虫害。防治螟虫及稻飞虱等虫害。抽穗破口期预防稻曲病、稻瘟病。

金优207（Jinyou 207）

品种来源：湖南杂交水稻研究中心用不育系金23A与恢复系207配组育成。由湖北省种子管理站引进。2002年通过湖北省农作物品种审定委员会审定，编号为鄂审稻020-2002。

形态特征和生物学特性：属中熟三系杂交双季晚籼稻。感温性较强，感光性较强。基本营养生长期较短，全生育期118.2d，比汕优64短0.6d。株高95.2cm，株型适中，叶片较长，剑叶直立，穗大粒多。后期熟相好，不早衰。苗期生长势旺，分蘖力较弱。区域试验中有效穗数321万穗/hm^2，穗长22.6cm，每穗总粒数120.6粒，实粒数99.4粒，穗大小中等，结实率82.4%；部分谷粒有短顶芒。千粒重26.36g。

品质特性：经农业部食品质量监督检验测试中心测定，糙米率79.4%，整精米率62.2%，糙米长宽比3.1，垩白粒率19%，垩白度1.9%，直链淀粉含量24.1%，胶稠度51mm，米质较优。

抗性：高感白叶枯病，感稻瘟病穗颈瘟。

产量及适宜地区：2000—2001年参加湖北省晚稻品种区域试验，两年区域试验平均产量7 416kg/hm^2，比对照汕优64增产4.78%。湖北省双季晚籼稻区试的对照品种。适宜湖北省稻瘟病无病区或轻病区作双季晚稻种植。

栽培技术要点：①6月20日左右播种，秧田播种量为225kg/hm^2，大田用种量为22.5kg/hm^2。②及时移栽，秧龄不超过30d移栽，株行距为13.3cm×19.8cm，插足基本苗。每穴栽插2苗，应插足30万穴/hm^{2}以上。③加强肥水管理。应重施底肥，早施分蘖，底肥与追肥比例为8∶2，后期控制使用氮肥，防倒伏。④大田防治二化螟、三化螟、稻纵卷叶螟和稻飞虱等虫害。注意防治白叶枯病、稻瘟病、稻曲病和纹枯病。

金优38（Jinyou 38）

品种来源：黄冈市农业科学研究所用不育系金23A与恢复系冈恢38配组育成，商品名为丰登1号。2004年通过湖北省农作物品种审定委员会审定，编号为鄂审稻2004011。

形态特征和生物学特性：属中迟熟三系杂交双季晚籼稻。感温性强，感光性较强。基本营养生长期较短，全生育期116.4d，比汕优64长1.4d。株高98.0cm，株型较紧凑，株高中等偏高，茎秆粗壮，剑叶宽长、挺直，茎秆叶鞘基部内壁紫红色。穗层整齐，穗大粒多、粒大，有轻度包颈现象。区域试验中有效穗318万穗/hm^2，穗数中等偏少，穗长23.7cm，每穗总粒数109.9粒，实粒数86.5粒，结实率78.7%，千粒重29.83g。

品质特性：经农业部食品质量监督检验测试中心测定，糙米率82.1%，整精米率62.6%，糙米长宽比3.3，垩白粒率15%，垩白度2.4%，直链淀粉含量22.1%，胶稠度62mm，主要理化指标达到国标二级优质稻谷质量标准。

抗性：高感稻瘟病穗颈瘟，中感白叶枯病。

产量及适宜地区：2002—2003年参加湖北省晚稻品种区域试验，两年区域试验平均产量7 647kg/hm^2，比对照汕优64增产7.18%。在黄冈市黄州区、浠水县，咸宁市咸安区、嘉鱼县等地试种表现出丰产性好、米质好、适应性强。适宜湖北省稻瘟病无病区或轻病区作晚稻种植。

栽培技术要点：①6月16～20日播种，秧田播种量225kg/hm^2，大田用种量22.5～30kg/hm^2。尽量早播。均匀稀播壮秧。②及时移栽，在秧龄25～30d时插秧，株行距16.7cm×20.0cm，每穴栽插2苗。插基本苗180万苗/hm^2以上。③科学管理肥水，防倒伏。大田施复合肥450～750kg/hm^2或碳酸氢铵750kg/hm^2、氯化钾225kg/hm^2、过磷酸钙450kg/hm^2作底肥，移栽后5～7d施尿素、氯化钾各150kg/hm^2。后期控制氮肥施用，防止包颈和倒伏。生长后期田间保持干湿交替至成熟，断水不能过早。④大田重点防治稻瘟病和螟虫、稻飞虱，生长后期防治纹枯病。

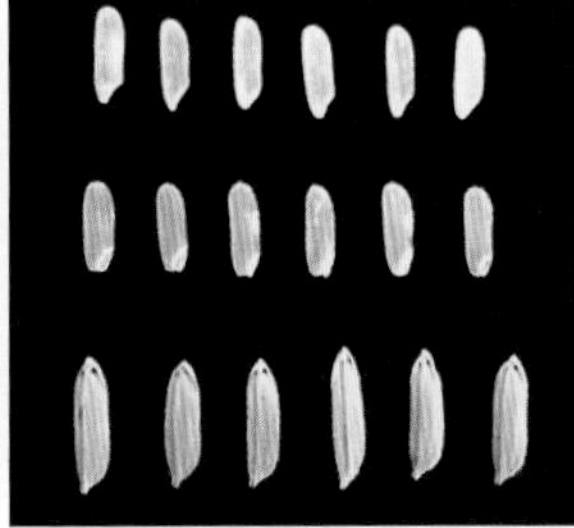

金优928（Jinyou 928）

品种来源：荆州市种子总公司用不育系金23A作母本与恢复系928-8配组选育而成。1998年通过湖北省农作物品种审定委员会审定，编号为鄂审稻004-1998。

形态特征和生物学特性：属中熟三系杂交双季晚籼稻。感温性强，感光性较强。基本营养生长期较短，全生育期119.1d，与汕优64相当。株高96.4cm，株型较紧凑，植株高度中等，茎秆坚韧，苗期生长势旺，分蘖力中等，穗大粒多。每穗总粒数123.4粒，实粒数98.6粒，千粒重26.9g。

品质特性：经农业部食品质量监督检验测试中心测定，糙米率80.84%，精米率72.76%，整精米率61.56%，糙米长宽比3.1，垩白粒率35%，直链淀粉22.94%，胶稠度41mm，糙米蛋白质含量8.99%，品质优于对照汕优64。

抗性：中感白叶枯病，高感稻瘟病。

产量及适宜地区：1996—1997年参加湖北省晚稻品种区域试验，两年区域试验平均产量7 575.6kg/hm^2，比汕优64增产3.98%。1996—1997年在公安、监利、荆州、黄州等地生产试验试种，比汕优64、威优64等推广品种增产。适宜湖北省稻瘟病无病区或轻病区作晚稻种植。

栽培技术要点：①适时插秧、培育壮秧。在6月20日前播种。大田用种量22.5kg/hm^2，秧田播种量为225kg/hm^2。催芽时用三氯异氰尿酸浸种预防恶苗病。②及时插秧，合理密植。在秧龄25～30d时插秧，要求插足基本苗180万～225万苗/hm^2。株行距13.2cm×19.8cm，每穴栽插2苗。③科学管理肥水。有机肥与无机肥配合施用，用肥总量为纯氮165～180kg/hm^2，五氧化二磷90kg/hm^2，氧化钾135kg/hm^2，磷钾肥全部作底肥，氮肥70%作底肥，30%作追肥。适时晒田，幼穗分化前复水，抽穗后田间间歇灌水，保持干湿交替至成熟。④病虫害防治。秧田防治稻蓟马，大田防治二化螟、三化螟及稻纵卷叶螟，注意防治白叶枯病、稻瘟病、稻曲病、纹枯病。

荆楚优148（Jingchuyou 148）

品种来源：荆州市种子总公司用不育系荆楚814A与恢复系R148配组育成。2002年通过湖北省农作物品种审定委员会审定，编号为鄂审稻017-2002。

形态特征和生物学特性：属中熟三系杂交双季晚籼稻。感温性较强，感光性较强。基本营养生长期较短，全生育期117.2d，比汕优64短1.6d。株高96.3cm，株型适中，叶片前披后挺，叶色淡绿。苗期分蘖力中等，生长势较强。成熟时熟相好。区域试验中有效穗数330万穗/hm^2，穗长22.6cm，每穗总粒数121.9粒，实粒数99.8粒，结实率81.9%，千粒重25.94g。

品质特性：经农业部食品质量监督检验测试中心测定，糙米率80.5%，整精米率61.7%，糙米长宽比3.1，垩白粒率27%，垩白度2.4%，直链淀粉含量21.6%，胶稠度59mm，主要理化指标达到国标优质稻谷质量标准。

抗性：感白叶枯病，高感稻瘟病穗颈瘟。

产量及适宜地区：2000—2001年参加湖北省晚稻品种区域试验，两年区域试验平均产量7 594.5kg/hm^2，比对照汕优64增产7.31%。适宜湖北省稻瘟病无病区或轻病区作双季晚稻种植。

栽培技术要点：①适时播种，及时移栽。6月15 ~ 20日播种，秧田播种量150kg/hm^2，大田用种量22.5 ~ 30kg/hm^2。②及时移栽，合理密植。在秧龄25d左右移栽，秧龄不宜长，以防早穗。株行距13.3cm×20.0cm，每穴栽插2苗。③合理施肥，科学管理。施纯氮180kg/hm^2，五氧化二磷90kg/hm^2，氧化钾135kg/hm^2。磷、钾肥全部作底肥，氮肥70%作底肥，30%作追肥。注意增施磷、钾肥，控制过多使用氮肥以免后期倒伏。④科学管水。插秧后及时上水，孕穗期间田间保持足寸水层；抽穗后田间间歇灌水，田间保持干湿交替，在收获前一周停止灌水。⑤注意防治病虫害。秧田防治稻蓟马，大田防治螟虫和稻飞虱，特别注意防治三化螟。破口抽穗期重点防治稻瘟病。

荆楚优201（Jinchuyou 201）

品种来源：湖北省种子集团公司用荆楚814A作母本，R201作父本配组选育而成。2005年通过湖北省农作物品种审定委员会审定，编号为鄂审稻2005015。

形态特征和生物学特性：属中熟三系杂交双季晚籼稻。感温性较强，感光性弱。基本营养生长期较长，全生育期115.6d，比汕优64长0.6d。株高94.7cm，株型适中，茎秆较粗壮，剑叶宽长挺直，叶鞘紫色。穗层整齐，穗大粒多，二次枝梗多，后期转色好。区域试验中有效穗数297万穗/hm^2，穗长22.6cm，每穗总粒数122.8粒，实粒数100.3粒，结实率81.7%，稃尖紫色，谷粒有短顶芒。千粒重26.14g。

品质特性：经农业部食品质量监督检验测试中心测定，糙米率82.0%，整精米率68.7%，垩白粒率9%，垩白度1.5%，直链淀粉含量15.7%，胶稠度85mm，糙米长宽比3.3，主要理化指标达到国标三级优质稻谷质量标准。

抗性：高感稻瘟病穗颈瘟，感白叶枯病。

产量及适宜地区：2002—2003年参加湖北省晚稻品种区域试验，两年试验平均产量7 731.75kg/hm^2，比对照汕优64增产8.34%。适宜湖北省稻瘟病无病区或轻病区作双季晚稻种植。

栽培技术要点：①6月15～20日播种，秧田播种量150kg/hm^2，大田用种量22.5～30kg/hm^2。在秧田1叶1心至2叶1心时喷施多效唑或烯效唑促进分蘖发生。②及时移栽，合理密植。在秧龄25d左右移栽，秧龄不宜长，以防早穗。株行距13.3cm×20.0cm，每穴栽插2苗。③合理施肥，科学管理。施纯氮180kg/hm^2，五氧化二磷90kg/hm^2，氧化钾135kg/hm^2。磷、钾肥全部作底肥，氮肥70%作底肥，30%作追肥。④插秧后及时上水，孕穗期间田间保持足寸水层，齐穗后田间间歇灌水，保持干湿交替，在成熟收获前一周停止灌水。⑤防治病虫害。苗期防治稻蓟马，大田防治螟虫和稻飞虱。破口抽穗期重点防治稻瘟病。

荆楚优754（Jingchuyou 754）

品种来源：湖北荆楚种业股份有限公司用不育系荆楚814A与恢复系R754配组育成。2010年通过湖北省农作物品种审定委员会审定，编号为鄂审稻2010009。

形态特征和生物学特性：属三系杂交晚籼稻。感温性强，感光性较强。基本营养生长期较短，全生育118.7d，比T优207长6.0d。株高111.6cm，株型适中，叶色浓绿，剑叶较宽、中长斜挺，茎基部脚叶较多，叶片分布较集中。穗层整齐，后期转色一般。苗期分蘖力中等，生长势较旺。区域试验中有效穗数283.5万穗/hm^2，穗数中等偏少，穗长23.4cm，着粒均匀，每穗总粒142.0粒，每穗实粒116.5粒，结实率82.1%；谷粒长形，稃尖紫色，有短顶芒；千粒重29.07g。

品质特性：经农业部食品质量监督检验测试中心测定，糙米率81.0%，整精米率62.4%，垩白粒率25%，垩白度3.2%，直链淀粉含量21.9%，胶稠度53mm，糙米长宽比3.2，主要理化指标达到国标三级优质稻谷质量标准。

抗性：高感白叶枯病，感稻瘟病。

产量及适宜地区：2008—2009年参加湖北省一季晚稻品种区域试验，两年平均产量8 738.25kg/hm^2，比对照T优207增产8.59%，两年均增产极显著。适合湖北省稻瘟病轻发区或无病区作一季晚稻种植。

栽培技术要点：①5月下旬播种，秧田播种量120～150kg/hm^2，大田用种量18.75～22.5kg/hm^2。②及时移栽，合理密植，插足基本苗。秧龄控制在30d以内，大田株行距16.7cm×26.7cm，每穴栽插2苗，插基本苗180万苗/hm^2。③科学管理肥水。底肥足施、追肥早施，施纯氮180kg/hm^2，氮、磷、钾比例为1.0∶0.5∶1.0，其中70%的氮肥和全部的磷、钾肥作底肥施用。抽穗后间歇灌水，田间保持干湿交替至成熟。④注意防治纹枯病、稻曲病、稻瘟病、白叶枯病和螟虫、稻飞虱等病虫害。

荆楚优813（Jingchuyou 813）

品种来源：湖北省种子集团有限公司用不育系荆楚814A与恢复系R813配组育成。2010年通过湖北省农作物品种审定委员会审定，编号为鄂审稻2010012。

形态特征和生物学特性：属中熟三系杂交双季晚籼稻。感温性强，感光性较强。基本营养生长期较短，全生育期113.4d，比金优207长0.3d。株高102.9cm，株型较松散，叶色绿，剑叶宽长、斜挺。穗层整齐，叶下禾，后期转色一般。苗期分蘖力中等，生长势较旺。区域试验中有效穗数280.5万穗/hm^2，穗长23.8cm，每穗总粒数151.4粒，实粒数115.7粒，着粒均匀；结实率76.4%，谷粒长形，稃尖紫色、无芒，千粒重26.61g。

品质特性：经农业部食品质量监督检验测试中心测定，糙米率81.3%，整精米率66.5%，垩白粒率16%，垩白度1.6%，直链淀粉含量16.0%，胶稠度83mm，糙米长宽比3.0，主要理化指标达到国标二级优质稻谷质量标准。

抗性：高感白叶枯病，高感稻瘟病，田间纹枯病较重。

产量及适宜地区：2007—2008年参加湖北省晚稻品种区域试验，两年区域试验平均产量7 488.9kg/hm^2，比对照金优207减产1.21%。其中2007年产量7 546.2kg/hm^2，比金优207减产1.82%；2008年产量7 431.6kg/hm^2，比金优207减产0.59%，两年均减产不显著。适宜湖北省稻瘟病无病区或轻病区作双季晚稻种植。

栽培技术要点：①6月18日～20日播种，秧田播种量195～225kg/hm^2，大田用种量15～22.5kg/hm^2。播种前用三氯异氰尿酸浸种消毒杀菌预防恶苗病。②及时插秧，合理密植。控制秧龄，插足基本苗。秧龄25～30d移栽。大田株行距13.3cm×20.0cm，每穴栽插2苗，插足基本苗150万苗/hm^2。③加强肥水管理，注意增施磷、钾肥。一般施纯氮180kg/hm^2、五氧化二磷90kg/hm^2、氧化钾135kg/hm^2，其中底肥占总施肥量的55%～60%。④注意防治稻瘟病、稻曲病、纹枯病、白叶枯病和螟虫、稻飞虱等病虫害。

九优207（Jiuyou 207）

品种来源：湖南金健种业有限责任公司和常德市农业科学研究所用不育系898A与恢复系先恢207配组育成，商品名金健7号。2006年通过湖北省农作物品种审定委员会审定，编号为鄂审稻2006010。

形态特征和生物学特性：属中熟三系双季晚籼稻。感温性强，感光性较强。基本营养生长期较短，全生育期114.6d，比金优207短0.2d。株型适中，叶色浓绿，剑叶长挺。穗层整齐，穗型中等，穗颈较长。分蘖力中等，生长势一般，后期叶片易早衰。区域试验中有效穗数306万穗/hm^2，株高95.9cm，穗长22.5cm，每穗总粒数116.3粒，实粒数91.8粒，结实率78.9%；谷粒长形，稃尖紫色，顶部谷粒有短芒。千粒重25.44g。

品质特性：经农业部食品质量监督检验测试中心测定，糙米率80.6%，整精米率59.6%，垩白粒率7%，垩白度0.7%，直链淀粉含量16.18%，胶稠度86mm，糙米长宽比3.2，主要理化指标达到国标二级优质稻谷质量标准。

抗性：高感稻瘟病穗颈瘟和白叶枯病，田间纹枯病重。

产量及适宜地区：2004—2005年参加湖北省晚稻品种区域试验，两年区域试验平均产量7 089.75kg/hm^2，比对照金优207减产0.62%。其中2004年产量7 503kg/hm^2，比金优207增产0.3%，不显著；2005年产量6 676.5kg/hm^2，比金优207减产1.64%，不显著。适宜湖北省稻瘟病无病区或轻病区作双季晚稻种植。

栽培技术要点：①6月18～20日播种，秧田播种量180kg/hm^2，大田用种量为15～22.5kg/hm^2。秧苗1叶1心至2叶1心时用15%多效唑1 500g/hm^{2}兑水450kg喷施促进秧苗分蘖。②及时移栽，在秧龄30d以内插秧，株行距13.3cm×20.0cm，每穴栽插2苗，插基本苗180万～225万苗/hm^2。③科学管理肥水。施纯氮180kg/hm^2，氮、磷、钾比例为2∶1∶1.5。以底肥为主，追肥为辅。抽穗以后间歇灌水，田间保持干湿交替至成熟，以利灌浆和减轻纹枯病。④注意防治稻瘟病、纹枯病。

巨风优1号（Jufengyou 1）

品种来源：宜昌市农业科学研究院用早籼三系不育系巨风A与晚香恢1号配组选育而成。2010年通过湖北省农作物品种审定委员会审定，编号为鄂审稻2010011。

形态特征和生物学特性：属中熟三系杂交双季晚籼稻。感温性较强，感光性较强。基本营养生长期较长，全生育期113d，比对照金优207长1.5d。株高106.7cm，株型紧凑，群体整齐，剑叶长挺，长势繁茂，熟期转色较好，叶色绿，叶片中长、挺。有效穗数294万穗/hm^2，穗长24.2cm，每穗总粒数165.3粒，每穗实粒数127.5粒，结实率77.1%；谷粒长形，稃尖紫色、无芒，千粒重26.23g。

品质特性：经农业部食品质量监督检验测试中心（武汉）测定，糙米率81.4%，整精米率62.4%，垩白粒率18%，垩白度1.1%，直链淀粉含量15.2%，胶稠度84mm，糙米长宽比3.2，主要理化指标达到国标优质稻谷三级标准。

抗性：中感稻瘟病和白叶枯病，感稻曲病和纹枯病。

产量及适宜地区：2008—2009年参加湖北省双晚稻区域试验，平均产量7 890kg//hm^2，比对照金优207增产5.11%。2008—2010年在湖北省各地进行示范和推广，在枝江、公安、武穴，均表现出高产、优质的特点。秋季后期低温的耐性较好，结实率达72.0%～82.4%，湖北枝江问安镇最高产量达9 165kg/hm^2，一般产量在7 800kg/hm^2以上。适宜湖北省稻瘟病无病区或轻病区作晚稻种植。

栽培技术要点：在6月20日前播种，秧龄以25～28d为适宜。株行距13.3cm×20.0cm。注意氮、磷、钾配合使用，施纯氮150～180kg/hm^2、五氧化二磷90kg/hm^2、氧化钾135kg/hm^2。科学管水，生长后期不能断水过早，以免影响结实率。注意防治稻瘟病、白叶枯病和螟虫危害。

君香优317（Junxiangyou 317）

品种来源：湖南洞庭高科种业股份有限公司和岳阳市农业科学研究所用不育系君香A与恢复系23317配组育成。2010年通过湖北省农作物品种审定委员会审定，编号为2010010。

形态特征和生物学特性：属中熟三系杂交晚籼稻。感温性较强，感光性弱。基本营养生长期较短，全生育期119.1d，比T优207长6.4d。株高116.3cm，株型适中，株高中等偏高，茎秆较细。叶色淡绿，剑叶较窄、长挺。穗层整齐，一次枝梗较长，着粒均匀。后期转色好。分蘖力较强，生长势较旺，抗倒性较差。区域试验中有效穗数304.5万穗/hm^2，穗长24.2cm，每穗总粒数121.1粒，实粒数96.9粒，结实率80.0%，谷粒细长形，谷壳金黄，稃尖无色，千粒重28.00g。

品质特性：经农业部食品质量监督检验测试中心测定，糙米率80.6%，整精米率61.1%，垩白粒率18%，垩白度1.8%，直链淀粉含量22.6%，胶稠度53mm，糙米长宽比3.6，主要理化指标达到国标二级优质稻谷质量标准。

抗性：中感白叶枯病，高感稻瘟病，田间纹枯病重。

产量及适宜地区：2008—2009年参加湖北省一季晚稻品种区域区试，两年区试平均产量7 991.55kg/hm^2，比对照T优207减产0.69%，减产不显著。适宜湖北省稻瘟病无病区或轻病区作一季晚稻种植。

栽培技术要点：①适时早播，培育壮秧。5月下旬播种，秧田播种量150 ~ 225kg/hm^2，大田用种量22. 5kg/hm^2。播种前用三氯异氰尿酸浸种。②及时移栽，插足基本苗。秧龄控制在30d以内。宽窄行栽插，株行距16.7cm×23.3cm，每穴栽插2苗，插基本苗150万苗/hm^{2}以上。③科学管理肥水。重施底肥，早施追肥，中后期控制氮肥使用防倒伏，一般施纯氮150 ~ 180kg/hm^2，氮、磷、钾比例为1.0 ∶ 0.5 ∶ 0.9。够苗及时晒田，适当重晒，后期忌断水过早。④注意防治稻瘟病、纹枯病、稻曲病和螟虫、稻飞虱等病虫害。

两优277（Liangyou 277）

品种来源：湖北省农业科学院粮食作物研究所用YW-2S作母本，双七作父本配组选育而成，2004年通过湖北省农作物品种审定委员会审定，编号为鄂审稻2004012。

形态特征和生物学特性：属中迟熟两系杂交双季晚籼稻。感温性较强，感光性弱。基本营养生长期较短，全生育期116.0d，比汕优64长1d，株高101.7cm，株型适中，株高中等，叶片长而窄，剑叶直立，茎秆较细。穗型中等，穗颈节较长，成熟时叶青籽黄。苗期生长势旺，分蘖力中等。区域试验中有效穗数367.5万穗/hm^2，穗长22.6cm，每穗总粒数114.6粒，实粒数95.3粒，结实率82.2%，谷粒稃尖无色、无芒，千粒重22.91g。

品质特性：经农业部食品质量监督检验测试中心测定，糙米率81.7%，整精米率70.1%，糙米长宽比2.9，垩白粒率27%，垩白度5.4%，直链淀粉含量22.4%，胶稠度62mm。

抗性：高感稻瘟病穗颈瘟，中感白叶枯病。

产量及适宜地区：2002—2003年参加湖北省晚稻品种区域试验，两年区域试验平均产量7 517.55kg/hm^2，比对照汕优64增产5.43%。适宜湖北省稻瘟病无病区或轻病区的中等肥力田块作晚稻种植。

栽培技术要点：①适时播种，培育多蘖壮秧。6月18～20日播种，秧田播种量187.5kg/hm^2。大田用种量22.5kg/hm^2。播种前用500倍多效唑溶液浸种5min，晾干后播种。②合理密植，秧龄控制在30d以内，株行距13.3cm×20.0cm，每穴栽插2苗。③科学水肥管理。一般施纯氮150～187.5kg/hm^2，氮、磷、钾比例以1∶0.5∶0.7为宜。以底肥为主，追肥为辅，后期控制氮肥用量，防止倒伏。④注意防治病虫害。播种前用药剂浸种，预防稻瘟病，生长期重点防治稻瘟病、稻曲病和稻飞虱。

荣优698（Rongyou 698）

品种来源：江西农业大学农学院和江西现代种业有限责任公司用不育系荣丰A与恢复系R698配组育成。2009年通过湖北省农作物品种审定委员会审定，编号为鄂审稻2009012。

形态特征和生物学特性：属中熟三系杂交双季晚籼稻。感温性较强，感光性弱。基本营养生长期较长，全生育期109.6d，比金优207短2.1d。株高89.0cm，株型适中，植株较矮，剑叶较短、挺直。穗层较整齐，苗期生长势一般，分蘖力中等。区域试验中有效穗数319.5万穗/hm^2，穗长20.0cm，着粒均匀，每穗总粒数147.9粒，实粒数110.6粒；结实率74.8%，谷粒长形，稃尖紫色、无芒，千粒重24.89。

品质特性：经农业部食品质量监督检验测试中心测定，糙米率81.6%，整精米率67.6%，垩白粒率14%，垩白度1.2%，直链淀粉含量21.9%，胶稠度60mm，糙米长宽比3.3，主要理化指标达到国标二级优质稻谷质量标准。

抗性：高感白叶枯病，高感稻瘟病。

产量及适宜地区：2006—2007年参加湖北省晚稻品种区域试验，两年区域试验平均产量7 298.4kg/hm^2，比对照金优207减产1.10%。其中2006年产量7 198.95kg/hm^2，比金优207减产0.08%；2007年产量7 397.7kg/hm^2，比金优207减产2.08%，两年均减产不显著。适宜湖北省稻瘟病无病区或轻病区作双季晚稻种植。

栽培技术要点：①适时早播，培育壮秧。5月下旬播种，秧田播种量150 ~ 225kg/hm^2，大田用种量22.5kg/hm^2。②及时移栽，插足基本苗。秧龄控制在30d以内。宽窄行栽插，大田株行距16.7cm×23.3cm，每穴栽插2苗。③科学管理肥水。重施底肥，早施追肥，中后期控制氮肥用量防倒伏，一般施纯氮150 ~ 180kg/hm^2，氮、磷、钾比例为1.0 ∶ 0.5 ∶ 0.9。够苗及时晒田，适当重晒。④防治病虫害。抽穗破口时防治稻瘟病、稻曲病。大田防治螟虫、稻飞虱等虫害。生长后期注意防治纹枯病。

荣优淦3号（Rongyougan 3）

品种来源：江西现代种业有限责任公司和江西农业大学农学院用不育系荣丰A与恢复系淦恢3号配组育成。2011年通过湖北省农作物品种审定委员会审定，编号为鄂审稻2011010。

形态特征和生物学特性：属三系杂交晚籼稻。感温性较强，感光性弱。基本营养生长期较长，全生育114.5d，比T优207长1.8d。株高111.4cm，株型适中，叶色绿，叶片宽挺，叶下禾。穗型较大，着粒较密，穗上部有少量颖花退化。苗期分蘖力中等，生长势较旺。区域试验平均有效穗数297万穗/hm^2，穗长21.5cm，每穗总粒数159.3粒，实粒数127.9粒，穗中等偏大，结实率80.3%，谷粒长形，稃尖紫色，有短顶芒，千粒重26.63g。

品质特性：经农业部食品质量监督检验测试中心（武汉）测定，糙米率81.1%，整精米率60.5%，垩白粒率19%，垩白度2.2%，直链淀粉含量25.7%，胶稠度50mm，糙米长宽比3.2。

抗性：高感稻瘟病，中感白叶枯病。

产量及适宜地区：2008—2009年参加湖北省一季晚稻品种区域试验，两年区域试验平均产量9 044.25kg/hm^2，比对照T优207增产12.40%。适宜湖北省稻瘟病无病区或轻病区作一季晚稻种植。

栽培技术要点：①适时播种，培育壮秧。5月25日至6月5日播种，秧田播种量90 ~ 120kg/hm^2，大田用种量15 ~ 22.5kg/hm^2。播种前用三氯异氰尿酸浸种消毒。在秧苗1叶1心至2叶1心期适量喷施多效唑，促进分蘖发生，控制徒长。②适龄移栽，合理密植。秧龄不超过30d。株行距16.7cm × 20.0cm或13.3cm × 23.3cm，每穴栽插2苗，插基本苗150万苗/hm^2。③科学管理肥水。底肥足施、追肥早施，一般施纯氮180 ~ 210kg/hm^2，氮、磷、钾比例为1.0 ：（0.3 ~ 0.5）：1.0。适时晒田，后期忌断水过早。④重点防治稻瘟病，注意防治纹枯病、稻曲病、白叶枯病和螟虫、稻飞虱等病虫害。

汕优晚3（Shanyouwan 3）

品种来源：湖南省杂交水稻研究中心用珍汕97A与晚3配组选育而成，由湖北省种子管理站引进。1998年通过湖北省农作物品种审定委员会审定。

形态特征和生物学特性：属中熟三系杂交双季晚籼稻。感温性强，感光性较强。基本营养生长期较短，全生育期121.1d，比对照汕优64长2.1d。株高100.4cm，分蘖力强，繁茂性好，穗大粒多。成熟时黄绿亮秆。有效穗数319.5万穗/hm^2，每穗总粒数121.1粒，实粒数96.6粒，穗粒数比汕优64多15 ～ 20粒，千粒重29.2g。

品质特性：经农业部食品质量监督检验测试中心测定，糙米率81.13%，精米率73.02%，整精米率57.45%，糙米长宽比2.4，垩白粒率90%，直链淀粉23.89%，胶稠度40mm，蛋白质含量8.77%，属部颁二级优质米，与对照汕优64相当。

抗性：中感白叶枯病，感稻瘟病。

产量及适宜地区：1996—1997年参加湖北省晚稻品种区域试验，两年区域试验平均产量7 590.3kg/hm^2，比汕优64增产4.19%。其中1996年产量7 363.5kg/hm^2，比汕优64增产6.66%，居第一位；1997年产量7 816.95kg/hm^2，比汕优64增产1.96%，居第一位。1996—1997年在英山、蕲春、应城等地生产试验，比汕优64增产。适宜湖北省作双季晚稻种植。

栽培技术要点：①6月20日左右播种，秧田播种量为225kg/hm^2，大田用种量为22.5kg/hm^2。在秧田1叶1心至2叶1心时喷施多效唑或稀效唑促进分蘖。②及时移栽，合理密植。秧龄不超过30d移栽，株行距13.3cm×19.8cm，插足基本苗。每穴栽插2苗，应插足30万穴/hm^{2}以上。③底肥与追肥比例为8 ：2，后期控制施用氮肥，防倒伏。抽穗后间歇灌水，田间保持干湿交替状态，在成熟收割前7d停止灌水干田。④注意防治病虫害。大田防治二化螟、三化螟、稻纵卷叶螟和稻飞虱等虫害，在分蘖、孕穗期和抽穗期预防白叶枯病、稻瘟病，在生长后期重点防治纹枯病。

天丰优134（Tianfengyou 134）

品种来源：黄冈市农业科学院用不育系天丰A与恢复系R134配组育成。2008年通过湖北省农作物品种审定委员会审定，编号为鄂审稻2008009。

形态特征和生物学特性：属迟熟三系杂交双季晚籼稻。感温性较强，感光性弱。基本营养生长期较长，全生育期115.2d，比金优207长2.7d。株高100.7cm，株型适中，植株高度偏高，茎秆较粗，叶色绿，叶片宽，剑叶挺直，叶鞘紫色。穗层较整齐，穗颈节短，穗大粒多，着粒均匀，有包颈和两段灌浆现象，后期转色一般。苗期生长势旺，分蘖力较强。区域试验中有效穗数295.5万穗/hm^2，穗长23.4cm，每穗总粒数146.1粒，实粒数106.3粒，结实率72.8%；谷粒长形，稃尖紫色，有少量短顶芒，千粒重27.67g。

品质特性：经农业部食品质量监督检验测试中心测定，糙米率81.8%，整精米率66.0%，垩白粒率16%，垩白度1.8%，直链淀粉含量20.7%，胶稠度61mm，糙米长宽比3.2，主要理化指标达到国标二级优质稻谷质量标准，米粒外观晶莹透明，米饭适口性好。

抗性：高感白叶枯病，高感稻瘟病，田间稻曲病重。

产量及适宜地区：2006—2007年参加湖北省晚稻品种区域试验，两年区域试验平均产量7 603.8kg/hm^2，比对照金优207增产2.13%。适宜湖北省稻瘟病无病区或轻病区作双季晚稻种植。

栽培技术要点：①6月10～16日播种，秧田播种量187.5kg/hm^2，大田用种量22.5kg/hm^2。②秧龄不超过30d。株行距16.7cm×20cm或16.7cm×23.3cm，每穴栽插2苗，插基本苗150万苗/hm^2。③加强肥水管理，注意增施磷、钾肥，施纯氮187.5kg/hm^2，底肥与追肥比例为7∶3。抽穗时喷施30g/hm^{2}赤霉素预防包颈。④防治稻瘟病、白叶枯病、纹枯病和稻蓟马、稻飞虱、螟虫等病虫害。

天两优616（Tianliangyou 616）

品种来源：武汉武大天源生物科技股份有限公司用天源6S作母本，R016作父本配组育成。2008年通过湖北省农作物品种审定委员会审定，编号为鄂审稻2008008。

形态特征和生物学特性：属两系杂交晚籼稻。感温性强，感光性较强。基本营养生长期较短，全生育期121.6d，比汕优63长0.4d。株高122.2cm，株型偏松散，茎秆粗壮，茎节轻微外露。叶色绿，剑叶较宽长、挺直。穗大粒多，穗层欠整齐，穗顶部有少量颖花退化。后期转色较好。苗期生长势旺，分蘖力较强。区域试验中有效穗数297万穗/hm^2，穗长23.9cm，每穗总粒数160.0粒，实粒数125.7粒；结实率78.6%；谷粒长形，稃尖无色，有顶芒，千粒重27.04g。

品质特性：经农业部食品质量监督检验测试中心测定，糙米率80.3%，整精米率65.6%，垩白粒率8%，垩白度1.0%，直链淀粉含量17.2%，胶稠度70mm，糙米长宽比3.0，主要理化指标达到国标一级优质稻谷质量标准。

抗性：高感白叶枯病，高感稻瘟病。

产量及适宜地区：2006—2007年参加湖北省一季晚稻品种区域试验，两年区域试验平均产量8 497.2kg/hm^2，比对照汕优63增产12.92%，两年均增产极显著。适宜湖北省稻瘟病无病区或轻病区的一季晚稻区种植。

栽培技术要点：①5月下旬至6月5日播种，大田用种量15～22.5kg/hm^2，秧龄25～35d。播种时要求秧田平整、匀播、稀播。②栽插22.5万～30万穴/hm^2，每穴栽插2苗。③加强肥水管理，注意增施磷、钾肥，防止倒伏。底肥与追肥比例为7∶3，施纯氮180～225kg/hm^2，氮、磷、钾肥按1∶（0.5～0.6）∶（0.8～1），三要素配合施用。插秧后田间及时上水，深水护苗，寸水活蔸，浅水勤灌促分蘖；后期干湿交替，忌断水过早。④重点防治稻瘟病、纹枯病、稻曲病、白叶枯病和稻飞虱、螟虫、稻纵卷叶螟等病虫害。

威优64（Weiyou 64）

品种来源：湖南省安江农业学校育成，湖北省种子公司从安江农校引进。1987年通过湖北省农作物品种审定委员会审定，编号为鄂审稻002-1987。

形态特征和生物学特性：属早熟三系杂交中籼稻或双季晚籼稻。感温性较强，感光性弱。基本营养生长期长，作中稻栽培全生育期123 ~ 133d；作双季晚稻116d左右。株高95 ~ 100cm，株型紧凑，株叶型适中，株高中等偏高，叶片直立，抽穗整齐。苗期长势较旺，分蘖力强，在高肥水平下易倒伏。有效穗数300万～375万穗/hm^2，成穗率62.7%；每穗总粒数120粒左右，穗较大，结实率高，落色好，千粒重28 ~ 29g。

品质特性：经湖北省农业科学院测试中心测定，糙米率81.32%，精米率73.24%，整精米率61.53%，直链淀粉含量24.03%，胶稠度29.5mm，蛋白质含量8.5%。

抗性：中抗稻瘟病、白叶枯病和黄矮病，抗稻飞虱和稻叶蝉。

产量及适宜地区：1984—1985年同时参加湖北省杂交稻早熟中籼和早熟晚籼组区域试验。早熟中籼组区域试验结果：两年平均产量7 680kg/hm^2，比对照汕优8号增产6.48%。早熟晚籼组区域试验结果：两年试验平均产量6 676.5kg/hm^2，比汕优8号增产8.28%。适宜湖北省作双季晚稻或中稻种植。

栽培技术要点：①适时播种，培育壮秧。作中杂4月中下旬播种，秧龄30 ~ 35d；作二晚6月20 ~ 25日播种，秧龄20 ~ 25d，不能插“满月秧”，秧田播种量450kg/hm^2，播种时要求秧田平整，均匀播种。②合理运筹肥料。用氮量为180kg/hm^2，氮、磷、钾肥比例为1 ∶ 0.6 ∶ 0.8。底肥与追肥比例为8 ∶ 2，用有机肥作底肥，插秧后5 ~ 7d施150kg/hm^{2}尿素作追肥。生长后期控制施用氮肥。③科学进行田间管理。苗数达到390万苗/hm^{2}时晒田，一般情况下要求晒田偏重，幼穗分化前复水，齐穗后田间间歇灌水，保持湿润状态至成熟，在收获前7 ~ 10d断水干田，不宜断水过早，以免影响产量。④注意防治病虫害。重点防治螟虫、稻飞虱和稻瘟病。

武香880（Wuxiang 880）

品种来源：武汉大学和广东省农业科学院水稻研究所用不育系武香A与恢复系880配组育成。2003年通过湖北省农作物品种审定委员会审定，编号为鄂审稻006-2003。

形态特征和生物学特性：属中迟熟三系杂交双季晚籼稻。感温性较强，感光性较强。基本营养生长期较短，全生育期116.9d，比汕优64长1.9d。株高92.8cm，株型适中，植株高度中等，剑叶较窄、挺直。柱头、稃尖无色，穗颈较细。分蘖力较强，生长势旺，后期转色较好。区域试验中有效穗数357万穗/hm^2，穗长22.9cm，每穗总粒数116.0粒，实粒数86.5粒，结实率74.6%；谷粒有短顶芒，千粒重24.41g。

品质特性：经农业部食品质量监督检验测试中心测定，糙米率80.1%，整精米率60.8%，糙米长宽比3.3，垩白粒率20%，垩白度2.6%，直链淀粉含量17.2%，胶稠度81mm，主要理化指标达到国标优质稻谷质量标准。

抗性：感白叶枯病，中感稻瘟病。

产量及适宜地区：2001—2002年参加湖北省晚稻品种区域试验，两年区域试验平均产量7 257.45kg/hm^2，比对照汕优64减产1.23%。在黄冈市、咸宁市试种表现出高产、稳产、适应性强。适宜鄂东鄂南和江汉平原双季稻作区作晚稻种植。

栽培技术要点：①适时播种，培育壮秧。一般在6月18～20日播种，秧田播种量不超过180kg/hm^2。②合理稀插，及时移栽，在秧龄30～32d插秧。株行距16.7cm×20.0cm，每穴栽插2苗，插基本苗180万苗/hm^{2}以上。③合理施肥。大田施纯氮150kg/hm^2，无机肥和有机肥配合使用；氮、磷、钾比例为2∶1.5∶1.5。④科学管水。当苗数达到360万～375万苗/hm^{2}时排水晒田，齐穗后间歇灌水，田间保持干湿相间，成熟前5～7d断水。⑤注意防治病虫害。重点防治稻瘟病、稻曲病，注意防治螟虫、稻飞虱等虫害。

协优64（Xieyou 64）

品种来源：安徽省广德县农业科学研究所用协青早A与测64-7配组选育而成。由大冶市种子公司引进。2000年通过湖北省农作物品种审定委员会审定，编号为鄂审稻004-2000。

形态特征和生物学特性：属中熟三系杂交双季晚籼稻。感温性强，感光性较强。基本营养生长期较长，全生育期119d，与汕优64相当。株高93.3cm。对低温反应敏感，抽穗扬花期间气温不能低于23℃。有效穗数335.25万穗/hm^2，穗长20.13cm，穗总粒数91.6粒，穗实粒数68.11粒，千粒重27.32g。

品质特性：经农业部食品质量监督检验测试中心测定，糙米率82.84%，精米率74.56%，整精米率56.60%，糙米长宽比3.2，垩白粒率32%，直链淀粉23.6%，胶稠度48mm，蛋白质含量10.06%，米质较优。

产量及适宜地区：1998年参加湖北省晚稻品比试验，平均产量6 442.5kg/hm^2，比对照汕优64减产7.17%，极显著。1999年10月大冶现场考察测产产量6 088.5kg/hm^2。适宜湖北省大冶市及周边相同生态条件区域作双季晚稻种植。

栽培技术要点：①适时播种、培育壮秧。6月20日左右播种，秧田播种量为225kg/hm^2，大田用种量为22.5kg/hm^2。催芽时用三氯异氰尿酸浸种预防恶苗病。②及时移栽，合理密植。秧龄不超过30d移栽，株行距13.3cm × 19.8cm，插足基本苗。每穴栽插2苗，插足30万穴/hm^{2}以上。③加强肥水管理。重施肥，早施分蘖，底肥与追肥比例为8 ∶ 2，后期控制使用氮肥防倒伏。插秧后田间及时上水，深水护苗，寸水活蔸，浅水勤灌促进分蘖；齐穗后间歇灌水，田间保持干湿交替状态，在成熟收割前7d停止灌水干田。④防治病虫害。大田防治二化螟、三化螟、稻纵卷叶螟和稻飞虱为害。在分蘖期和孕穗期防治白叶枯病，抽穗破口时注意防治稻瘟病和稻曲病，生长后期防治纹枯病。

协优96（Xieyou 96）

品种来源：大冶市农业科学研究所和荆州市种子总公司用不育系协青早A与恢复系R96配组育成。2003年通过湖北省农作物品种审定委员会审定，编号为鄂审稻010-2003。

形态特征和生物学特性：属中熟三系杂交双季晚籼稻。感温性较强，感光性较强。基本营养生长期较短，全生育期115.3d，比汕优64长0.3d。株高90.1cm，株型适中，剑叶较宽、挺直。分蘖力中等，结实率高，成熟时叶青籽黄。区域试验中有效穗数348万穗/hm^2，穗长21.6cm，每穗总粒数98.7粒，实粒数84.0粒，结实率85.1%，千粒重28.08g。

品质特性：经农业部食品质量监督检验测试中心测定，糙米率81.2%，整精米率64.4%，糙米长宽比2.9，垩白粒率47%，垩白度7.0%，直链淀粉含量21.8%，胶稠度51mm。

抗性：感白叶枯病，高感稻瘟病穗颈瘟。

产量及适宜地区：2001—2002年参加湖北省晚稻品种区域试验，两年区域试验平均产量7 698.9kg/hm^2，比对照汕优64增产4.78%。适宜湖北省稻瘟病无病区或轻病区作晚稻种植。

栽培技术要点：①适时播种，培育壮秧。6月20日前播种，秧田播种量150kg/hm^2，大田用种量22.5 ~ 30kg/hm^2。秧田在1叶1心至2叶1心时喷施多效唑1 500g/hm^{2}促进分蘖，以培育带蘖壮秧。②在秧龄30d以内插秧。株行距13.3cm × 20.0cm，每穴栽插2苗。③科学管理肥水。施纯氮180 ~ 225kg/hm^2，五氧化二磷90kg/hm^2，氧化钾135kg/hm^2。磷、钾肥全部作底肥，氮肥80%作底肥，20%作追肥。插秧后及时上水，深水护苗，寸水活蔸，浅水勤灌利分蘖；齐穗后采取间歇灌水，田间保持干干湿湿至成熟。④注意防治病虫害。在苗期注意防治稻蓟马，大田要防治二化螟、三化螟、稻纵卷叶螟和稻飞虱。

新香优80（Xinxiangyou 80）

品种来源：湖南农业大学用不育系新香A与恢复系R80配组育成。由大冶市种子公司引进。2004年通过湖北省农作物品种审定委员会审定，编号为鄂审稻2004016。

形态特征和生物学特性：属中熟三系杂交双季晚籼稻。感温性较强，感光性较强。基本营养生长期较短，全生育期115.1d，比汕优64长0.1d。株高91.0cm，株型较松散，分蘖力中等，剑叶宽挺，半叶下禾，1～5茎节基部和稃尖呈紫红色。穗层欠整齐，有轻度包颈现象。区域试验中有效穗数357万穗/hm^2，穗数中等，穗长22.1cm，每穗总粒数109.4粒，实粒数87.8粒，结实率80.2%，谷粒有长短不一的短顶芒，千粒重26.28g。

品质特性：经农业部食品质量监督检验测试中心测定，糙米率81.1%，整精米率64.0%，糙米长宽比3.0，垩白粒率18%，垩白度3.6%，直链淀粉含量20.6%，胶稠度50mm，主要理化指标达到国标三级优质稻谷质量标准。

抗性：高感稻瘟病穗颈瘟，感白叶枯病。

产量及适宜地区：2001—2002年参加湖北省晚稻品种区域试验，两年区域试验平均产量7 749kg/hm^2，比对照汕优64增产5.5%。2002年在黄石市大冶市以及黄冈市、黄州区、浠水县等地试种表现出丰产性好、适应性强，适宜湖北省稻瘟病无病区或轻病区作晚稻种植。

栽培技术要点：①适时播种，及时移栽。6月15～20日播种，秧田播种量225kg/hm^2，大田用种量为22.5kg/hm^2。②及时插秧，在秧龄25～30d栽秧，株行距13.3cm×23.3cm，每穴栽插2苗。③施纯氮135～165kg/hm^2，增施磷、钾肥，做到底肥足、追肥早，生长后期依苗情酌施钾肥；底肥与追肥比例为7∶3，氮、磷、钾肥比例为1∶0.6∶0.9。前期浅水勤灌助分蘖，后期田间干湿交替管理，忌断水过早。④注意防治病虫害。播种前用药剂浸种，预防恶苗病，重点防治稻瘟病、白叶枯病、螟虫和稻飞虱。

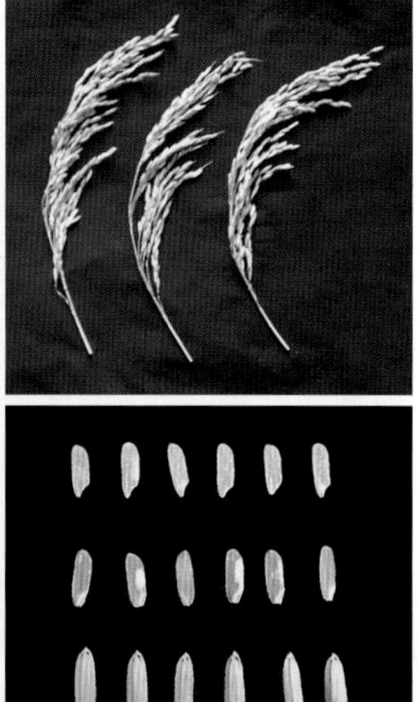

新香优96（Xinxiangyou 96）

品种来源：荆州市种子总公司用不育系新香A与恢复系R96配组育成。2002年通过湖北省农作物品种审定委员会审定，编号为鄂审稻018-2002。

形态特征和生物学特性：属中熟偏迟三系杂交双季晚籼稻。感温性强，感光性强。基本营养生长期较强，全生育期122.0d，比汕优64长2.2d。株高94.3cm，株型适中，叶色深绿，剑叶宽大挺直，茎秆粗壮。苗期长势旺，分蘖力中等。区域试验中有效穗数319.5万穗/hm^2，穗长21.7cm，每穗总粒数121.8粒，实粒数96.5粒，结实率79.2%，千粒重26.66g。

品质特性：经农业部食品质量监督检验测试中心测定，糙米率81.4%，整精米率64.3%，糙米长宽比3.0，垩白粒率40%，垩白度4.0%，直链淀粉含量21.4%，胶稠度60mm，米质较优。

抗性：感白叶枯病，高感稻瘟病穗颈瘟。

产量及适宜地区：1999—2000年参加湖北省晚稻品种区域试验，两年区域试验平均产量6 513.75kg/hm^2，比对照汕优64增产3.8%。适宜湖北省稻瘟病无病区或轻病区作晚稻种植。

栽培技术要点：①适时播种，培育壮秧。6月15～20日播种，秧田播种量150kg/hm^2，大田用种量22.5～30kg/hm^2。在1叶1心至2叶1心时喷施多效唑或稀效唑促进分蘖发生。②及时移栽，合理密植。在秧龄30d以内插秧，株行距13.3cm×20.0cm，每穴栽插2苗，插基本苗225万～270万苗/hm^2。③科学管水、适时晒田。插秧后及时上水，寸水活蔸，浅水勤灌，齐穗后田间间歇灌水，保持干湿交替至成熟。④合理施肥。施纯氮180kg/hm^2，五氧化二磷90kg/hm^2，氧化钾135kg/hm^2。磷、钾肥全部作底肥，氮肥70%作底肥，30%作追肥。⑤注意防治病虫害。苗期防治稻蓟马，大田防治螟虫，特别注意防治三化螟。

扬两优013（Yangliangyou 013）

品种来源：江苏里下河地区农业科学研究所用广占63S作母本，R13作父本配组育成。2009年通过湖北省农作物品种审定委员会审定，编号为鄂审稻2009010。

形态特征和生物学特性：属两系杂交晚籼稻。感温性较强，感光性弱。基本营养生长期较长，全生育期118.1d，比汕优63短3.1d。株高117.6cm，株型较紧凑，植株偏高，茎秆较粗，部分茎节外露，茎壁较薄。剑叶较长、挺直。穗层欠整齐，主穗明显高于分蘖穗，穗较大，穗颈节较长，着粒较密、较均匀，有两段灌浆现象，成熟期转色好。苗期生长势较旺，分蘖力中等。区域试验中有效穗数283.5万穗/hm^2，穗长23.4cm，每穗总粒数157.7粒，实粒数123.1粒，结实率78.1%；谷粒长形，少数谷粒有短顶芒，谷壳颜色较深，稃尖无色，千粒重27.62g。

品质特性：经农业部食品质量监督检验测试中心测定，糙米率81.2%，整精米率66.1%，垩白粒率8%，垩白度0.6%，直链淀粉含量17.2%，胶稠度72mm，糙米长宽比3.1，主要理化指标达到国标一级优质稻谷质量标准。

抗性：感白叶枯病，高感稻瘟病。

产量及适宜地区：2006—2007年参加湖北省一季晚稻品种区域试验，两年区域试验平均产量7 993.2kg/hm^2，比对照汕优63增产6.22%。其中2006年产量7 862.4kg/hm^2，比汕优63增产4.74%；2007年产量8 123.85kg/hm^2，比汕优63增产7.69%，两年均增产极显著。适宜湖北省稻瘟病无病区或轻病区作一季晚稻种植。

栽培技术要点：①适时早播，培育壮秧。5月下旬播种，秧田播种量150～225kg/hm^2，大田用种量22.5kg/hm^2。②及时移栽，秧龄30d。大田株行距16.7cm×23.3cm，每穴栽插2苗。③科学管理肥水。重施底肥，早施追肥，中后期控制氮肥用量防倒伏，一般施纯氮150～180kg/hm^2，氮、磷、钾比例为1.0∶0.5∶0.9。适当重晒，后期忌断水过早。④注意防治稻瘟病、纹枯病、稻曲病和螟虫、稻飞虱等病虫害。

宜优207（Yiyou 207）

品种来源：宜昌市农业科学研究院用不育系宜陵1A与恢复系207配组育成。2003通过湖北省农作物品种审定委员会审定，编号为鄂审稻009-2003。

形态特征和生物学特性：属中熟三系杂交双季晚籼稻。感温性较强，感光性较强。基本营养生长期较短，全生育期114.8d，比汕优64短0.2d。株型紧凑，茎秆韧性较强，剑叶较窄、挺直。叶色浓绿，柱头、稃尖紫色。分蘖中等，田间生长势旺，抗倒性强。灌浆速度快，成熟时叶青籽黄。区域试验中有效穗数318万穗/hm^2，株高92.6cm，穗长22.4cm，每穗总粒数113.7粒，实粒数93.6粒，结实率82.3%，千粒重27.92g。

品质特性：经农业部食品质量监督检验测试中心测定，糙米率80.5%，整精米率58.6%，糙米长宽比3.1，垩白粒率32%，垩白度6.4%，直链淀粉含量19.9%，胶稠度50mm，品质较优。

产量及适宜地区：2001—2002年参加湖北省晚稻品种区域试验，两年区域试验平均产量7 539.6kg/hm^2，比对照汕优64增产2.61%。适宜湖北省稻瘟病无病区或轻病区作晚稻种植。

抗性：高感白叶枯病，感稻瘟病穗颈瘟。

栽培技术要点：①适时播种，培育壮秧。6月20日前播种，秧田播种量150kg/hm^2，播种前用三氯异氰尿酸浸种，播种时要求秧田平整、稀播、匀播。②及时插秧，合理密植。在秧龄30d以内插秧。株行距13.3cm×20.0cm，插足基本苗。③科学管理肥水。施纯氮180～225kg/hm^2，五氧化二磷90kg/hm^2，氧化钾135kg/hm^2。磷、钾肥全部作底肥，氮肥80%作底肥，20%作追肥。插秧后及时上水，深水护苗、寸水活蔸，浅水勤灌利分蘖；抽穗后采取间歇灌水，田间保持干干湿湿至成熟。④注意防治病虫害。苗期注意防治稻蓟马，大田要防治二化螟、三化螟、稻纵卷叶螟和稻飞虱。

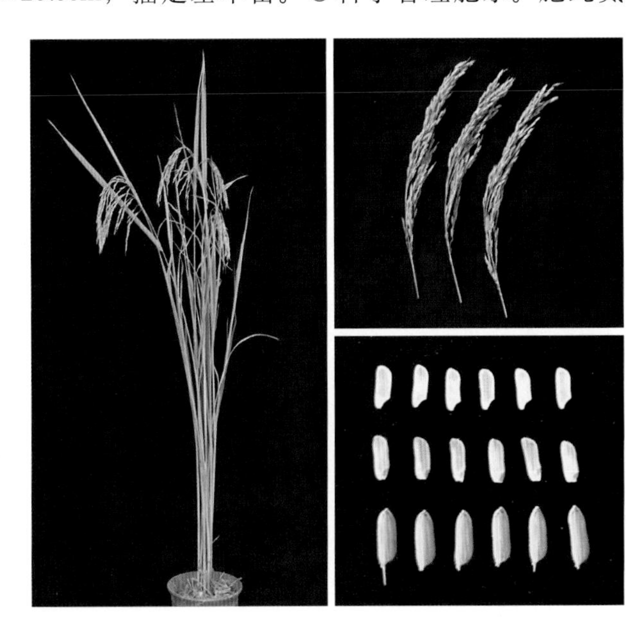

宜优99（Yiyou 99）

品种来源：宜昌市农业科学研究院用不育系宜陵1A与恢复系桂99配组育成。2003年通过湖北省农作物品种审定委员会审定，编号为鄂审稻008-2003。

形态特征和生物学特性：属中迟熟三系杂交双季晚籼稻。感温性较强，感光性较强。基本营养生长期较短，全生育期116.8d，比汕优64长1.7d。株高92.8cm，株型紧凑，叶色浓绿，剑叶挺直。柱头、叶鞘紫色，分蘖力强，后期转色好，抗倒性好。区域试验中有效穗数337.5万穗/hm^2，穗数中等偏少，穗长22.7cm，每穗总粒数113.6粒，实粒数84.2粒，结实率74.2%，谷粒稃尖紫色，千粒重27.73g。

品质特性：经农业部食品质量监督检验测试中心测定，糙米率79.7%，整精米率60.2%，糙米长宽比3.4，垩白粒率23%，垩白度3.5%，直链淀粉含量20.2%，胶稠度50mm，主要理化指标达到国标优质稻谷质量标准。

抗性：中感白叶枯病，高感稻瘟病穗颈瘟。

产量及适宜地区：2001—2002年参加湖北省晚稻品种区域试验，两年区域试验平均产量7 769.7kg/hm^2，比对照汕优64增产5.74%。适宜湖北省稻瘟病无病区和轻病区作双季晚稻种植。

栽培技术要点：①6月20日前播种，秧田播种量150kg/hm^2，催芽用三氯异氰尿酸浸种消毒杀菌预防恶苗病，秧苗在1叶1心至2叶1心时喷施多效唑1 500g/hm^{2}促进分蘖。②及时插秧，合理密植。秧龄30d以内插秧。株行距13.3cm × 20.0cm，插足基本苗。每穴栽插2苗，插基本苗180万苗/hm^2。③施纯氮180 ～ 225kg/hm^2，五氧化二磷90kg/hm^2，氧化钾120kg/hm^2。磷、钾肥全部作底肥，氮肥80%作底肥，20%作追肥。氮、磷、钾肥比例为1 ：0.5 ：0.6，有机肥和无机肥配合使用。齐穗后采取间歇灌水，田间保持干干湿湿至成熟。④苗期注意防治稻蓟马，大田要防治二化螟、三化螟、稻纵卷叶螟和稻飞虱。

岳优26（Yueyou 26）

品种来源：咸宁市农业科学研究院用不育系岳4A与恢复系咸恢26配组育成。2003年通过湖北省农作物品种审定委员会审定，编号为鄂审稻007-2003。

形态特征和生物学特性：属中迟熟三系杂交双季晚籼稻。感温性较强，感光性较强。基本营养生长期较短，全生育期117.0d，比汕优64长1.2d。株高94.4cm，株型适中，叶色浓绿，剑叶较宽、挺直，叶鞘无色，茎秆粗壮。分蘖力较强，生长势旺，抗倒性好。区域试验中有效穗数309万穗/hm^2，穗长24.3cm，每穗总粒数126.3粒，实粒数94.6粒，结实率74.9 %，谷粒长形、稃尖无色，千粒重28.43g。

品质特性：经农业部食品质量监督检验测试中心测定，糙米率80.3%，整精米率63.4%，糙米长宽比3.2，垩白粒率29%，垩白度4.3%，直链淀粉含量17.9%，胶稠度84mm，主要理化指标达到国标优质稻谷质量标准。

抗性：感白叶枯病，高感穗颈稻瘟病。

产量及适宜地区：2001—2002年参加湖北省晚稻品种区域试验，两年区域试验平均产量7 582.2kg/hm^2，比对照汕优64增产4.49%。适宜湖北省稻瘟病无病区和轻病区作双季晚籼稻种植。在湖南省作双季晚籼稻试种亦表现出熟期早、丰产性好、适应性强。

栽培技术要点：①适时播种，稀播壮秧。6月15 ～ 20日播种，秧田播种量150kg/hm^2。1叶1心至2叶1心期喷多效唑促分蘖。②合理稀插，及时移栽。秧龄30 ～ 32d插秧。株行距16.7cm×20.0cm，每穴栽插2苗，插基本苗150万苗/hm^{2}以上。③科学进行肥水管理。大田施纯氮150kg/hm^2，无机肥和有机肥配合使用；氮、磷、钾比例为2 ：1.5 ：1.5。重施底肥，早施追肥，促早分蘖。④前期浅水勤灌，当苗数达到360万～ 375万苗/hm^{2}时晒田，长势旺田块重晒，苗弱田轻晒；孕穗至抽穗扬花期田间不能断水，齐穗后间歇灌水，保持干湿相间至成熟，忌断水过早。⑤注意防治螟虫、稻飞虱等虫害。

岳优9113（Yueyou 9113）

品种来源：湖南省岳阳市农业科学研究所用不育系岳4A与恢复系岳恢9113配组育成，商品名洞庭丝苗。2004年通过湖北省农作物品种审定委员会审定，编号为鄂审稻2004015。

形态特征和生物学特性：属中迟熟三系杂交双季晚籼稻。感温性较强，感光性较强。基本营养生长期较短，全生育期117.2d，比汕优64长2.2d。株高90.1cm，株型较紧凑，茎秆较细，剑叶窄挺稃尖无色。成穗率高，耐寒性中等，后期转色一般。分蘖力强，区域试验中有效穗数388.5万穗/hm^2，穗长22.9cm，每穗总粒数105.0粒，实粒数82.1粒；结实率78.2%；穗颈节短，无芒；千粒重26.01g。

品质特性：经农业部食品质量监督检验测试中心测定，糙米率82.0%，整精米率59.8%，长宽比3.6，垩白粒率20%，垩白度2.6%，直链淀粉含量22.4%，胶稠度65mm，主要理化指标达到国标二级优质稻谷质量标准。

抗性：高感稻瘟病穗颈瘟，中感白叶枯病。

产量及适宜地区：2002—2003年参加湖北省晚稻品种区域试验，两年区域试验平均产量7 733.4kg/hm^2，比对照汕优64增产8.40%。2003年在咸宁市和黄冈市的部分县试种表现出高产、适应性好、米质好，适宜湖北省稻瘟病无病区或轻病区作双季晚稻种植。

栽培技术要点：①适时播种，培育壮秧。6月15～20日播种，秧田播种量150kg/hm^2，大田用种量15～22.5kg/hm^2。②及时移栽，合理密植。在秧龄30d以内插秧，株行距16.7cm×20cm，每穴栽插2苗。③科学进行肥水管理。施纯氮180kg/hm^2左右，氮、磷、钾配合施用。底肥与追肥比例为7∶3，氮、磷、钾肥比例为1∶0.6∶0.8。前期浅水勤灌助分蘖；孕穗期间保持足寸水层。齐穗后间歇灌水，田间干湿交替以便灌浆壮籽。④防治病虫害。抽穗破口期重点防治稻瘟病，生长后期防治纹枯病和稻飞虱。

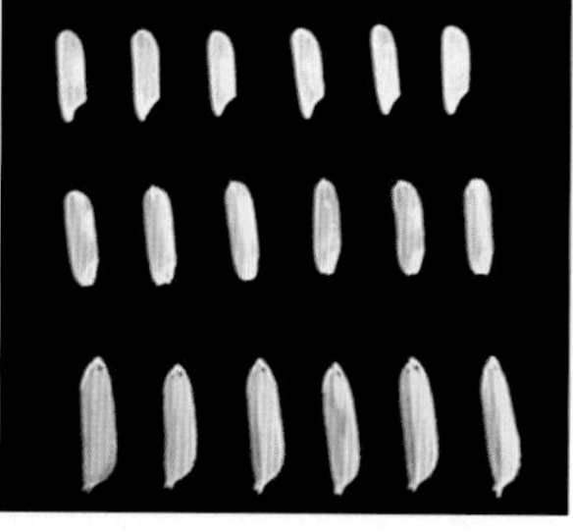

中9优1254（Zhong 9 you 1254）

品种来源：德农正成种业有限公司长沙德农正成水稻研究所用不育系中9A与恢复系R1254配组育成。2008年通过湖北省农作物品种审定委员会审定，编号为鄂审稻2008010。

形态特征和生物学特性：属迟熟三系杂交双季晚籼稻。感温性较强，感光性弱。基本营养生长期较短，全生育期116.0d，比对照金优207长3.5d。株高106.4cm，株型较紧凑，茎秆较粗，茎节外露。叶色绿，剑叶长、较挺。穗层整齐，谷粒长形，稃尖无色无芒，有两段灌浆现象，后期转色较好。田间生长势较强，分蘖力中等。区域试验中有效穗数270万穗/hm^2；穗长25.7cm，每穗总粒数167.2粒，实粒数129.3粒，着粒均匀，穗基部有颖花退化，有少量包颈现象。结实率77.3%，千粒重25.72g。

品质特性：经农业部食品质量监督检验测试中心测定，糙米率81.2%，整精米率70.3%，垩白粒率8%，垩白度0.5%，直链淀粉含量22.2%，胶稠度60mm，糙米长宽比3.3，主要理化指标达到国标二级优质稻谷质量标准。

抗性：高感白叶枯病，高感稻瘟病，田间稻曲病较重。

产量及适宜地区：2006—2007年参加湖北省晚稻品种区域试验，两年区域试验平均产量7 716.9kg/hm^2，比对照金优207增产3.64%。适宜湖北省东南稻瘟病无病区或轻病区作双季晚稻种植。

栽培技术要点：①适时早播，培育壮秧。6月10 ~ 15日播种，秧田播种量150kg/hm^2，大田用种量为22.5 ~ 30kg/hm^2。②及时移栽，合理密植。③科学管理肥水。底肥施水稻专用复合肥750kg/hm^2；插秧后7d施尿素75kg/hm^2、氯化钾112.5kg/hm^2；中后期酌施穗肥、粒肥。④在9月10日前抽穗，能保安全齐穗，抽穗期如遇低温可在抽穗50%时喷施30g/hm^2赤霉素预防包颈。⑤注意防治稻瘟病、白叶枯病、稻曲病、螟虫及稻飞虱等病虫害。

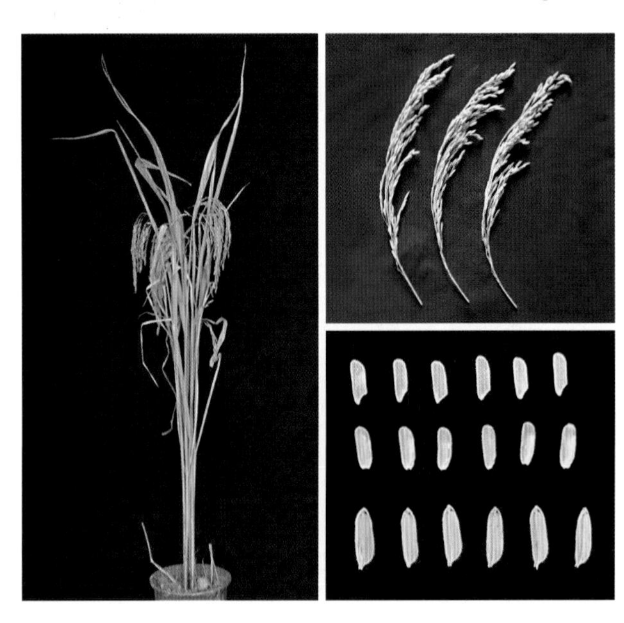

中9优288 (Zhong 9 you 288)

品种来源：中国水稻研究所和广东农作物杂种优势开发利用中心用不育系中9A与恢复系恢288配组育成。由阳新县种子公司引进。2004年通过湖北省农作物品种审定委员会审定，编号为鄂审稻2004014。

形态特征和生物学特性：属中迟熟三系杂交双季晚籼稻。感温性较强，感光性较强。基本营养生长期较短，全生育期116.7d，比汕优64长1.7d。株高98.6cm，株型较紧凑，剑叶宽、挺。穗大粒多，后期氮肥重叶片易披垂。分蘖力中等，田间生长势旺，抗倒伏性较强。区域试验中有效穗数339万穗/hm^2，穗长23.9cm，每穗总粒数126.2粒，实粒数99.5粒，结实率78.8%，谷粒有顶芒，千粒重25.81g。

品质特性：经农业部食品质量监督检验测试中心测定，糙米率80.6%，整精米率61.5%，糙米长宽比3.0，垩白粒率20%，垩白度4.0%，直链淀粉含量20.2%，胶稠度50mm，主要理化指标达到国标三级优质稻谷质量标准。

抗性：高感稻瘟病穗颈瘟，中感白叶枯病。

产量及适宜地区：2001—2002年参加湖北省晚稻品种区域试验，两年区域试验平均产量7 995.9kg/hm^2，比对照汕优64增产8.82%。适宜湖北省稻瘟病无病区或轻病区作双季晚稻种植。

栽培技术要点：①适时播种，培育壮秧。6月15～20日播种，秧田播种量150kg/hm^2。秧苗1叶1心至2叶1心时喷施多效唑1 500g/hm^2，促进分蘖育壮秧。②及时插秧，合理密植。秧龄在30d以内插秧，株行距13.3cm×20.0cm，每穴栽插2苗。③施纯氮165～187.5kg/hm^2，氮、磷、钾比例为1∶0.5∶0.8，需钾肥量大。底肥与追肥比例为7∶3。插秧后田间及时上水，深水护苗，寸水活苗，浅水勤灌促分蘖；齐穗后田间间歇灌水，田间保持干干湿湿至成熟。④注意防治病虫害。催芽时用三氯异氰尿酸浸种杀菌防恶苗病，重点防治稻瘟病、稻曲病、纹枯病，大田防治二化螟、三化螟、稻纵卷叶螟和稻飞虱等虫害。

第三节 不育系

0259S（0259 S）

品种来源：湖北省农业技术推广总站、孝感市孝南区农业局和湖北中香米业有限责任公司用N5088S//（N5088S/香粳9505）F_1的回交后代，经系谱法选育而成。2010年通过湖北省农作物品种审定委员会审定，编号为鄂审稻2010018。

形态特征和生物学特性：属粳型水稻两系光温敏核不育系。感温性强，感光性强。基本营养生长期短。株高71.2cm，株型较紧凑，生长势较旺，分蘖力较强。茎秆较粗壮，韧性较好。叶色浓绿，剑叶较窄、挺直、微内卷。穗层整齐，中等穗，着粒均匀。谷粒卵圆形，极少短顶芒，叶鞘、柱头和谷粒稃尖无色，柱头外露率较高。有效穗数397.5万穗/hm^2，每穗总粒数85.4粒，千粒重25.2g。在孝感地区4月中下旬播种，播始历期115d左右，稳定不育期30d以上；花时较早，开花习性较好，午前花率60%以上，11:00 ~ 13:00为开花高峰，柱头外露率47.5%；自然条件下，千株群体不育株率100.0%，花粉不育度99.97%，套袋自交不育度100%。人工气候箱鉴定，在光照14.5h、24℃下花粉不育度99.52%，自交不育度100%。花粉败育以典败为主，少许圆败、染败。

抗性：感白叶枯病，中感稻瘟病。

配合力及品质产量：配组品种粳两优5975于2006—2007年参加湖北省晚稻品种区域试验，两年区域试验平均产量7 301.85kg/hm^2，比对照鄂粳杂1号增产5.16%。米质经农业部食品质量监督检验测试中心测定，糙米率83.3%，整精米率70.2%，垩白粒率9%，垩白度1.0%，直链淀粉含量17.4%，胶稠度80mm，糙米长宽比2.1，有香味，主要理化指标达到国标一级优质稻谷质量标准。

繁殖制种要点：①适时播种，及时移栽。播种前用三氯异氰尿酸浸种消毒，预防恶苗病。在湖北繁殖，6月底至7月初播种，秧龄25d以内，移栽叶龄5.0 ~ 6.0叶；在海南冬季繁殖，12月下旬播种，翌年1月中旬移栽，秧龄20d左右，移栽叶龄4.5 ~ 5.0叶。秧田播种量135kg/hm^2，大田用种量22.5kg/hm^2。②合理密植，插足基本苗。大田株行距13.3cm×16.7cm，每穴栽插1苗。③科学管理肥水。一般施纯氮195kg/hm^2，氮：五氧化二磷：氧化钾为1 ：0.5 ：0.8。总苗数达到330万苗/hm^2时排水晒田，后期断水不能过早。④注意防治纹枯病、稻曲病、稻瘟病和稻蓟马、螟虫、稻飞虱等病虫害。

5088S（5088 S）

品种来源：湖北省农业科学院粮食作物研究所用农垦585不育株作母本，中粳农虎26作父本杂交选育而成。

形态特征和生物学特性：属中迟熟晚粳型光敏核两系不育系。感温性强，感光性强，基本营养生长期较长。不育期间，4月底或5月初播种，8月13日左右始穗，播始历期105d左右。主茎16～17叶，株高80cm左右，单株穗数15个，穗长17.6cm，小穗颖花量10朵左右，花药瘦长箭头状、乳白色、不开裂，柱头外露率42%以上。可育期间，7月上旬播种，9月10日左右始穗，播始历期70d左右，单株穗数10个，穗长16.7cm，穗颖花量80朵左右，大部分花药散粉正常，结实率70%左右，千粒重26.5g，糙米粒长宽比1.70，谷尖及柱头均无色，谷粒椭圆形，谷壳黄亮、稃毛较多，脱粒较难。株叶形态好，株型紧凑，分蘖力较强，剑叶较短且挺直，叶色浓绿。

品质特性：经湖北省农业科学院测试中心测定，糙米率84.4%，精米率75.9%，整精米率74.3%，垩白粒率97%，直链淀粉含量16.91%，蛋白质含量10%，为农业部二级优质稻。

抗性：中抗稻瘟病和白叶枯病。

繁殖制种要点：①选择好繁殖田，防止生物学混杂，选择隔离区要求花期时间隔离20d以上，空间隔离200m以上，选择繁殖田时要求秧田和本田均选用旱作茬口或冬闲田。②适时播种插秧，确保安全齐穗。在武汉地区一般7月4日左右播种，秧龄15～25d，施足基肥，早施追肥，少株稀植，确保9月15日左右安全齐穗。能获得较高的繁殖产量。③严格操作过程，提高种子纯度。在整个生育过程中，严格去杂去劣，从播种到收获，每个环节都要防止异种混入。

NC228S（NC 228 S）

品种来源：湖北省农业科学院粮食作物研究所用N95076S作母本，161旱作父本杂交，经系谱法选育而成。2010年通过湖北省农作物品种审定委员会审定，编号为鄂审稻2010019。

形态特征和生物学特性：属中熟粳型水稻光温敏核两系不育系。感温性强，感光性强，基本营养生长期短。株高89cm，株型较紧凑，株高适中，生长势旺，分蘖力较强。茎秆较粗，韧性较好。叶色绿，剑叶较窄、斜挺。穗层整齐，中等偏大穗，着粒均匀。谷粒卵圆形，有芒。叶鞘、柱头和谷粒稃尖无色。穗长18.6cm，每穗总粒数159.1粒，千粒重25.2g。在海南繁殖自交结实率60%左右。在武汉地区5月25日播种，播始历期87d，稳定不育期30d以上；花时较迟，上午10:30左右始花，11:30～14:00为盛花期，柱头总外露率35.4%；自然条件下，千株群体不育株率100.0%，花粉不育度99.51%，套袋自交不育度99.99%。人工气候箱鉴定，在光照14.5h、24.0℃下花粉不育度99.52%，自交不育度99.78%。花粉败育以典败为主，有少量圆败。

抗性：中感白叶枯病，感稻瘟病。

繁殖制种要点：①适时播种。在武汉繁殖，7月10～15日播种，9月中旬抽穗；在海南冬季繁殖，12月初播种，次年2月下旬抽穗。②科学管理肥水。配方施肥，施足底肥，早施分蘖肥，看苗施穗肥。苗数达到375万苗/hm^2时排水晒田，后期忌断水过早。③科学施用赤霉素，人工辅助授粉。赤霉素用量180～240g/hm^2，在抽穗破口期和抽穗破口期之后2～3d分两次喷施90～120g/hm^2。④注意防治稻瘟病、稻曲病、白叶枯病、纹枯病和螟虫、稻飞虱等病虫害。

鄂晚17A（Ewan 17 A）

品种来源：湖北省农业技术推广总站、孝感市孝南区农业技术推广中心和湖北中香米业有限责任公司用武运粳7号A作母本，鄂晚17作父本连续回交选育而成。2006年通过湖北省农作物品种审定委员会审定，编号为鄂审稻2011014。

形态特征和生物学特性：属三系BT型粳稻不育系。感温性较强，感光性强，基本营养生长期短，生育期上是中熟偏迟粳型晚稻。株高84cm，株型较紧凑，分蘖力较强，茎秆较粗，韧性好。叶色浓绿，剑叶短窄、直立、夹角小。穗层整齐，穗较大、直立，着粒较密，穗颈外露、不包颈。谷粒卵圆形，柱头、稃尖无色。有效穗数385.5万穗/hm^2，每穗总粒数104.4粒，千粒重22.5g。在孝感地区4月20日至6月30日播种，8月15日至9月20日抽穗，播始历期80 ~ 117d。花时较早，午前花率高，上午11:00进入盛花，柱头外露率29.7%。自然条件下，育性稳定，千株群体不育株率100.0%，花粉不育度99.96%，套袋自交不育度99.99%。花粉败育以圆败和典败为主，有少量染败。

抗性：感稻瘟病，中感白叶枯病。

配合力及品质产量：配组品种鄂粳优775于2007—2008年参加湖北省晚稻品种区域试验，两年平均产量7 907.1kg/hm^2，比对照鄂晚17增产8.1%。米质经农业部食品质量监督检验测试中心（武汉）测定，糙米率83.6%，整精米率69.4%，垩白粒率20%，垩白度2.2%，直链淀粉含量15.9%，胶稠度85mm，糙米长宽比2.1，有香味，主要理化指标达到国标二级优质稻谷质量标准。

繁殖制种要点：①适时播插。在湖北省适宜作一晚繁殖，父母本同期播插，5月下旬播种，6月中下旬移栽，秧龄25d左右，移栽叶龄5.0 ~ 6.0叶。大田用种量父本7.5kg/hm^2，母本22.5kg/hm^2，秧田播种量135kg/hm^2。②合理密植，插足基本苗。父母本行比1 ∶ 5。母本株行距13.3cm × 16.7cm；父本插双行，株行距13.3cm × 26.7cm，父母本间距16.7cm。③科学管理肥水。一般施纯氮195kg/hm^{2}左右，氮、磷、钾配合比例为1 ∶ 0.5 ∶ 0.8。寸水插秧，浅水分蘖，够苗晒田，孕穗至齐穗田间有浅水层，后期保持田间湿润至成熟。④适时喷施赤霉素，及时赶粉。一般赤霉素用量150g/hm^2，分2次喷施，在破口始穗期和抽穗期分别用45g/hm^{2}和105g/hm^{2}喷施。在母本开花高峰时及时赶粉。⑤注意防治病虫害。播种前用三氯异氰尿酸浸种预防恶苗病。注意防治稻瘟病、稻粒黑粉病和螟虫等病虫害。

恩A（En A）

品种来源：湖北省恩施土家族苗族自治州红庙农业科学研究所选育而成的三系不育系，1995年暂定名恩A。1998年通过湖北省恩施土家族苗族自治州农作物品种审定小组审定。

形态特征和生物学特性：属早籼稻型三系不育系。感温性较强，感光性弱，基本营养生长期长，株高75cm左右，植株整齐，株型集散适中。叶缘及叶鞘浅紫色，叶色较浓，剑叶较长，主茎总叶数4月上旬播平均13.1叶，6月上旬播12.45叶。开花习性好，柱头外露率高，尤其是双边柱头外露率高，有利于异交结实，花时早而集中，花药乳白色，开花后闭颖好且及时。谷壳薄，籽粒稃尖浅紫色，呈椭圆形。4月中旬播，播始历期82d左右，6月上旬播，播始历期61d左右。播种至始穗需活动积温1 989℃左右，有效积温849℃左右。不育性稳定，1995年恩施不同海拔高度的育性镜检结果：败育花粉以典败为主，占84.2%～98.84%，圆败花粉占4.25%～15.58%，染败花粉占0.15%～0.94%，套袋自交未见结实；1997年恩A纯度鉴定，群体2 540株，纯度为99.67%；1998年群体2 568株，纯度99.73%。配合力高。穗长20cm左右，穗总粒100粒左右，千粒重23g，异交结实率50%以上。

抗性：田间和病圃均抗稻瘟病。

配合力及品质产量：1995—1997年累计繁殖2.67hm^2，平均产量2 250kg/hm^{2}以上。1994年试制，恩A与恩恢58和恩恢995配组制种，产量分别为3 160.5kg/hm^{2}和2 709kg/hm^2；1995—1997年恩A与恩恢58配组制种累计10hm^{2}左右，平均产量3 000kg/hm^{2}以上。保持系外观米质好，不育系外观米质中等偏上。

繁殖制种要点：①培育壮秧。稀播配合多效唑控长促蘖。②插足基本苗，确保有效穗。株行距10cm×13.3cm，每穴栽插3苗左右，确保大田基本苗225万苗/hm^{2}左右。③科学管理肥水。肥料以底肥足，追肥早，氮、磷、钾配合施为原则，特别要控制后期氮肥施用，以防打赤霉素后刮风下雨倒伏。寸水活棵，浅水分蘖，够苗晒田，幼穗分化时复水。④用好赤霉素，搞好人工辅助授粉。⑤及时除杂去劣，保证种子纯度。

恩禾28A（Enhe 28 A）

品种来源：恩施禾壮植保科技有限责任公司用N7A的可育株与金23B经系谱法选育的单株，与K17A经连续回交选育而成。2010年通过湖北省农作物品种审定委员会审定，编号为鄂审稻2010016。

形态特征和生物学特性：属早稻籼型野败型三系不育系。感温性较强，感光性弱，基本营养生长期较长，株高约65cm，株型略松散，生长势一般，分蘖力中等。茎秆紫色。主茎叶片数12片，叶鞘紫色，叶色绿；剑叶较长、较挺，部分剑叶向外略扭卷。穗层欠整齐，中等偏大穗，着粒均匀。谷粒细长，稃尖紫色、无芒，柱头紫色，外露率较高。穗长18.0cm，每穗总粒数110.0粒，千粒重26.0g。在恩施4月中旬至5月中旬播种，播始历期61d左右；花时较早，午前花率较高，柱头外露率60%；育性稳定，千株群体不育株率100.0%，花粉不育度99.68%，套袋自交不育度99.89%。花粉败育以圆败为主，少量染败。

抗性：感稻瘟病。

配合力及品质产量：所配组合恩禾优291于2007—2008年参加湖北省恩施迟熟中稻区域试验，两年平均产量8 111.7kg/hm^2，比对照Ⅱ优58增产3.19%。米质经农业部食品质量监督检验测试中心测定，糙米率79.5%，整精米率44.0%，垩白粒率36%，垩白度5.5%，直链淀粉含量23.0%，胶稠度61mm，糙米长宽比3.4。

繁殖制种要点：①合理安排播期，确保花期相遇。恩施5月15 ~ 25日播种，安排两期父本；母本比第一期父本早播3d，比第二期父本早播6d。大田父本用种量9kg/hm^2、母本用种量52.5kg/hm^2。②合理密植，插足基本苗。秧龄25 ~ 30d。父母本行比2 ∶ 10，父本栽插6万穴/hm^2，基本苗30万苗/hm^2；母本栽插37.5万穴/hm^2，基本苗150万苗/hm^2。③适量喷施赤霉素，人工辅助授粉。该不育系对赤霉素较敏感，喷施赤霉素300g/hm^{2}左右，一般在见穗10%后连续3d分别喷施150g/hm^2、75g/hm^2、75g/hm^2。④注意防治稻瘟病、叶鞘腐败病、稻粒黑粉病和稻飞虱、螟虫等病虫害。⑤严格除杂保纯，适时收获。

华M102S（Hua M 102 S）

品种来源：华中农业大学用温敏核不育系810S作母本，IR70作父本杂交，经多代选育和低温选择育成，原代号为M102S。2004年通过湖北省农作物品种审定委员会审定，编号为鄂审稻2004018。

形态特征和生物学特性：属早中熟早稻籼型两系低温敏不育系。感温性较强，感光性较弱，基本营养生长期较长。武汉4月播种，播始历期66 ～ 78d；5月播种，播始历期57 ～ 64d，与金23A相近。不育期株高77.0cm，穗长23.1cm。海南可育期株高68.9cm，穗长18.9cm，株型紧凑，茎秆较细，叶片挺立，主茎叶片数10.2 ～ 13.0叶。每穗总粒125.2粒，结实率56.3%，千粒重25.9g。苗期和分蘖期叶色浓绿，分蘖力中等。抽穗整齐，柱头及叶鞘无色。开花习性好，柱头双边外露率28.93%，单边外露率43.80%，总外露率72.73%。自然条件下，不育起点温度为日均温23 ～ 24℃，耐低温期3 ～ 4d，敏感期为抽穗前的7 ～ 14d。在敏感期日均温在24℃以上时，表现稳定不育，日均温23 ～ 24℃的时间超过5d，育性有微量波动；日均温度低于23℃的时间超过3d，育性波动较大。在日均温为23.5℃和光照长度14.5h时，花粉不育度99.42%，自交不育度100%，花粉败育属典败类型。

抗性：高感稻瘟病，感白叶枯病，纹枯病较重。

配合力及品质产量：配组品种两优103于2002—2003年参加湖北省早稻品种区域试验，两年区域试验平均产量6 589.5kg/hm^2，比对照金优402减产7.2%，极显著。配组品种两优103米质主要理化指标达到国标二级优质稻谷质量标准。

繁殖制种要点：①适时播种。在湖北高海拔山区繁殖，4月上、中旬播种，地膜旱育秧，秧龄30d左右。在海南冬季繁殖，11月下旬播种，秧龄20d左右。秧田播种量450 ～ 600kg/hm^2。大田用种量45 ～ 60kg/hm^2。株行距13.3cm × 20.0cm，每穴栽插3 ～ 4苗，插足基本苗150万苗/hm^2。②科学施肥。有机肥和化肥结合使用。有机肥和复合肥作底肥，插秧后5 ～ 7d秧苗返青时施75 ～ 112.5kg/hm^{2}尿素作分蘖肥，孕穗期施37.5kg/hm^{2}尿素作促花肥。③防治病虫害。播种前用药剂浸种，预防稻瘟病，生长期重点防治稻瘟病、纹枯病、白叶枯病等病虫害。

荆1A（Jing 1 A）

品种来源：荆州农业科学院和荆州农科贸开发总公司用金23A作母本，荆1B（[珍汕97B/9149]F4//金23B///中9B）作父本，经连续回交选育而成。2011年通过湖北省农作物品种审定委员会审定，编号为鄂审稻2011013。

形态特征和生物学特性：属野败型早籼三系不育系。感温性较强，感光性弱，基本营养生长期较长，株高75cm左右，株型较紧凑，分蘖力中等，生长势一般。茎秆较粗，部分茎秆基部节外露。叶鞘紫色，叶色绿，剑叶宽长、较披。穗层欠整齐，中度包颈，穗较大，着粒均匀。谷粒长型，稃尖紫色、无芒；柱头紫色，外露率高。在荆州3月31日播种，播始历期88d；6月2日播种，播始历期70d；主茎12叶。花时早，午前花率高，上午8:50左右始花，10:30进入盛花，开颖角度达30°，柱头外露率89.2%，其中双边外露率为56.5%。育性稳定，千株群体不育株率100%，套袋自交不育度99.99%；花粉不育度99.86%。花粉败育以典败为主，有少量圆败。有效穗数300万穗/hm^2，穗长21.3cm，每穗总粒数126.7粒，千粒重26.0g。

抗性：感稻瘟病，感白叶枯病。

配合力及品质产量：配组品种荆优6510于2007—2008年参加湖北省中稻品种区域试验，两年区域试验平均产量8 838.15kg/hm^2，比对照扬两优6号增产1.60%。米质经农业部食品质量监督检验测试中心（武汉）测定，糙米率79.8%，整精米率64.6%，垩白粒率30%，垩白度3.2%，直链淀粉含量15.0%，胶稠度85mm，糙米长宽比3.0，主要理化指标达到国标三级优质稻谷质量标准。

繁殖制种要点：①培育适龄壮秧。大田用种量父本9kg/hm^2，母本52.5kg/hm^2。秧龄25～30d。②合理密植，插足基本苗。父母本行比以2∶10为宜，母本株行距13.3cm×13.3cm，每穴栽插2～4苗；父本株行距16.7cm×33.3cm，每穴栽插1～2苗。③科学管理肥水。施足底肥，早施追肥，注意氮、磷、钾肥配合施用。寸水返青，浅水分蘖，后期干湿交替，忌断水过早。④适时喷施赤霉素，及时赶粉。母本见穗5%时连续3d，每天1次，用量分别为30g/hm^2、75g/hm^{2}和75g/hm^2；父本见穗20%时一次性喷施赤霉素45g/hm^2。在母本开花高峰期每天赶粉3次，连续赶粉7d。⑤严格隔离和除杂，适时收获。⑥注意防治稻瘟病、白叶枯病、纹枯病、稻粒黑粉病和螟虫等病虫害。

荆楚814A（Jingchu 814 A）

品种来源：荆州市种子总公司用温线早A作母本，8-14（地谷B/Ⅱ-32B）作父本杂交，经连续回交转育而成。2002年通过湖北省农作物品种审定委员会审定，编号为鄂审稻022-2002。

形态特征和生物学特性：属早熟早籼三系野败型不育系。感温性较强，感光性较弱，基本营养生长期较长。株高60cm，株型松紧适度。叶片较窄挺，叶色深绿。分蘖力强，茎秆、稃尖紫色，柱头黑色。穗长22cm，每穗总粒数105粒，千粒重25g。在荆州4月中旬播种，主茎叶片11.5片，播始历期65d，与金23A相当。花时早，午前开花率高，上午8:30左右开始开花，10:30进入盛花，开颖角度30°。柱头外露率74.13%，其中双边外露率为40.06%。花药瘦小不裂，乳白色，箭头状。育性稳定，不育株率100%，套袋自交不育度100%，花粉不育度99.99%，属典败类型。

抗性：高感白叶枯病，中感稻瘟病。

配合力及品质产量：配组品种荆楚优148于2000—2001年参加湖北省晚稻品种区域试验，两年平均产量7 594.5kg/hm^2，比对照汕优64增产7.31%。配组品种荆楚优148米质主要理化指标达到国标优质稻谷质量标准。

繁殖制种要点：①合理安排播差期。母本荆楚814A于4月中旬播种，父本荆楚814B分两期播，第一期比母本迟2d，第二期与母本叶差1.5叶，时差7d。②攻父促母，搭好丰产苗架。③合理栽插。栽插父母本行比1 ：7，厢宽1.3m，父本假二行，“品”字形栽插。父本插4.5万穴/hm^2，插足45万～60万苗/hm^{2}基本苗，母本插45万穴/hm^2，插足300万苗/hm^{2}基本苗。④用好赤霉素。用量180～195g/hm^2，在母本破口5%时喷施第一次，连续3d喷完。⑤及时去杂，注意防治病虫。三叶期防好白叶枯病，移栽前和抽穗后防治好稻瘟病。

巨风A（Jufeng A）

品种来源：宜昌市农业科学研究院选育的三系野败型三系不育系，组合来源为宜陵A//C414/99。2008年通过湖北省农作物品种审定委员会审定。

形态特征和生物学特性：属籼型早稻不育系。感温性强，感光性较弱，基本营养生长期较长，株高55～60cm，株型略松散，茎秆较粗壮；叶色绿，剑叶上举略为内卷。分蘖力中等，柱头及叶鞘下部紫色。叶鞘紫色，稃尖紫色无芒，柱头紫色较大，穗长16～21cm，每穗总粒数160粒，千粒重25g。柱头外露率78.4%，双边外露率38.5%，夏季上午9:00开花，10:30～11:00盛花，开颖角度25°～30°，午前花比例大。在宜昌5月1日播种，7月6日始穗，播始历期66d；6月18日播种，8月17日始穗，播始历期60d。巨风A播始历期比同期播种的金23A长3～4d，比珍汕97A短2～3d，败育花药呈黄色水渍状。育性稳定，不育株率100%，套袋自交不育度99.96%，花粉不育度99.98%，属典败类型。

品质特性：据农业部食品质量监督检验测试中心（武汉）测定，整精米率62.2%，垩白粒率18%，垩白度0.9%，直链淀粉含量13.58%，胶稠度82mm，粒长6.8mm，糙米长宽比3.6，总体品质较优，除直链淀粉含量稍低外，其他指标都达到了国标优质米标准。

抗性：感白叶枯病，高感稻瘟病。

繁殖制种要点：①一般用种量45～60kg/hm^2，秧田采用稀播，春繁秧龄控制在22～25d，保证每根谷苗带2个以上分蘖，每穴栽插2～3苗，不育系株行距为10cm×13cm，保持系株行距为13cm×13cm，父母本之间应空13～15cm。繁殖行比2∶8至2∶10。②施肥及管理，控氮增磷、钾，底肥及分蘖肥占总用量90%以上。加强水分管理，及时晒田，防治好病虫害。③人工辅助授粉，提高异交结实率。赤霉素施用。巨风A对赤霉素敏感，花期相遇田块一般用量为225～240g/hm^2；第一次用15～30g/hm^2，抽穗15%～20%时施用；第二次用120～150g/hm^2，抽穗40%～50%时施用；抽穗80%至齐穗再喷施赤霉素1～2次，用量为15～60g/hm^2。每次父母本喷施赤霉素后，父本再复喷1次，保证父本抽穗较母本高，便于授粉。④采取综合措施，提高种子质量。父本要在秧田期、苗期、抽穗期前后去杂。秧田期、苗期去除外部形态特征不同的杂株，抽穗割叶，喷施赤霉素前去除全部保持系杂株，去杂达标后施用赤霉素，后期要继续清除变异株，成熟期割父本后再清查一次，经验收合格方可收割。⑤防治二化螟、三化螟、卷叶螟及白叶枯病、稻瘟病，并在孕穗期和抽穗期用井冈霉素各防一次纹枯病。综合防治黑粉病，药剂防治可在盛花期用克黑净15袋对水600kg/hm^{2}喷施。

骏1A（Jun 1 A）

品种来源：恩施佰鑫农业科技发展有限公司和中南民族大学用N7A的可育株/福伊B//菲改B经系谱法选育的单株，与福伊A连续回交转育而成。2010年通过湖北省农作物品种审定委员会审定，编号为鄂审稻2010017。

形态特征和生物学特性：属中熟籼型中稻野败型三系不育系。感温性较强，感光性弱，基本营养生长期长。株高75cm，株型较紧凑，植株较高，分蘖力中等。茎秆较粗。叶色较浓绿，叶鞘、叶枕、稃尖、柱头紫色；剑叶较短宽、挺直。包颈率75%。每穗总粒数130.0粒，千粒重28.0g。在恩施4月中旬至5月中旬播种，播始历期90d左右，主茎14叶；夏季上午11:00 ~ 13:00进入盛花，午前花率50%以上，柱头外露率一般；育性稳定，千株以上群体，不育株率100%，花粉不育度100%，套袋自交不育度100%。花粉败育属圆败类型。

抗性：中抗稻瘟病。

配合力及品质产量：所配组合骏优522于2008—2009年参加湖北省恩施中稻品种区域试验，两年区域试验平均产量8 328.75kg/hm^2，比对照福优195增产3.07%。米质经农业部食品质量监督检验测试中心测定，糙米率80.2%，整精米率67.9%，垩白粒率40%，垩白度5.6%，直链淀粉含量15.0%，胶稠度82mm，糙米长宽比3.0。

繁殖制种要点：①合理安排播期，确保花期相遇。恩施母本4月15日播种，安排两期父本，母本比第一期父本早播3d、比第二期父本早播6d。大田父本用种量9kg/hm^2、母本52.5kg/hm^2。②适时移栽，插足基本苗。秧龄25 ~ 30d移栽，叶龄5.5叶左右。父母本行比2 ： 10，父本栽插6万穴/hm^2、基本苗30万苗/hm^2；母本栽插37.5万穴/hm^2、基本苗150万苗/hm^2。③科学管理肥水。施足底肥，底肥以有机肥为主，早施追肥，氮、磷、钾肥合理搭配施用。寸水返青，露泥分蘖，后期干湿交替，忌断水过早。④科学施用赤霉素，提高异交结实率。该不育系对赤霉素较钝感，赤霉素总施用量为540g/hm^{2}左右，在见穗5%时开始喷施赤霉素，连续2d分别喷施360g/hm^2、180g/hm^2。⑤注意防治稻瘟病、纹枯病、白叶枯病、稻粒黑粉病和稻飞虱、螟虫等病虫害。

珞红3A（Luohong 3 A）

品种来源：武汉大学生命科学学院用粤泰A作母本，粤泰B辐射变异后代中的早熟株作父本，经连续回交转育而成。2006年通过湖北省农作物品种审定委员会审定，编号为鄂审稻2006014。

形态特征和生物学特性：属红莲型三系早熟中籼稻不育系。感温性较强，感光性弱，基本营养生长期较长，株高86cm左右，株型紧凑，分蘖力较强，叶色浓绿，叶片窄长、挺直，剑叶中长。穗大，谷粒细长，穗顶有少数颖花退化。叶鞘、稃尖、柱头无色，花药瘦小、淡黄色。穗长23.8cm，每穗总粒数189.0粒，千粒重24.5g。在武汉地区，5月上旬播种，播始历期72d左右，主茎叶片数平均14.6叶。开花习性好，柱头总外露率89.6%，其中双边外露率61.6%。育性稳定，千株群体不育株率100%，花粉不育率99.96%，套袋自交不育度99.97%。花粉败育属配子体类型，以圆败为主，少数稻穗有染败花粉。

配合力及品质产量：配组品种珞优8号于2004—2005年参加湖北省中稻品种区域试验，两年平均产量8 491.2kg/hm^2，比对照Ⅱ优725增产0.77%，米质主要理化指标达到国标二级优质稻谷质量标准。

繁殖制种要点：①适时播种。武汉地区4月25日左右播种，7月10日左右抽穗，第一、第二期父本播插期相差5～6d，母本与第一期父本同时播种。②合理密植。株行距13.3cm×16.7cm，每穴栽插1苗，父母本行比2：（10～12）。父本与母本两边间距分别为16.7cm和26.7cm。③加强管理。一般施纯氮150kg/hm^2，以底肥为主。一般喷施赤霉素150～180g/hm^2；见穗10%～15%时分三天连续喷施，用量依次为30g/hm^2，30g/hm^2（只喷父本），90～120g/hm^2。④注意防治病虫害。

马协A（Maxie A）

品种来源：武汉大学生命科学学院从恩施农家品种马尾粘中发现不育株，用协青早选作保持系，经连续回交多代转育而成。1995年通过湖北省农作物品种审定委员会审定，编号为鄂审稻007-1995。

形态特征和生物学特性：属迟熟早籼稻类型细胞质雄性不育系。感温性较强，感光性弱，基本营养生长期长。株高80cm，开颖角度大，时间长，柱头发达，花药呈乳白色，箭头形，柱头外露率达72.1%；双边外露率为39.3%。每穗粒数90粒左右。谷粒细长，谷壳薄，千粒重30g。繁殖制种产量较高，制种产量1 500kg/hm^{2}以上，稻米品质较好。全生育期114d，比珍汕97A短3 ～ 5d。分蘖力较强，成穗率高，平均单株有效穗8个左右。茎秆弹性好，耐肥，抗倒伏性，育性稳定。不育株率100%。花粉不育度98.8%，套袋自交不育度99.97%。异交结实率高，最高达74.0%。

配合力及品质产量：马协A一般配合力较高，组配的马协63、马协64、马协58等均表现高产。经湖北省审定通过的马协63，参加湖北省水稻品种区域试验，1989年平均产量9 574.5kg/hm^2，1990年产量9 876kg/hm^2，居10个参试组合之首。1993年马协64在崇阳示范13.33hm^2，产量7 312.5kg/hm^2，比威优64增产10%左右。

繁殖制种要点：①确定合适的抽穗期。②以稀播湿润育壮秧，适当密植为重点，确保基本苗。③增施有机肥，磷、钾肥配合。肥料一次到位，搭好苗架，确保有效穗。④适时喷施激素，提高异交结实率。⑤防治病虫害。

天源6S（Tianyuan 6 S）

品种来源：武汉武大天源生物科技股份有限公司用香恢2作母本，广占63S作父本杂交，经多代定向选育和低温选择育成的籼型水稻两系温敏核不育系。2008年通过湖北省农作物品种审定委员会审定，编号为鄂审稻2008014。

形态特征和生物学特性：属早中熟中籼型两系低温敏不育系。感温性较强，感光性弱，基本营养生长期长，株高77cm，株型松散适中，茎秆较粗壮。叶色浓绿，剑叶长挺，微内卷。穗大粒多，谷粒长形，叶鞘、稃尖和柱头无色。千粒重25.3g。在武汉地区5月上旬播种，播始历期79d左右，主茎叶片数14叶；花时早，午前花率高，上午8:30左右始花，10:30进入盛花，开颖角度30°；柱头总外露率78.5%，其中双边外露率44.5%；育性稳定，自然条件下千株群体不育株率100%，套袋自交不育度100%，花粉不育度99.99%。人工气候箱鉴定，光照14.5h条件下，23.5℃花粉不育度99.61%，自交不育度100%。花粉败育为典败-无花粉类型。

抗性：中感白叶枯病，感稻瘟病。

配合力及品质产量：配组品种天两优616于2006—2007年参加湖北省一季晚稻品种区域试验，两年区域试验平均产量8 497.2kg/hm^2，比对照汕优63增产12.92%。配组品种天两优616米质经农业部食品质量监督检验测试中心测定，糙米率80.3%，整精米率65.6%，垩白粒率8%，垩白度1.0%，直链淀粉含量17.2%，胶稠度70mm，糙米长宽比3.0，主要理化指标达到国标一级优质稻谷质量标准。

繁殖制种要点：①在海南冬季繁殖，11月底至12月初播种，秧田播种量6～10kg，秧龄25d左右。株行距16.7cm×20.0cm，每穴栽插1苗。②科学管理肥水。一般施纯氮180～195kg/hm^2，氮、磷、钾配合比例为1∶0.4∶0.7。前期浅水勤灌，苗数达240万苗/hm^{2}时排水晒田。③严格隔离和除杂。空间隔离100m以上，时间隔离20d以上；全程严格除杂。④注意防治稻瘟病、纹枯病、稻飞虱等病虫害。

武香A（Wuxiang A）

品种来源：武汉大学用马尾粘细胞质不育系武金2A作母本，9311/IR58025//IR58025作父本杂交，经连续回交转育而成。2003年通过湖北省农作物品种审定委员会审定，编号为鄂审稻013-2003。

形态特征和生物学特性：属早熟中籼型三系不育系。感温性较强，感光性较弱，基本营养生长期较长。在武汉4月中旬播种，7月下旬始穗，播始历期86d，主茎15叶；5月下旬播种，8月上旬始穗，播始历期75d。武香A比同期播种的珍汕97A长14d。株高90cm，株型紧凑，剑叶挺直、内卷，叶鞘、稃尖、柱头均为无色。分蘖力较强，单株有效穗12个，穗长23cm，每穗颖花数140个。谷粒细长、有短顶芒，千粒重25g，有香味。花时早，上午9:00始花，10:45 ~ 11:45进入盛花，比同期抽穗的珍汕97A早半个小时。柱头较大，外露柱头呈水平线伸展，开颖角度29°，柱头外露率87%，其中双边外露率56%。花药乳白色，箭头形。育性稳定，不育株率100%，套袋自交不育度99.98%，花粉不育度99.89% ~ 99.99%，花粉败育以典败为主。

配合力及品质产量：所配组合武香880于2001—2002年参加湖北省晚稻品种区域试验，两年平均产量7 257kg/hm^2，比对照汕优64减产1.2%。不育系和所配审定组合米质主要理化指标达到国标优质稻谷质量标准。

繁殖制种要点：①稀播壮秧，合理插植。秧田播种量180kg/hm^2，培育多蘖壮秧。移栽行比2 ∶ 10。株行距父本16.7cm × 33.3cm，母本10.0cm × 33.3cm。父本每穴插2苗，母本栽插2 ~ 3苗。②及时去杂保纯。武香A茎秆无色，在去杂时前期去掉紫色茎秆杂株，后期去掉异型株。③科学管理肥水。大田施足底肥，早施追肥，增施磷、钾肥。深水活蔸，浅水促蘖，及时排水晒田，中期湿润管理，后期勿断水过早。④用好赤霉素，合理赶粉提高结实率。赤霉素用量为300g/hm^2，分4次喷施。抽穗比例达15%，喷施22.5 ~ 30g/hm^2；抽穗比例达50%，喷施120g/hm^2；抽穗比例80%以上后，喷施120g/hm^2；齐穗后喷施22.5 ~ 30g/hm^2。人工辅助授粉，坚持晨起赶露水，盛花时赶粉2 ~ 3次。⑤注意防治病虫害。重点防治稻瘟病、白叶枯病和螟虫。

协青早A（Xieqingzao A）

品种来源：安徽省广德县农业科学研究所育成的矮败籼型不育系，大冶市农业科学研究所从安徽引进。1997年通过湖北省农作物品种审定委员会审定，编号为鄂审稻001-1997。

形态特征和生物学特性：属早籼型三系不育系。感温性较强，感光性弱，基本营养生长期长。株高66.9cm，株型紧凑，分蘖力强。穗长18.6cm，包颈长度4.8cm（占穗长的1/4），抽穗较整齐，成穗率高，单株平均有效穗5.9穗，每穗总粒数86.8粒，剑叶较短且挺直，叶枕呈紫色，开花习性好，张颖角度大，柱头双外露率高，育性稳定，据抽检，花粉不育度99.79%，套袋自交结实率0.035%。异交结实率高，达60%以上。

配合力及品质产量：所配的协优64组合米质较好，在大冶作晚稻种植表现产量高，米质好。

繁殖制种要点：①春季繁殖，错期播种，3月下旬播种，不育系比保持系早3d播。②培育壮秧，确定合理行比，插足基本苗。③配方施肥，氮、磷、钾比例适宜。④适时适地适法喷施赤霉素。⑤确保种子纯度。

宜陵1A（Yiling 1 A）

品种来源：宜昌市农业科学研究院用常菲22A作母本，常菲22/（322/sind8）的后代作父本杂交，经连续回交转育而成。2003年通过湖北省农作物品种审定委员会审定，编号为鄂审稻014-2003。

形态特征和生物学特性：属早籼型三系不育系。感温性较强，感光性较弱，基本营养生长期较长。株高55cm，株型紧凑，叶色浓绿，剑叶上举。分蘖力强，柱头深红色，柱头及叶鞘下部紫色。穗长18cm，每穗总粒数100粒，谷粒长9.3mm、宽2.5mm，谷粒长宽比3.7，千粒重28g。在宜昌5月23日播种，7月19日始穗，播始历期57d；6月23日播种，8月16日始穗，播始历期54d。宜陵1A比同期播种的金23A长1 ～ 2d，比珍汕97A短4 ～ 5d，上午9:00左右始花，10:30 ～ 11:00进入盛花，开颖角度25° ～ 30°。柱头外露率75.3%，其中双边外露率为35.3%。败育花药呈透明水渍状，略带淡黄色。育性稳定，不育株率100%，套袋自交不育度99.97%，花粉不育度99.98%，属典败类型。

抗性：高感白叶枯病和稻瘟病。

配合力及品质产量：所配组合宜优99于2001—2002年参加湖北省晚稻品种区域试验，两年平均产量7 769.7kg/hm^2，比对照汕优64增产5.74%。米质主要理化指标达到国标优质稻谷质量标准。

繁殖制种要点：①合理安排播期，保证花期相遇。母本比父本早播4 ～ 5d，如出现气温异常情况，应及时在母本三期前进行调控，保证母本比父本早0.5 ～ 1.0d。②及时移栽，插足基本苗。秧龄控制在20d左右，株行距10.0cm × 13.3cm，插基本苗240万 ～ 270万苗/hm^2。行比2 ：8 ～ 2 ：10。③科学管理肥水。施纯氮150kg/hm^2，五氧化二磷75kg/hm^2，氧化钾75kg/hm^2，磷、钾肥全部作底肥。浅水返青，浅水分蘖，及时排水晒田，以防纹枯病。④用好赤霉素，合理赶粉提高结实率。赤霉素用量为240 ～ 300g/hm^2，分3 ～ 4次喷施。抽穗15%，喷施30 ～ 45g/hm^2；抽穗50%，喷施120g/hm^2；抽穗80%以上后，喷施1 ～ 2次，每次喷施75g/hm^2。每天赶粉3 ～ 4次，采用轻推、快抖方式赶粉。同时，早上应赶母本露水一次以提前母本花时。⑤注意防治病虫害。重点防治稻瘟病、白叶枯病和螟虫，在孕穗期和抽穗期要用井冈霉素防治纹枯病。

粤泰A（Yuetai A）

品种来源：广东省农业科学院水稻研究所育成。

形态特征和生物学特性：属早中熟中籼三系红莲型不育系。感温性较强，感光性弱，基本营养生长期较长。株高85.0cm，穗长20.0cm，包颈度25%～30%，千粒重23g左右，每穗平均总粒数170.0粒。分蘖性较强，成穗率较高，株型紧凑，剑叶较挺，叶色绿色。在10cm×16.7cm规格单本移栽的情况下，每穴成穗数可达7个以上。配制组合的配合力强、米质好。在苏北于5月底6月初播种，播始历期为81～83d，主茎总叶片数14叶左右。具有抽穗整齐、花期集中的特点。制种田水稻群体的开花历期约10d，盛花期为抽穗后的3～4d。父母本的花期相遇率高。一般晴天上午于8:30～9:00始花，10:00～11:00盛花，午前花比例高。柱头外露率高，达100%，对赤霉素较敏感，一般用量为350～375g/hm^2。异交结实率高，在花期相遇和天气正常的情况下，结实率达70%以上，产量可达4 500kg/hm^2。

第四章

著名育种专家

冯云庆

湖南长沙人（1927— ），1955年毕业于湖南农学院。历任湖北省农业科学院水稻育种研究室主任、杂交稻研究室主任。

1956年开始借鉴广东经验，主持开展湖北省早稻矮化育种工作，先后选育鄂早1号、鄂早2号、鄂早3号、鄂早6号等早稻品种。1980年开始两系杂交粳稻选育，是我国两系杂交水稻奠基人之一，育成粳型光敏核不育系N5088S及两系杂交粳稻鄂粳杂1号等水稻品种，鄂粳杂1号是全国首个两系法杂交水稻进入生产应用的杂交种，在湖北、云南等省累计种植面积100万hm^2，是两系法杂交粳稻中推广面积最大、应用时间最长的优良组合。

主持或承担湖北省科学技术委员会、湖北省农业厅组织的湖北省两系法杂交水稻育种攻关课题，国家自然科学基金重点项目、重大项目课题，国家“863”计划项目。先后获得湖北省科技进步特等奖、湖北省科技进步一等奖、国家科技进步特等奖、国家自然科学三等奖等。获得湖北省劳动模范称号，发表论文27篇。

黄永楷

广东江门人（1931— ），研究员。1955年毕业于华中农学院。历任湖北省农业科学院粮食作物研究所遗传育种研究室副主任、主任及所长，湖北省农业科学院学术委员会副主任，湖北省科学技术协会副主席，中国作物学会理事，湖北省粮食作物学会理事长，南方粮油科技开发集团副董事长，全国农作物品种审定委员会水稻专业委员会委员，湖北省农作物品种审定委员会水稻专业组组长，第五届湖北省人民代表大会代表，第五届、第六届全国人民代表大会代表。1978年全国先进科技工作者、全国劳动模范。1984年获国家有突出贡献中青年专家，1991年享受国务院政府特殊津贴。

40年来一直从事水稻科学研究，总结提出籼粳稻杂交的“亚籼粳杂交”理论，先后主持育成了鄂晚3号、鄂晚4号、鄂晚5号、鄂晚7号、鄂晚8号等晚粳稻系列品种。鄂晚5号因其早熟、抗病、高产，容易脱粒而不易落粒，深受农民欢迎，20世纪80年代年最大推广面积达33.33万hm^2，成为湖北省两个主栽晚粳品种之一，90年代初年推广面积仍在13.33万hm^2以上。

鄂晚3号获得湖北省科学大会成果奖；鄂晚5号1982年获得湖北省科技进步一等奖，1983年获得农业部科技进步一等奖，1986年被农业部评为水稻优质品种金杯奖。

彭仲明

湖北汉阳县人（1931— ），中共党员，教授。1954年毕业于华中农学院并留校任教。曾任湖北省农作物种子协会副理事长，湖北省标准化协会常务理事，湖北省农作物品种审定委员会委员，湖北省及武汉市农业标准专业委员会副主任委员，湖北省优质米评定委员会成员，湖北省科技进步奖和湖北省高级职称评定委员会标准计量组成员。湖北省劳动模范。

潜心研究水稻的遗传规律和新品种的培育50多年，对国内外的特种稻黑米资源进行广泛地收集、整理，在对其品质性状和遗传规律进行全面深入评价、研究的基础上，首次创育了集黑色果皮和糯性胚乳于一体的籼型黑糯不育系186A并实现了三系配套。先后培育特早熟早籼辐95、华辐6号，抗白叶枯病中熟早籼品种32239、7815、7833、华矮837和华稻21等品种，其中7833在湖北省推广面积6.67万hm^2，华矮837在湖北、湖南、安徽、江西、广西等地累计推广面积266.7万hm^2。

曾获得国家科技进步二等奖、广东省科技进步一等奖、湖北省科技大会奖。2002年评为湖北省老年科技先进工作者，2006年评为华中农业大学感动人物、中国共产党优秀党员。出版专著5部，参编教材4部，发表论文34篇。

罗炎兴

广东蕉岭人（1932— ），中共党员，高级农艺师。1957年毕业于华中农学院。历任荆州地区农业科学研究所党委副书记、副所长。1991年享受国务院政府特殊津贴。

从事水稻栽培育种研究35年。1973—1976年援助非洲扎伊尔期间，在旱地稻谷研究示范方面，采取独特栽培方法减轻当地病害，连续两年在当地创造7 080kg/hm^{2}和7 980kg/hm^{2}的高产纪录。主持“辐射改良稻米品质的方法研究”“中糯新品种选育”等课题，采用辐射技术选育鄂荆糯6号和鄂荆糯7号，其中鄂荆糯6号是利用^{60}Co γ 射线辐射桂朝2号干种子，于1984年选育而成的糯稻品种，具有高产、优质、多抗、适应性广等特点，先后经湖北、湖南、福建、浙江等省份及国家审定，在四川、湖北、湖南、河南、福建和浙江等南方15个省份推广面积233万hm^{2}以上（至1992年），是我国原子能辐射在水稻育种应用上的重大成果。

1990年获得湖北省科技进步一等奖，1991年获得国家科技进步三等奖。发表论文16篇。

尚国强

湖南长沙人（1933— ），高级农艺师。1959年毕业于华中农学院。历任湖北省宜昌市农业科学研究所所长、工会主席，宜昌市农业局总农艺师，宜昌市农学会副理事长，湖北省农作物品种审定委员会委员。获湖北省科学技术协会授予的湖北省科技精英称号，享受湖北省政府特殊津贴。

1964年开始晚稻新品种选育科研工作，主持选育水稻品种宜粳1号、8016、8074、8451、8587、宜粳3号、鄂宜105等晚粳品种，鄂宜105在长江流域作为生产主推品种20多年，代表了20世纪80～90年代我国南方粳稻品种的最高水平，并长期作为长江中下游区域试验的对照品种，累计推广面积达到667万hm^2。

1979年获得宜昌地区优秀科技成果一等奖，1982年获得农牧渔业部技术改进一等奖，1986年被国务院批准为国家级有突出贡献的中青年专家，获湖北省农业技术推广二等奖，1989年获得中国农业科学院科技进步一等奖。发表论文33篇。

陈亿毅

广东省澄海县人（1937—2017）。1960年毕业于华中农学院。曾任湖北省农业科学院粮食作物研究所副所长，湖北省农学会理事，湖北省种子学会理事，第八届、第九届全国人民代表大会代表。1992荣获湖北省有突出贡献中青年专家称号。

长期从事水稻育种研究工作，曾任国家科技攻关重大项目国家早稻品质改良科技产业工程湖北省首席专家、农业部水稻综合生产能力科技提升行动项目湖北区域首席专家。育成湖北第一个矮秆早籼新品种鄂早1号及其系列品种，其中1985年育成的鄂早6号经中国水稻研究所鉴定收获指数达0.56，是当时全国育成品种中收获指数最高的，先后通过湖北省农作物品种审定委员会审定、国家农作物品种审定委员会审定，代替了当时在长江中游推广年代长、面积大的广陆矮4号，年推广面积达20多万hm^2。主持育成高档优质稻新品种鄂中5号，米质获2002年中国（淮安）优质稻米博览交易会十大金奖名牌产品第一名，是湖北省主推的高档优质稻，是湖北20多家大米加工企业作为优质稻订单生产的首选品种。

获湖北省科技进步一等奖2项，湖北省科技推广二等奖1项。发表论文及长篇译作20余篇。

朱英国

湖北罗田人（1939—2017），中国工程院院士，武汉大学教授，博士生导师，植物遗传育种专家。1964年毕业于武汉大学。曾任湖北省三系杂交水稻协作组组长、武汉大学生物系遗传研究所所长、湖北省遗传学会理事长、杂交水稻国家重点实验室主任、湖北省政府参事、植物生物技术与遗传资源利用教育部工程研究中心主任等职。曾被评为国家级有突出贡献的中青年专家、国家“973”计划先进个人、全国师德先进个人、2007年湖北科学技术突出贡献奖、袁隆平农业科技奖、2008年“改革开放30年、影响湖北30人”等荣誉称号。

近40年来先后承担国家“863”计划项目、国家“973”计划项目、国家转基因专项、国家和省级攻关项目、国家自然科学基金和省部级重点项目多项。在水稻雄性不育与育性恢复、杂种优势利用的基础理论以及优质高产杂交稻产业化等方面成绩突出。发现并克隆了红莲型水稻雄性不育与育性恢复基因，在水稻雄性不育的生物学基础研究方面成果显著。坚持育种材料源头创新，培育出新型不育系和杂交水稻新品种，如水稻红莲型、马协型两种新的细胞质雄性不育系及多个光敏核不育系，红莲型、马协型三系和两系杂交稻品种，实现了杂交稻品种产业化，并得到大面积推广。

先后获得国家发明二等奖、自然科学三等奖和中国高校科学技术一等奖等多项奖励。发表研究论文200余篇，合著《光周期敏感核不育水稻研究与利用》《水稻雄性不育生物学》等专著4部。

张忠元

湖北黄冈人（1948— ），研究员。1981年毕业于华中农业大学。历任黄冈市农业科学院学术委员会主任、早稻研究室主任，湖北省第四届农作物品种审定委员会委员。享受国务院政府特殊津贴。

先后主持国家星火计划、国家科技成果转化等项目。主持选育鄂早18、鄂早11、鄂早14、鄂冈早1号、鄂晚12、中9优547、中2优547等品种6个。其中鄂早11成为湖北省早稻主推品种和区试对照品种，累计推广面积8 000hm^2；鄂早18被农业部定为全国50个水稻主导品种之一，自审定以来一直是湖北省早稻生产主推品种和区试对照品种，湖北省年推广面积6.67万hm^2。

获得湖北省科技进步二等奖2项、三等奖2项。发表论文30余篇。

袁利群

湖北咸丰县人（1949— ），正高级农艺师。1976年毕业于华中农学院宜昌分院。历任湖北省恩施土家族苗族自治州红庙农业科学研究所科研科副科长、副所长，恩施土家族苗族自治州农业科学院副院长。1999年获王义锡科技扶贫奖励基金、振华科技扶贫奖励基金服务奖。1998年被评为湖北省劳动模范，2000年被评为全国劳动模范。享受国务院政府特殊津贴。

从事杂交水稻育种研究工作30余年，针对恩施山区水稻稻瘟病危害严重减产甚至绝收等问题，先后主持选育出抗稻瘟病三系杂交水稻新品种，重点开展抗稻瘟病恢复系、不育系和新组合选育等方面的研究，育成的恢复系有恩恢58、恩恢325、恩恢995和恩恢80等；不育系有恩A等，新组合有福优325、II优58、福优218、福优58、福优995、恩优58、恩优995和福优80等18个，为解决武陵山区民众的温饱问题作出了重要贡献。育成的II优58在南方稻区得到大面积推广，到2005年累计推广种植面积200万hm^2，取得了良好的社会和经济效益。II优58在孟加拉国试验示范成功，2006年在孟加拉国推广应用面积达33.3万hm^2，受到该国农户的好评。

共获7项科技奖，其中省部级3项，州级4项。发表论文25篇。

周　勇

湖北孝感人（1952—　），教授。1988年毕业于湖北大学。获湖北省人民政府农业科技先进工作者、国家南繁先进科技工作者称号，享受湖北省政府专项津贴。

先后承担国家农业科技成果转化项目、农业部“十一五”国家支撑计划项目、国家发展和改革委员会生物育种高新技术产业化示范工程项目、湖北省重点科技攻关项目和湖北省教育厅、湖北省农业厅、武汉市科技局下达的有关水稻遗传育种研究的相关课题。主持选育两优287、两优42、两优25、两优17、两优1号、两优302、两优33、马协18、鄂早13、鄂早17、HD9802S等11个品种。攻克了杂交早稻长期存在的早熟、高产、优质和后期早衰难以统一的矛盾，其中两优287被农业部确认为超级稻示范推广品种。

先后获湖北省技术发明一等奖1项、湖北省科技进步一等奖2项、湖北省科技进步三等奖1项。在《中国水稻科学》和《中国水稻研杂》等刊物上发表论文20余篇。

汤俭民

湖北孝感人（1959— ），湖北省孝南区农业技术推广中心高级（正高）农艺师。毕业于孝感农校。先后获国务院全国粮食生产先进工作者、农业部全国十佳农技推广标兵、湖北省劳动模范、湖北省优秀共产党员等称号。享受国务院政府特殊津贴。

36年来坚持香稻特色品种育种，先后培育出广两优香66、鄂晚17等18个水稻新品种，其中有7个全香型杂交稻、5个香型不育系、3个常规香稻。育成的广两优香66被农业部确认为超级杂交稻，成为我国为数极少的超级香稻品种之一。育成的鄂晚17填补了湖北省一级香型粳米品种的空白，连续10年被湖北省农作物品种审定委员会确定为粳稻区试对照品种。育成的粳两优5975是我国第一个品质达国标一级的全香型两系杂交粳稻品种，糯两优561和鄂糯优91是我国第一个全香型杂交糯稻品种。上述品种累计推广面积120万hm^2。其先进事迹曾被《新闻联播》《人民日报》等媒体多次宣传。

先后获农业部丰收二等奖、湖北省科技进步三等奖。发表论文42篇，合著专著3部。

第五章
品种检索表

ZHONGGUO SHUIDAO PINZHONGZHI · HUBEI JUAN

品种名称	英文（拼音）名	类型	审定（育成）年份	审定编号	品种权号	页码
0259S	0259 S	不育系	2010	鄂审稻2010018		267
5-59	5-59	常规中籼稻	1987	鄂审稻004-1987		71
5088S	5088 S	不育系	1986			268
6两优9366	6 Liangyou 9366	两系杂交中籼稻	2010	鄂审稻2010006		130
85-44	85-44	常规早籼稻	1990	鄂审稻003-1990		45
Ⅱ优1104	Ⅱ you 1104	三系杂交中籼稻	2009	鄂审稻2009003		131
Ⅱ优132	Ⅱ you 132	三系杂交中籼稻	2006	鄂审稻2006011		132
Ⅱ优162	Ⅱ you 162	三系杂交中籼稻	2000	鄂审稻008-2001 国审稻2000003		133
Ⅱ优264	Ⅱ you 264	三系杂交中籼稻	2006	鄂审稻2006017 国审稻2009035		134
Ⅱ优325	Ⅱ you 325	三系杂交中籼稻	2000	恩审稻022-2000		135
Ⅱ优501	Ⅱ you 501	三系杂交中籼稻	1998	鄂审稻002-1998		136
Ⅱ优58	Ⅱ you 58	三系杂交中籼稻	1996	国审稻2003072		137
Ⅱ优69	Ⅱ you 69	三系杂交中籼稻	2005	鄂审稻2005012		138
Ⅱ优718	Ⅱ you 718	三系杂交中籼稻	2002	鄂审稻012-2002 国审稻2003007		139
Ⅱ优725	Ⅱ you 725	三系杂交中籼稻	2001	鄂审稻007-2001 国审稻2001003		140
Ⅱ优80	Ⅱ you 80	三系杂交中籼稻	2005	鄂审稻2005011		141
Ⅱ优87	Ⅱ you 87	三系杂交中籼稻	2004	鄂审稻2004004		142
Ⅱ优898	Ⅱ you 898	三系杂交中籼稻	2005	鄂审稻2005002		143
A优338	A you 338	三系杂交晚籼稻	2009	鄂审稻2009013		224
C两优513	C liangyou 513	两优杂交中籼稻	2008	鄂审稻2008006		144
D优33	D you 33	三系杂交中籼稻	2006	鄂审稻2006002		145
NC228S	NC 228 S	不育系	2010	鄂审稻2010019		269
Q优18	Q you 18	三系杂交中籼稻	2010	鄂审稻2010023		146
W两优3418	W liangyou 3418	两系杂交早籼稻	2008	鄂审稻2008001		112
矮优82	Aiyou 82	三系杂交晚粳稻	1990	鄂审稻005-1990		225
宝农12	Baonong 12	常规晚粳稻	2001	鄂审稻016-2001		83

（续）

品种名称	英文（拼音）名	类型	审定（育成）年份	审定编号	品种权号	页码
苯两优639	Benliangyou 639	两系杂交中籼稻	2008	鄂审稻2008007		147
苯两优9号	Benliangyou 9	两系杂交中籼稻	2006	鄂审稻2006006		148
博优湛19	Boyouzhan 19	三系杂交早籼稻	1998	鄂审稻001-1998		113
春江03粳	Chunjiang 03 geng	常规晚粳稻	1997	鄂审稻002-1997		84
大冶早糯	Dayezaonuo	常规早籼糯稻	1987	鄂审稻005-1987		46
鄂冈早1号	Egangzao 1	常规早籼稻	1990	鄂审稻002-1990		47
鄂粳912	Egeng 912	常规晚粳稻	2010	鄂审稻2010015		85
鄂粳糯437	Egengnuo 437	常规晚粳糯稻	2009	鄂审稻2009015		86
鄂粳优775	Egenyou 775	两系杂交晚粳稻	2011	鄂审稻2011011		226
鄂粳杂1号	Egengza 1	两系杂交晚粳稻	1995	鄂审稻005-1995		227
鄂粳杂3号	Egengza 3	两系杂交晚粳稻	2004	鄂审稻2004017		228
鄂荆糯6号	Ejingnuo 6	常规中籼糯稻	1989	国审稻GS01002-1990		72
鄂糯10号	Enuo 10	常规晚粳糯稻	2004	鄂审稻2005019		87
鄂糯7号	Enuo 7	常规中籼糯稻	1995	鄂审稻004-1995		73
鄂糯8号	Enuo 8	常规晚粳糯稻	2001	鄂审稻015-2001		88
鄂糯9号	Enuo 9	常规晚籼糯稻	2004	鄂审稻2004013		89
鄂晚10号	Ewan 10	常规晚籼香稻	2001	鄂审稻013-2001		90
鄂晚11	Ewan 11	常规晚粳稻	2001	鄂审稻014-2001		91
鄂晚12	Ewan 12	常规晚粳稻	2003	鄂审稻011-2003		92
鄂晚13	Ewan 13	常规晚粳稻	2003	鄂审稻012-2003		93
鄂晚14	Ewan 14	常规晚粳稻	2005	鄂审稻2005016		94
鄂晚15	Ewan 15	常规晚粳稻	2005	鄂审稻2005017		95
鄂晚16	Ewan 16	常规晚粳稻	2005	鄂审稻2005018		96
鄂晚17	Ewan 17	常规晚粳稻	2006	鄂审稻2006012		97
鄂晚17A	Ewan 17 A	不育系	2011	鄂审稻2011014		270
鄂晚3号	Ewan 3	晚粳老品种	1975			98
鄂晚4号	Ewan 4	晚粳老品种	1979			99
鄂晚5号	Ewan 5	常规晚粳稻	1984	国审稻GS01006-1984		100
鄂晚7号	Ewan 7	常规晚粳稻	1989	鄂审稻002-1989		101

（续）

品种名称	英文（拼音）名	类型	审定（育成）年份	审定编号	品种权号	页码
鄂晚8号	Ewan 8	常规晚粳稻	1993	鄂审稻002-1993		102
鄂晚9号	Ewan 9	常规晚粳稻	2001	鄂审稻012-2001		103
鄂籼杂1号	Exianza 1	三系杂交晚籼稻	1996	鄂审稻001-1996		229
鄂籼杂2号	Exianza 2	三系杂交晚籼稻	1996	鄂审稻002-1996		230
鄂香1号	Exiang 1	常规晚籼稻	2002	鄂审稻015-2002		104
鄂宜105	Eyi 105	常规晚粳稻	1981	国审稻GS01007-1984		105
鄂早10号	Ezao 10	常规早籼稻	1994	鄂审稻001-1994		48
鄂早11	Ezao 11	常规早籼稻	1995	鄂审稻002-1995		49
鄂早12	Ezao 12	常规早籼稻	2000	鄂审稻003-2000		50
鄂早13	Ezao 13	常规早籼稻	2001	鄂审稻001-2001		51
鄂早14	Ezao 14	常规早籼稻	2001	鄂审稻002-2001		52
鄂早15	Ezao 15	常规早籼稻	2001	鄂审稻003-2001		53
鄂早16	Ezao 16	常规早籼稻	2002	鄂审稻001-2002		54
鄂早17	Ezao 17	常规早籼稻	2003	鄂审稻001-2003		55
鄂早18	Ezao 18	常规早籼稻	2003	鄂审稻002-2003		56
鄂早6号	Ezao 6	常规早籼稻	1990	国审稻GS01003-1990		57
鄂早7号	Ezao 7	常规早籼稻	1986	鄂审稻001-1986		58
鄂早8号	Ezao 8	常规早籼稻	1990	鄂审稻001-1990		59
鄂早9号	Ezao 9	常规早籼稻	1993	鄂审稻001-1993		60
鄂中3号	Ezhong 3	常规中籼稻	1995	鄂审稻003-1995		74
鄂中4号	Ezhong 4	常规中籼稻	2002	鄂审稻007-2002		75
鄂中5号	Ezhong 5	常规中籼稻	2004	鄂审稻2004010		76
恩A	En A	不育系	1998			271
恩稻5号	Endao 5	常规中籼稻	1998	恩审稻003-1998		77
恩稻6号	Endao 6	常规中籼稻	2000	恩审稻013-2000		78
恩禾28A	Enhe 28 A	不育系	2010	鄂审稻2010016		272
恩禾优291	Enheyou 291	三系杂交中籼稻	2010	鄂审稻2010026		149
恩优325	Enyou 325	三系杂交中籼稻	2000	恩审稻004-2000		150
恩优58	Enyou 58	三系杂交中籼稻	1998	恩审稻002-1998		151

（续）

品种名称	英文（拼音）名	类型	审定（育成）年份	审定编号	品种权号	页码
恩优80	Enyou 80	三系杂交中籼稻	2000	恩审稻010-2000		152
恩优995	Enyou 995	三系杂交中籼稻	2000	恩审稻007-2000		153
福优195	Fuyou 195	三系杂交中籼稻	2001	恩审稻002-2001		154
福优325	Fuyou 325	三系杂交中籼稻	2001	恩审稻004-2001 国审稻2003070 黔引稻2006016		155
福优527	Fuyou 527	三系杂交中籼稻	2001	恩审稻002-2002		156
福优58	Fuyou 58	三系杂交中籼稻	2000	恩审稻003-2001		157
福优80	Fuyou 80	三系杂交中籼稻	2001	恩审稻011-2001		158
福优86	Fuyou 86	三系杂交中籼稻	2001	恩审稻002-2001		159
福优98-5	Fuyou 98-5	三系杂交中籼稻	2005	鄂审稻2005013		160
福优995	Fuyou 995	三系杂交中籼稻	2001	恩审稻005-2001		161
冈优725	Gangyou 725	三系杂交中籼稻	2002	鄂审稻014-2002		162
粳两优2847	Gengliangyou 2847	两系杂交晚粳稻	2010	鄂审稻2010014		231
粳两优5975	Gengliangyou 5975	两系杂交晚粳稻	2010	鄂审稻2010013		232
谷优92	Guyou 92	三系杂交中籼稻	2009	鄂审稻2009017		163
谷优964	Guyou 964	三系杂交中籼稻	2009	鄂审稻2009019		164
广两优15	Guangliangyou 15	两系杂交中籼稻	2011	鄂审稻2011004		165
广两优35	Guangliangyou 35	两系杂交中籼稻	2011	鄂审稻2011002		166
广两优476	Guangliangyou 476	两系杂交中籼稻	2010	鄂审稻2010004		167
广两优558	Guangliangyou 558	两系杂交中籼稻	2011	鄂审稻2011003		168
广两优96	Guangliangyou 96	两系杂交中籼稻	2010	鄂审稻2010007		169
广两优香66	Guangliangyouxiang 66	两系杂交中籼稻	2009	鄂审稻2009005		170
红莲优6号	Honglianyou 6	三系杂交中籼稻	2002	鄂审稻009-2002		171
华M102S	Hua M 102 S	不育系	2004	鄂审稻2004018		273
华矮837	Hua'ai 837	常规早籼稻	1987	鄂审稻001-1987		61
华稻21	Huadao 21	常规早籼稻	1995	鄂审稻001-1995		62
华粳295	Huageng 295	常规晚粳稻	2011	鄂审稻2011012		106
华粳杂1号	Huagengza 1	两系杂交晚粳稻	1995	鄂审稻006-1995		233
华粳杂2号	Huagengza 2	两系杂交晚粳稻	2001	鄂审稻011-2001		234

（续）

品种名称	英文（拼音）名	类型	审定（育成）年份	审定编号	品种权号	页码
华两优103	Hualiangyou 103	两系杂交早籼稻	2004	鄂审稻2004001		114
华早糯1003	Huazaonuo 1003	常规早籼糯稻	2004	鄂审稻2004002		63
嘉育164	Jiayu 164	常规早籼稻	2002	鄂审稻003-2002		64
嘉育21	Jiayu 21	常规早籼稻	2003	鄂审稻003-2003		65
嘉育948	Jiayu 948	常规早籼稻	2000	鄂审稻001-2000		66
嘉早303	Jiazao 303	常规早籼稻	2003	鄂审稻004-2003		67
鉴真2号	Jianzhen 2	常规中籼稻	2001	鄂审稻004-2001		79
金优107	Jinyou 107	三系杂交中籼稻	2010	鄂审稻2010020		172
金优1130	Jinyou 1130	三系杂交晚籼稻	2006	鄂审稻2006011		235
金优117	Jinyou 117	三系杂交中籼稻	2002	恩审稻001-2002		173
金优1176	Jinyou 1176	三系杂交早籼稻	2002	鄂审稻004-2002		115
金优12	Jinyou 12	三系杂交晚籼稻	2001	鄂审稻010-2001		236
金优133	Jinyou 133	三系杂交晚籼稻	2002	鄂审稻019-2002		237
金优152	Jinyou 152	三系杂交早籼稻	2002	鄂审稻005-2002		116
金优207	Jinyou 207	三系杂交晚籼稻	2002	鄂审稻020-2002		238
金优38	Jinyou 38	三系杂交晚籼稻	2004	鄂审稻2004011		239
金优58	Jinyou 58	三系杂交中籼稻	2001	恩认稻002-2001		174
金优725	Jinyou 725	三系杂交中籼稻	2002	鄂审稻011-2002		175
金优928	Jinyou 928	三系杂交晚籼稻	1998	鄂审稻004-1998	CNA20000007.1	240
金优995	Jinyou 995	三系杂交中籼稻	2003	恩认稻001-2003		176
荆1A	Jing 1 A	不育系	2011	鄂审稻2011013		274
荆楚814A	Jingchu 814 A	不育系	2002	鄂审稻022-2002		275
荆楚优148	Jingchuyou 148	三系杂交晚籼稻	2002	鄂审稻017-2002		241
荆楚优201	Jinchuyou 201	三系杂交晚籼稻	2005	鄂审稻2005015		242
荆楚优42	Jing'chuyou 42	三系杂交早籼稻	2006	鄂审稻2006001		117
荆楚优754	Jingchuyou 754	三系杂交晚籼稻	2010	鄂审稻2010009		243
荆楚优813	Jingchuyou 813	三系杂交晚籼稻	2010	鄂审稻2010012		244
荆两优10号	Jingliangyou 10	两系杂交中籼稻	2008	鄂审稻2008003		177
荆优6510	Jingyou 6510	三系杂交中籼稻	2011	鄂审稻2011005		178

（续）

品种名称	英文（拼音）名	类型	审定（育成）年份	审定编号	品种权号	页码
九优207	Jiuyou 207	三系杂交晚籼稻	2006	鄂审稻2006010		245
巨风A	Jufeng A	不育系	2008	鄂审稻2008012		276
巨风优1号	Jufengyou 1	三系杂交晚籼稻	2008	鄂审稻2010011		246
巨风优72	Jufengyou 72	三系杂交中籼稻	2010	鄂审稻2008002		179
君香优317	Junxiangyou 317	三系杂交晚籼稻	2010	鄂审稻2010010		247
骏1A	Jun 1 A	不育系	2010	鄂审稻2010017		277
骏优522	Junyou 522	三系杂交中籼稻	2010	鄂审稻2010021		180
科优21	Keyou 21	三系杂交中籼稻	2010	鄂审稻2010025		181
乐优107	Leyou 107	三系杂交中籼稻	2010	鄂审稻2010024		182
乐优94	Leyou 94	三系杂交中籼稻	2010	鄂审稻2010029		183
两优1号	Liangyou 1	两系杂交早籼稻	2007	鄂审稻2007004		118
两优1193	Liangyou 1193	两系杂交中籼稻	2003	鄂审稻005-2003		184
两优1528	Liangyou 1528	两系杂交中籼稻	2009	鄂审稻2009007		185
两优17	Liangyou 17	两系杂交早籼稻	2007	鄂审稻2007003		119
两优234	Liangyou 234	两系杂交中籼稻	2010	鄂审稻2010005		186
两优25	Liangyou 25	两系杂交早籼稻	2007	鄂审稻2007002		120
两优273	Liangyou 273	两系杂交早籼稻	2002	鄂审稻010-2002		187
两优277	Liangyou 277	两系杂交晚籼稻	2004	鄂审稻2004012		248
两优287	Liangyou 287	两系杂交早籼稻	2005	鄂审稻2005001		121
两优302	Liangyou 302	两系杂交早籼稻	2011	鄂审稻2011001		122
两优42	Liangyou 42	两系杂交早籼稻	2001	鄂审稻2007001		123
两优537	Liangyou 537	两系杂交中籼稻	2007	鄂审稻2007006		188
两优9168	Liangyou 9168	两系杂交早籼稻	2010	鄂审稻2010001		124
两优932	Liangyou 932	两系杂交中籼稻	2002	鄂审稻008-2002 国审稻2003053		189
两优培九	Liangyoupeijiu	两系杂交中籼稻	2001	鄂审稻006-2001 国审稻2001001		190
陆两优211	Luliangyou 211	两系杂交早籼稻	2009	鄂审稻2009001		125
珞红3A	Luohong 3 A	不育系	2006	鄂审稻2006014		278
珞优8号	Luoyou 8	三系杂交中籼稻	2006	鄂审稻2006005		191

（续）

品种名称	英文（拼音）名	类型	审定（育成）年份	审定编号	品种权号	页码
马协18	Maxie 18	三系杂交早籼稻	1999	鄂审稻001-1999		126
马协58	Maxie 58	三系杂交中籼稻	1996	恩审稻003-1996		192
马协63	Maxie 63	三系杂交中籼稻	1994	鄂审稻002-1994		193
马协A	Maxie A	不育系	1995	鄂审稻007-1995		279
绵2优838	Mian 2 you 838	三系杂交中籼稻	2002	鄂审稻013-2002		194
绵5优142	Mian 5 you 142	三系杂交中籼稻	2011	鄂审稻2011008		195
培两优1108	Peiliangyou 1108	两系杂交中籼稻	2007	鄂审稻2007007		196
培两优986	Peiliangyou 986	两系杂交中籼稻	2007	鄂审稻2007008		197
齐两优908	Qiliangyou 908	两系杂交中籼稻	2011	鄂审稻2011007		198
清江1号	Qingjiang 1	三系杂交中籼稻	2001	恩审稻001-2001 国审稻2003009		199
全优128	Quanyou 128	三系杂交中籼稻	2009	鄂审稻2009020		200
全优2689	Quanyou 2689	三系杂交中籼稻	2008	鄂审稻2008017		201
全优5138	Quanyou 5138	三系杂交中籼稻	2010	鄂审稻2010028		202
全优77	Quanyou 77	三系杂交中籼稻	2006	鄂审稻2006018		203
全优99	Quanyou 99	三系杂交中籼稻	2009	鄂审稻2009018		204
荣优698	Rongyou 698	三系杂交晚籼稻	2009	鄂审稻2009012		249
荣优淦3号	Rongyougan 3	三系杂交晚籼稻	2011	鄂审稻2011010		250
汕优45	Shanyou 45	三系杂交早籼稻	1999	鄂审稻002-1999		127
汕优58	Shanyou 58	三系杂交中籼稻	1996	恩审稻002-1996		205
汕优63	Shanyou 63	三系杂交中籼稻	1987	鄂审稻003-1987		206
汕优7023	Shanyou 7023	三系杂交早籼稻	1992	鄂审稻002-1992		128
汕优8号	Shanyou 8	三系杂交中籼稻	1986	鄂审稻003-1986		207
汕优晚3	Shanyouwan 3	三系杂交晚籼稻	1998	鄂审稻023-1998		251
深优9734	Shenyou 9734	三系杂交中籼稻	2010	鄂审稻2010022		208
深优9752	Shenyou 9752	三系杂交中籼稻	2011	鄂审稻2011009		209
四喜粘	Sixizhan	常规中籼稻	1990	鄂审稻004-1990		80
天丰优134	Tianfengyou 134	三系杂交晚籼稻	2008	鄂审稻2008009		252
天两优616	Tianliangyou 616	两系杂交籼稻	2008	鄂审稻2008008		253
天优华占	Tianyouhuazhan	三系杂交中籼稻	2011	鄂审稻2011006		210

（续）

品种名称	英文（拼音）名	类型	审定（育成）年份	审定编号	品种权号	页码
天源6S	Tianyuan 6 S	不育系	2008	鄂审稻2008014		280
屯优668	Tunyou 668	三系杂交中籼稻	2007	鄂审稻2007014		211
晚粳505	Wangeng 505	常规晚粳稻	2008	鄂审稻2008011		107
晚籼98	Wanxian 98	常规晚籼稻	2008	鄂审稻2009011		108
威优64	Weiyou 64	三系杂交晚籼稻	1987	鄂审稻002-1987		254
温优3号	Wenyou 3	三系杂交中籼稻	1990	国审稻GS01002-1993		212
武香880	Wuxiang 880	三系杂交晚籼稻	2003	鄂审稻006-2003		255
武香A	Wuxiang A	不育系	2003	鄂审稻013-2003		281
湘晚籼10号	Xiangwanxian 10	常规晚籼稻	2002	鄂审稻016-2002 国审稻2003062		109
湘晚籼9号	Xiangwanxian 9	常规晚籼稻	2001	鄂审稻017-2001		110
孝早糯08	Xiaozaonuo 08	常规早籼糯稻	2010	鄂审稻2010003		68
协青早A	Xieqingzao A	不育系	1997	鄂审稻001-1997		282
协优64	Xieyou 64	三系杂交晚籼稻	2000	鄂审稻004-2000		256
协优96	Xieyou 96	三系杂交晚籼稻	2003	鄂审稻010-2003		257
新香优80	Xinxiangyou 80	三系杂交晚籼稻	2004	鄂审稻2004016		258
新香优96	Xinxiangyou 96	三系杂交晚籼稻	2002	鄂审稻018-2002		259
秀水13	Xiushui 13	常规晚粳稻	2002	鄂审稻021-2002 国审稻2003008		111
扬稻2号	Yangdao 2	常规中籼稻	1986	鄂审稻002-1986		81
扬稻6号	Yangdao 6	常规中籼稻	2001	鄂审稻005-2001 国审稻2001002		82
扬两优013	Yangliangyou 013	两系杂交晚籼稻	2009	鄂审稻2009010		260
宜陵1A	Yiling 1 A	不育系	2003	鄂审稻014-2003		283
宜香优107	Yixiangyou 107	三系杂交中籼稻	2008	鄂审稻2008018		213
宜香优208	Yixiangyou 208	三系杂交中籼稻	2010	鄂审稻2010027		214
宜优207	Yiyou 207	三系杂交晚籼稻	2003	鄂审稻009-2003		261
宜优29	Yiyou 29	三系杂交中籼稻	2004	鄂审稻2004003		215
宜优99	Yiyou 99	三系杂交晚籼稻	2003	鄂审稻008-2003		262
优Ⅰ58	You Ⅰ 58	三系杂交中籼稻	1996	恩审稻004-1996		216
优Ⅰ995	You Ⅰ 995	三系杂交中籼稻	2000	恩审稻006-2000		217

（续）

品种名称	英文（拼音）名	类型	审定（育成）年份	审定编号	品种权号	页码
渝优1号	Yuyou 1	三系杂交中籼稻	2010	鄂审稻2010008		218
岳优26	Yueyou 26	三系杂交晚籼稻	2003	鄂审稻007-2003		263
岳优9113	Yueyou 9113	三系杂交晚籼稻	2004	鄂审稻2004015		264
粤泰A	Yuetai A	不育系	2003		CNA005578G	284
粤优9号	Yueyou 9	三系杂交中籼稻	2006	鄂审稻2006003		219
粤优997	Yueyou 997	三系杂交中籼稻	2005	鄂审稻2005004		220
中86-44	Zhong 86-44	常规早籼稻	1992	鄂审稻001-1992 国审稻GS01003-1993		69
中9优1254	Zhong 9 you 1254	三系杂交晚籼稻	2008	鄂审稻2008010		265
中9优2040	Zhong 9 you 2040	三系杂交中籼稻	2009	鄂审稻2009002		221
中9优288	Zhong 9 you 288	三系杂交晚籼稻	2004	鄂审稻2004014		266
中9优547	Zhong 9 you 547	三系杂交早籼稻	2010	鄂审稻2010002		129
中9优89	Zhong 9 you 89	三系杂交中籼稻	2007	鄂审稻2007013		222
中9优恩62	Zhong 9 youen 62	三系杂交中籼稻	2009	鄂审稻2009021		223
舟903	Zhou 903	常规早籼稻	2000	鄂审稻002-2000		70

附：育种专家汤俭民育种有感

育种有感之一

一身泥水两鬓霜，蓑笠常伴蓑笠郎。
何时何事心中悦，秋色深处闻稻香。

育种有感之二

不沾烟酒不沾麻（麻将），偏在稻田踩泥巴。
爱种爱苗爱稻花，伴风伴雨伴烟霞。

育种有感之三

清早下田露湿衣，晚上带回一身泥。
晴日总是汗浃背，雨天常成落汤鸡。
多谢双双手相助，幸有丛丛禾绕膝。
若得种优农家喜，何须诉说苦与累！

育种有感之四

无边垄亩金秋日，香稻爸看香稻儿。
稻儿丰硕表现好，稻爸心潮逐浪高。

育种有感之五

农事闲忙分季节，秋收冬藏耕夫歇。
育种郎君哪有闲，冬怀种子去南国。
病痛劳累怎顾得，为求禾苗有温热。
南来北往追日月，夸父得知也逊色。

育种有感之六（在海南）

春暖花开好时光，我却年年无心赏。
春又去，发已苍。
妻子怨我家不管，儿子学业几度荒。
欠孝心，何时偿？
自愧不是好儿郎，多亏父母都原谅。
日也忙，时也忙。忙来忙去为哪桩？
百姓若满意，我心才舒畅！

育种有感之七

守望垄亩卅六年，谈耕论稼一挥间。
常恐天时不作便，求风祈雨又拜田。

育种有感之八

梦里还乡今为真，寸草寸木牵寸心。
儿郎多想住几天，好愿老母唤乳名。

图书在版编目（CIP）数据

中国水稻品种志．湖北卷／万建民总主编；张再君，杨金松主编．—北京：中国农业出版社，2018.12
ISBN 978-7-109-25072-7

Ⅰ．①中… Ⅱ．①万… ②张… ③杨… Ⅲ．①水稻–品种–湖北 Ⅳ．①S511.037

中国版本图书馆CIP数据核字（2018）第281209号

审图号：鄂S（2019）002号

中国水稻品种志·湖北卷
ZHONGGUO SHUIDAO PINZHONGZHI · HUBEI JUAN

中国农业出版社
地址：北京市朝阳区麦子店街18号楼
邮编：100125

策划编辑：舒　薇　贺志清
责任编辑：阎莎莎　王琦瑢　杨　春
装帧设计：贾利霞
版式设计：胡至幸　韩小丽
责任校对：刘丽香
责任印制：王　宏　刘继超

印刷：北京通州皇家印刷厂
版次：2018年12月第1版
印次：2018年12月北京第1次印刷
发行：新华书店北京发行所

开本：787mm × 1092mm　1/16
印张：20.25
字数：475千字

定价：270.00元